医药高职高专院校药学教材

上海市高职高专药学专业"085工程"项目建设成果

药用仪器分析

YAOYONG YIQI FENXI

主　编　陈群力

编　者（按姓氏汉语拼音排序）

陈群力　杜文炜　李　瑾　刘晓睿

陆　叶　唐　浩　熊野娟　姚　虹

张宜凡　张一芳　赵　梅　周淑琴

U0258344

复旦大學出版社

图书在版编目(CIP)数据

药用仪器分析/陈群力主编. —上海:复旦大学出版社,2015.12
医药高职高专院校药学教材
ISBN 978-7-309-07395-9

Ⅰ. 药…　Ⅱ. 陈…　Ⅲ. 药物-制造-医疗器械-仪器分析-高等职业教育-教材　Ⅳ. TH788

中国版本图书馆 CIP 数据核字(2015)第 312696 号

药用仪器分析
陈群力　主编
责任编辑/魏　岚

复旦大学出版社有限公司出版发行
上海市国权路 579 号　邮编:200433
网址:fupnet@ fudanpress.com　http://www.fudanpress.com
门市零售:86-21-65642857　　团体订购:86-21-65118853
外埠邮购:86-21-65109143
江苏凤凰数码印务有限公司

开本 787×1092　1/16　印张 12　字数 278 千
2015 年 12 月第 1 版第 1 次印刷

ISBN 978-7-309-07395-9/T·560
定价:55.00 元

如有印装质量问题,请向复旦大学出版社有限公司发行部调换。
版权所有　　侵权必究

编写说明

Bian Xie Shuo Ming

  根据教育部《关于加强高职高专教育教材建设的若干意见》和《上海高等教育内涵建设"085工程"实施方案》的文件精神,编写组在药学专业指导委员会的指导下,以充分体现"就业为导向、能力为本位"的职业教育理念,体现以应用为目的,以必需、够用为度,以讲清楚概念、强化应用为教学重点,以培养知识型、发展型的药学技能人才为目的,依据药学专业的人才培养方案和药用仪器分析的课程标准编写了本教材。

  编写工作从对药物制剂生产企业的药物合成、药物制剂生产、药物检测等职业岗位的分析入手,梳理出各岗位的工作任务,提炼出岗位所需的知识、技能和素养,并对接药物分析工、药物制剂工等职业证书考核。

  本书主要介绍了近几年药物分析领域常用的仪器的基本结构、操作方法、注意事项及发展前景好的分析方法的基本原理等知识。全书共分成5个模块,主要内容包括:认识仪器分析技术、电化学分析技术(电位分析技术、永停滴定技术)、光学分析技术(紫外-可见吸收光谱分析技术、分子荧光光谱技术、原子吸收分光光度技术、红外吸收光谱技术)、色谱分析技术(薄层色谱技术、气相色谱分析技术、高效液相色谱分析技术)和质谱技术。在教材的编写过程中,我们还注意引入新方法和新技术,为学生在今后药品生产质量检验、制订新产品的质量标准时提供科学依据,同时也为药品的生产、经营、管理等实际的质量监控工作奠定了基础,具有较强的科学性、实用性和先进性。

  本书是在药物分析领域长期从事仪器分析理论与实践教学的一线教师们共同完成的劳动成果。行业专家和其他同仁因工作任务繁忙,未能参与本书的编写工作,但是在本书的理论知识和实训题材的筛选上都作出了贡献。

  由于编者的学识水平有限,编写时间有限,书中难免仍有不足,敬请各位专家和读者批评指正。

编者

2015 年 10 月

目录

Mu Lu

1

模块一

认识仪器分析技术

药·用·仪·器·分·析

学习目标

1. 能描述仪器分析方法的分类。
2. 能说出仪器分析和化学分析法的区别和联系。
3. 能说出仪器分析方法的特点。
4. 能说出仪器分析发展趋势。

分析化学是研究物质的化学组成（定性分析）、测定有关成分的含量（定量分析）及鉴定物质化学结构的科学，分为化学分析和仪器分析。其中化学分析是以物质的化学反应为基础的分析方法，包括化学定性分析和化学定量分析两部分，前者是根据试样与试剂化学反应的现象和特征来鉴定物质的化学组分；后者则是利用试样中的待测组分与试剂定量进行的化学反应来测定该组分的相对含量。随着电化学技术、光学技术和色谱分离技术等科学技术的发展，分析化学在分析方法和实验技术方面都发生了深刻的变化，一些老的仪器分析方法不断更新，一些新的仪器分析方法不断出现，特别是采用了许多比较特殊的仪器建立了许多新的分析方法，使分析化学由化学分析发展到仪器分析。

一、仪器分析方法的分类

仪器分析又称为现代分析化学，是以测量物质的物理性质和物理化学性质为基础建立起来的分析方法，如电位、电流、吸光度、波长、旋光等变化与组分之间的关系进行定性或定量的分析方法，因其在分析过程中要使用较为精密、特殊的仪器而得名。这些仪器分析方法一般都有独立的方法原理及理论基础，为分析化学带来了革命性的变化，应用日趋广泛，成为现代实验化学的重要支柱。但又不完全脱离化学分析方法，许多仪器分析方法中的样品处理都涉及化学分析方法，如样品的处理、分离及干扰的掩蔽等，所以可以说仪器分析方法是在化学分析的基础上发展起来的。因此，化学分析方法和仪器分析方法是相辅相成的，在使用时可以根据具体情况，取长补短，互相配合。

目前，仪器分析技术主要用于获取分析数据、鉴定物质的化学组成、测定物质中有关组分的含量、确定物质的结构和形态、解决关于物质体系构成及其性质的问题。各种仪器分析方法各有其特点和内在规律，适用于不同的分析检测情况，我们根据其分析检测原理将仪器

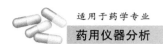
分析方法分为四大类:利用物质电化学特征参数进行定性、定量分析的电化学分析法;利用物质光谱特征进行定性、定量分析的光学分析法;利用色谱技术分离分析的色谱分析法及其他分析法。我们按测量过程中所观测的性质进行分类,将常用的仪器分析方法概况列于表1-1。

表1-1 仪器分析法的分类

方法分类	分析过程及原理	分析方法
电化学分析法	利用物质的电化学性质的特征参数如电位、电流、电量等与物质浓度之间的定量关系进行定量分析的方法	电位分析法、电解分析法、电导分析法、伏安法
光学分析法	利用物质的某种物理光学性质或光谱特征进行定性、定量及结构解析的方法	折光法、旋光法、紫外-可见吸收光谱法、分子荧光光谱法
色谱分析法	利用混合物中各组分在互不相溶的两相之间相互作用(吸附、分配等)的不同而产生差速迁移进行分离、分析的方法	薄层色谱法、气相色谱法、液相色谱法
其他分析法		质谱法

　　根据我国的实际情况,本书重点讲述常用仪器分析技术在药品检测方面的应用,其中电化学分析方法介绍直接电位法、电位滴定法;光学分析法介绍紫外-可见吸收分光光度法、红外光谱法、原子吸收光谱法和分子荧光光谱法;色谱分析法介绍薄层色谱法、高效液相色谱法和气相色谱法,系统地讲解分析检测的理论知识和技能。另外,简要介绍其他分析技术中的质谱法。

二、仪器分析的特点

　　与化学分析相比较,仪器分析具有以下特点。

　　1. 灵敏度高　仪器分析法的灵敏度远高于化学分析,适用于微量、痕量分析,故可以测定含量极低 10^{-6} 级、10^{-9} 级,甚至可达 10^{-12} 级的组分。例如试样中含有质量分数为 10^{-4}％铁,用 0.01 mol·L^{-1} 的 $K_2Cr_2O_7$ 标准溶液滴定时,所消耗的标准液体积只有0.02 ml,而我们所使用滴定管的滴定误差为 0.02 ml,这就无法使用化学分析来测定待测物质中微量的铁,但是如果采用邻二氮菲为显色剂,可以很方便地对微量铁进行含量测定。

　　2. 选择性好　仪器分析法适用于复杂组分试样的分析,选择性比化学分析法好得多,所以仪器分析法可以通过选择或调整测定条件,不经分离而同时测定多组分,如原子发射光谱分析可以同时对一个试样中几十种元素进行分析,还有色谱技术可以同时对一混合物组分同时进行分析。

　　3. 样品用量少,应用范围广　一些仪器分析法的样品用量很少,测定时有时只需数毫升或数毫克样品,例如红外光谱法的试样需数毫克,而质谱法的试样只需 10^{-12} g。这些仪器分析方法除了用于定性、定量分析,还可以用于结构解析、价态分析等,还可以用于测定有关物理化学常数。

　　4. 易于实现自动化和智能化,操作简便快速　被测组分的浓度变化或物理性质变化能转变成某种电学参数(如电流、电位、电导等),使分析仪器容易和计算机连接,实现自动化,操作简便。不但可以处理数据、运算分析结果,而且可以由仪器准确无误地进行智能化操作,包括分析条件控制、工作曲线校准、分析程序控制等,而且仪器分析法的样品处理一般都比化学分析法简单,从而大大地提高了分析速度。

5. 准确度不高、相对误差较大 化学分析法的相对误差一般都可以控制在0.2%以内,有些仪器分析法也可以达到化学分析法的准确度,但是很多仪器分析的相对误差较大,一般在(1%~5%),所以适用于微量、痕量分析,不适合常量和高含量组分的分析。

6. 仪器设备大型复杂不易普及 目前一些分析仪器及其附属设备都比较精密贵重,如色谱-质谱联用仪,每台需上百万元,而且通常需要配备专业人员进行操作维护和管理,因此这种贵重的仪器尚不能普及应用。

三、仪器分析的发展趋势

随着科学技术的飞速发展,特别是生命科学、环境科学、材料科学等科学领域的迅速发展,不仅对分析化学在测定结果的准确度、灵敏度和分析速度等方面有了更高的要求,还要求分析化学为其提供更多、更复杂的信息。为了适应科学发展,仪器分析也将随之发展,其主要发展趋势表现在下列几个方面。

1. 方法不断创新 现在科学技术相互交叉、渗透,以及各种新技术、新设备的引入、应用等,使仪器分析不断开拓新领域、创立新方法,如傅立叶变换红外光谱、激光拉曼光谱、电感耦合等离子体发射光谱等。

2. 分析仪器的智能化和微型化 随着计算机技术的快速发展,将计算机技术与分析仪器结合,分析仪器不但会实现分析操作的自动化和智能化,而且正沿着大型落地式→台式→移动式→便携式→手持式→芯片实验室的方向发展,是仪器分析的一个非常重要的发展趋势。在分析工作者的指令控制下,计算机不仅能处理分析结果,而且还可以优化操作条件、控制完成整个分析过程,包括进行数据采集、处理、计算等,直至动态显示和最终结果输出。目前计算机技术对仪器分析的发展影响极大,尤其应用软件的不断开发利用,分析仪器将会更加智能化和自动化,所以计算机已成为现代分析仪器一个不可分割的部件。

3. 仪器联用技术 随着试样的复杂性和测量难度不断增加,人们对分析结果的信息量和仪器测定的响应速度也在不断提高,这就需要将多种分析方法结合起来,组成联用技术进行分析,这样可以取长补短,从而提高方法的准确度、灵敏度及对复杂混合物的分辨能力,同时还可获得不同方法各自单独使用时所不具备的某些功能,因而仪器联用技术已成为当前仪器分析方法的主要方向之一,如液相色谱或气相色谱与质谱或红外光谱的联用技术。

4. 新型动态在线检测分析 运用先进的科学分析技术,实现高灵敏度、高选择性的实时在线动态检测分析,也是仪器分析发展的主要方向之一。目前,这一类分析仪器的核心是生物传感器,如酶传感器、组织传感器、免疫传感器、DNA传感器、细胞传感器、场效应(FET)生物传感器等,为活体在线分析带来了机遇。

总之,仪器分析正向着快速、准确、自动、灵敏及适应特殊分析的方向快速发展。现代仪器分析技术为我们认识化学反应历程和生命过程提供了坚实的基础,不仅让我们看到

有机化合物的组成成分及含量变化,还为我们提供了精细结构、空间结构及组合价态等信息。

想一想

1. 仪器分析方法如何分类?

2. 与化学分析相比,仪器分析具备哪些优点?

电化学分析技术

药·用·仪·器·分·析

项目一 电化学分析技术基础

学习目标

1. 能说出电化学分析方法的分类。
2. 能说出常用的指示电极和参比电极的分类。
3. 能说出原电池和电解池结构与原理。
4. 能描述常用参比电极工作原理。

电化学分析是应用电化学的基本原理和实验技术,依据物质电化学性质来测定物质组成及含量的分析方法,与光谱分析、色谱分析一起构成了现代仪器分析的三大重要支柱。近年来,电化学分析的新方法不断涌现,在生命科学、医药卫生及环境科学等领域中得到了广泛的应用。

一、电化学分析法的分类

电化学分析的种类很多,根据被测物质溶液的电化学参数类型如电极电位、电流、电量、电导或电阻等进行分类,如电导分析法、电位分析法、电解分析法、伏安分析法等。

(1)电导分析法是以溶液电导或电导的改变作为被测量参数的分析方法。如直接电导法是通过测量被测组分的电导值确定其含量的分析方法;电导滴定法是根据滴定过程中溶液电导的变化来确定滴定终点的分析方法。

(2)电位分析法是通过测量电池电动势或电极电位来确定待测物质浓度的方法。如直接电位法是通过测量被测组分中某种离子与其指示电极组成原电池的电动势直接求算离子活(浓)度的方法;电位滴定法是根据滴定过程中原电池的电池电动势的变化来确定滴定终点的分析方法。

(3)电解分析法是在电解时,以电子为"沉淀剂"使溶液中待测金属离子定量沉积在已称重的电极上,通过再称量求出析出物质含量的方法,又称为电重量分析法。

（4）伏安法是将电极插入溶液中，利用电解过程中所得的电流-电位（电压）曲线进行测定的方法。如电流滴定法是在固定电压下，根据滴定过程中电流的变化确定滴定终点的分析方法。

电化学分析法是最早应用的仪器分析方法，在生产、科研、医药、卫生等领域都有广泛应用，本书主要介绍与药物检测密切相关的电位分析法和永停滴定法。

二、化学电池

化学电池是一种电化学反应器，它是由一对电极插入适当的电解质溶液中组成，它能实现化学能与电能互相转化。每个化学电池中的一支电极和与其相接触的电解质溶液构成一个半电池，两个半电池共同构成了一个化学电池。电化学分析方法都是通过化学电池的电化学反应来实现的。化学电池分为原电池和电解池两类。原电池是通过自发的化学反应将化学能转变成电能的装置，电位分析法就是利用该装置完成测定；通过非自发的化学反应将电能转变成化学能的装置称为电解池，永停滴定法的实现就是利用电解池的工作原理。

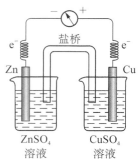

图 2 - 1　Cu - Zn 原电池

1. 原电池　在化学电池中，发生氧化反应的电极称为阳极，发生还原反应的电极称为阴极。在 Daniell 原电池（铜-锌原电池）是将 Zn 片插入到 $1 \text{ mol} \cdot \text{L}^{-1}$ 的 $ZnSO_4$ 溶液中；Cu 片插入到 $1 \text{ mol} \cdot \text{L}^{-1}$ 的 $CuSO_4$ 溶液中；两溶液间用饱和氯化钾盐桥连接，当两电极间用导线相连并连一灵敏电流计（图 2 - 1）时电流计的指针发生偏转，电子由 Zn 片流向 Cu 片，电流从 Cu 片流向 Zn 片，发生了由化学能转化为电能的过程，形成了自发反应。因为电子由锌极流向铜极，故锌极为负极，铜极为正极。而电极的"阴""阳"是根据电极反应性质确定的；电极的"正""负"是根据电极电位高低确定的，在电池内部电子是由负极流向正极，即由低电位流向高电位。在图 2 - 1 所示的铜-锌原电池中，两个电极发生的氧化还原反应如下：

$$阳极（锌极，负极）：Zn \rightleftharpoons Zn^{2+} + 2e^-$$

$$阴极（铜极，正极）：Cu^{2+} + 2e^- \rightleftharpoons Cu$$

$$电池总反应（氧化还原反应）：Zn + Cu^{2+} \rightleftharpoons Zn^{2+} + Cu$$

锌电极发生氧化反应，锌电极上的 Zn 失去电子氧化溶解，Zn^{2+} 进入电解质溶液中；铜电极发生还原反应，溶液中的 Cu^{2+} 得到电子还原成为金属 Cu 并沉积在电极上。电子传递和转移通过连接两电极的外电路导线完成。在电池内部，两电解质溶液通过充有 KCl 及琼脂凝胶混合物的倒置"U"形管连接（这个"U"形管叫做盐桥，它可以提供离子迁移的通道，又使两种溶液不致混合，并且可以消除液接电位）。当电极发生氧化还原反应时，由于 Zn 失去电子，$ZnSO_4$ 烧杯中溶液正电荷过剩，Cu^{2+} 得到电子，$CuSO_4$ 烧杯中溶液负电荷过剩，这时盐桥中的 Cl^- 向 $ZnSO_4$ 溶液中迁移，K^+ 向 $CuSO_4$ 溶液中迁移，不断补充正负电荷，由此构成电流回路。

在零电流条件下，Daniell 原电池的电动势为：

$$E = \varphi_{(+)} - \varphi_{(-)} = \varphi^{\theta}_{Cu^{2+}/Cu} - \varphi^{\theta}_{Zn^{2+}/Zn} = (+0.337) - (-0.763) = 1.100 (V)$$

原电池图解表达式：（—）Zn｜ZnSO$_4$（1 mol·L^{-1}）‖CuSO$_4$（1 mol·L^{-1}）｜Cu（+）

按照习惯，把阳极及与其相接触的溶液写在左边，与阴极相接触的电解质溶液及阴极写在右边；半电池中的相界面以单竖线"｜"表示；两个半电池通过盐桥连接时以双竖线"‖"表示；溶液注明活（浓）度，气体注明压力，若不特别说明，温度系指 25℃。

2. 电解池 电解池是将电能转化为化学能（消耗电能，充电），将上述原电池反向接上外接电源（正接正，负接负），如外接电压大于 Daniell 原电池的电动势（1.1 V）则 Cu-Zn 原电池就变成了电解池（图 2-2），两电极反应如下：

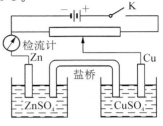

图 2-2 Cu-Zn 电解池

阳极（铜极，正极）：Cu $\Longrightarrow$ Cu^{2+} + 2e$^-$

阴极（锌极，负极）：Zn^{2+} + 2e$^-$ $\Longrightarrow$ Zn

电解池的总反应：Zn^{2+} + Cu $\Longrightarrow$ Zn + Cu^{2+}

电解池图解表达式：Cu｜CuSO$_4$（1 mol·L^{-1}）‖ZnSO$_4$（1 mol·L^{-1}）｜Zn

上述反应是 Cu-Zn 原电池反应的逆反应，有方向相反的电解电流产生。从上述的反应也可以看出，原电池的电池反应是自发进行；而电解池的电池反应是非自发进行。在电位分析法中所使用的测定电池都是原电池，电流滴定法中使用的测量电池是电解池。

三、指示电极和参比电极

（一）指示电极

指示电极就是电极的电极电位值随被测离子的活度变化而变化的一类电极。通过所显示的电极电位值来推算出溶液中某种离子的活度，这类电极通常分为金属基电极和膜电极。金属基电极是以金属为基体的电极，其特征是电极上有电子交换，存在氧化还原反应，是电位法中最早使用的电极。膜电极是以固体膜或液体膜为传感器，对溶液中某种特定离子产生响应的电极。

1. 金属基电极

（1）金属-金属离子电极：是把能够发生氧化还原反应的金属插在该金属离子的溶液中组成了金属-金属离子电极，表示为 M｜M$^+$，如 Ag-AgNO$_3$ 电极（银电极），Zn-ZnSO$_4$ 电极（锌电极），其电极电位值与该金属离子活度有关，可用于测定金属离子的活度。

例如，将金属银浸在含有银离子的溶液中构成银电极，电极表示式：Ag｜Ag$^+$。反应式如下：

电极反应：Ag$^+$ + e$^-$ $\Longrightarrow$ Ag

电极电位（25℃）：$\varphi = \varphi^\theta + 0.059 \lg \alpha_{Ag^+} = \varphi^\theta + 0.059 \lg c_{Ag^+}$

形成此类电极要求金属的标准电极电位为正，银电极的电极电位与溶液中的银离子的对数值成直线关系，Cu，Ag，Hg，Pb 等金属都能满足以上关系。

（2）金属-金属难溶盐电极：由表面覆盖同一种金属难溶盐的金属浸在该难溶盐相应的阴离子溶液所组成的电极体系，表示为 M｜M$_m$X$_n$｜X^{m-}，这类电极的电极电位随阴离子活（浓）度的增加而减小，能用来测定不直接参与电子转移的难溶盐的阴离子活度。例如，由金属 Hg，Hg$_2$Cl$_2$（甘汞）组成的 Hg-Hg$_2$Cl$_2$ 电极（甘汞电极），浸入含有 Cl$^-$ 溶液中，即 Hg｜Hg$_2$Cl$_2$｜Cl$^-$。

电极反应：Hg$_2$Cl$_2$(s) + 2e$^-$ $\Longrightarrow$ 2Hg + 2Cl$^-$

电极电位（25℃）：$\varphi = \varphi^{\theta}_{Hg_2Cl_2/Hg} - 0.059\lg \alpha_{(Cl^-)}$

但是，由于金属阳离子选择性差，若溶液中存在其他可生成难溶盐的阴离子，将产生干扰，此类电极一般不作指示电极，而当难溶性阴离子浓度一定时，其电极电位数值就是一个定值，故常用作参比电极。甘汞电极和 Ag－AgCl 电极是此类电极的典型代表。

（3）惰性金属电极：由惰性金属（铂或金）插入含有氧化态和还原态电对的溶液中所组成的电极系统，可表示为 $Pt|M^{m+}, M^{n+}$，惰性金属本身不参与电极反应，其电极电位决定于溶液中氧化态和还原态活度（浓度）的比值，用于测定氧化型、还原型浓度比值。例如，将 Pt 片插入含有 Fe^{3+} 和 Fe^{2+} 的溶液中组成的电极，表示为 $Pt|Fe^{3+}(\alpha_{Fe^{3+}}), Fe^{2+}(\alpha_{Fe^{2+}})$。

电极反应：$Fe^{3+} + e^- \rightarrow Fe^{2+}$

电极电位：$\varphi = \varphi^{\theta} + 0.059\lg(\alpha_{Fe^{3+}}/\alpha_{Fe^{2+}})$

2. 膜电极　膜电极是一种离子选择性电极，敏感膜是其主要组成部分，是一种能分开两种电解质溶液并对某类物质有选择性响应的薄膜。无论何种膜电极都是由对特定离子有选择性响应的薄膜、内参比溶液、内参比电极等部件构成。内参比溶液是由用以恒定内参比电极电位的 Cl^- 和能被敏感膜选择性响应的特定离子组成。内参比电极一般是 Ag－AgCl 电极。将膜电极和外参比电极一起插入到被测溶液中组成电池，电池结构为：

外参比电极||被测溶液(α_i未知)|内充溶液(α_i一定)|内参比电极
　　　　　　　　　　　　(敏感膜)

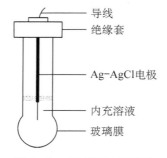

pH 计所使用的电极是玻璃电极，是一种氢离子选择性电极，由离子交换型的刚性基质玻璃熔融烧制而成玻璃泡，其下端是由特殊成分的玻璃吹制而成的球状薄膜，膜的厚度0.1 mm。玻璃管内装一定 pH 的缓冲溶液并插入 Ag－AgCl 电极作为内参比电极，其构造如图 2－3 所示。

（二）参比电极

参比电极是电极电位不受溶液组成影响，在一定条件下其电位值已知，且基本稳定的电极。参比电极要装置简单，使用方便，且电极电位稳定、可逆性好、重现性好。常用的参比电极有甘汞

图 2－3　pH 玻璃电极结构

电极和银-氯化银电极。

1. 饱和甘汞电极　饱和甘汞电极的构造如图 2－4 所示，其由金属 Hg，Hg_2Cl_2（甘汞）和饱和 KCl 溶液组成，一般由两个玻璃套管（电极管）组成，内管上端封接一根铂丝，铂丝上部与电极引线相连，铂丝下端插入纯汞中（厚度为 0.5～1 cm），下置 1 层甘汞（Hg_2Cl_2）和汞的糊状物，内玻璃管下端都用多孔纤维、熔结陶瓷芯或玻璃砂芯等多孔物质封口。外玻璃管内充有饱和 KCl 溶液，最下端用素烧瓷微孔物质封紧，既可将电极内外溶液隔开，又可提供内外溶液离子通道，起到盐桥的作用。

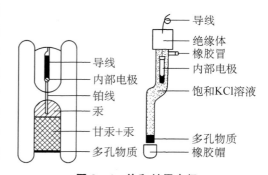

图 2－4　饱和甘汞电极

电极表示式：$Hg \mid Hg_2Cl_2(s) \mid KCl(x \ mol \cdot L^{-1})$

电极反应：$Hg_2Cl_2(s) + 2e^- \rightarrow 2Hg + 2Cl^-$

电极电位：$\varphi = \varphi^{\theta}_{Hg_2Cl_2/Hg} - 0.0592 \lg \alpha(Cl^-)(25℃)$

　　通过上式可知，甘汞电极的电极电位取决于 KCl 溶液的浓度，当电极内溶液的 Cl^- 活度一定，甘汞电极的电位固定。而其结构简单，使用方便，是实验室中最常用的一种参比电极，甘汞电极电位如表 2-1 所示。

表 2-1　不同浓度 KCl 溶液的甘汞电极的电极电位(25℃)

电　极	0.1 mol·L⁻¹ 甘汞电极	标准甘汞电极(NCE)	饱和甘汞电极(SCE)
KCl 浓度(mol·L⁻¹)	0.1	1.0	饱和溶液
电极电位(V)	+0.336 5	+0.282 8	+0.243 8

　　2. 银-氯化银电极　$Ag - AgCl$ 电极亦属于金属-金属难溶盐电极，由于其结构简单、体积小，也是常作为内参比电极来使用，其不同浓度 KCl 溶液的 $Ag - AgCl$ 电极电位如表 2-2 所示。

表 2-2　不同浓度 KCl 溶液的银-氯化银的电极电位(25℃)

电　极	0.1 mol·L⁻¹ Ag - AgCl	标准 Ag - AgCl 电极	饱和 Ag - AgCl 电极
KCl 浓度(mol·L⁻¹)	0.1	1.0	饱和溶液
电极电位(V)	+0.288 0	+0.222 3	+0.199 0

做一做

　　1. 饱和甘汞电极表示式正确的是（　　）。

　　A. $Hg \mid HgCl_2(s) \mid KCl(饱和)$

　　B. $Hg \mid Hg_2Cl_2(s) \mid KCl(饱和)$

　　C. $Hg \mid Hg_2Cl_2(s) \mid KCl(1 \ mol \cdot L^{-1})$

　　D. $Hg \mid Hg_2Cl_2(1 \ mol \cdot L^{-1}) \mid KCl(饱和)$

　　2. $Ag - AgCl$ 参比电极的电极电位取决于电极内部溶液中（　　）。

　　A. Ag^+ 活度　　　　　　　　　　　B. Ag^+ 和 Cl^- 活度

　　C. $AgCl$ 活度　　　　　　　　　　　D. Cl^- 活度

四、电化学分析法的特点

　　(1) 灵敏度较高。最低分析检出限可达 $10^{-12} mol \cdot L^{-1}$。

　　(2) 准确度高。如库仑分析法和电解分析法的准确度很高，前者特别适用于微量成分的测定，后者适用于高含量成分的测定。

（3）测量范围宽。电位分析法可用于微量组分的测定；电解分析法、库仑分析法则可用于中等含量组分及纯物质的分析。

（4）仪器设备较简单，价格低廉，仪器的调试和操作都较简单，容易实现自动化。

（5）选择性差。电化学分析的选择性一般都较差，但离子选择性电极法、极谱法及控制阴极电位电解法选择性较高。

项目二 电位分析技术

学习目标

1. 能说出测定溶液 pH 值的工作原理。
2. 能描述电位滴定技术的理论依据、终点确定方法。
3. 能说出直接电位法和电位滴定法的应用。

电位分析法是以测量原电池的电动势为基础，根据电动势与溶液中某种离子的活度（或浓度）之间的定量关系来测定待测物质活度（或浓度）的一种电化学分析法。它是以待测试液作为化学电池的电解质溶液，于其中插入两支电极，一支称为指示电极（常作负极），其电极电位随试液中待测离子的活度（或浓度）的变化而变化；另一支称为参比电极（常作正极），其电极电位在一定温度下基本稳定不变。通过测量该电池的电动势来确定待测物质的含量。电位分析法根据其原理的不同可分为直接电位法和电位滴定法两大类。

电位分析法具有如下特点。

（1）准确度高，重现性和稳定性好。

（2）灵敏度高，直接电位法的检出限一般为 $10^{-5} \sim 10^{-8}$ mol·L^{-1}，特别适用于微量组分的测定。

（3）选择性好，对组成复杂的试样往往不需分离处理就可直接测定。

（4）应用广泛，既能分析有机物，也能分析无机物。

（5）电位分析法所用仪器设备简单、操作方便、分析快速、测定范围宽、不破坏试液，易于实现分析自动化。

因此，电位分析法应用很广，尤其是离子选择性电极分析法，目前已广泛应用于农、林、渔、牧、地质、冶金、医药卫生、环境保护等各个领域，并已成为重要的测试手段。

一、直接电位法

直接电位法是通过直接测量电池电动势，根据能斯特方程，计算出待测物质的含量。常用于溶液 pH 值的测定和其他离子浓度的测定。

1. pH 玻璃电极　pH 玻璃电极属于膜电极，其敏感的玻璃膜是一种化学传感器，是一种能分开两种电解质溶液并对某类物质有选择性响应的薄膜。无论何种膜电极都是由对特定离子有选择性响应的薄膜、内参比溶液、内参比电极等部件构成。pH玻璃电极下端是由特殊成分的玻璃吹制而成的球状薄膜，膜的厚度为 $0.05 \sim 0.2$ mm。玻璃管内装有KCl（$0.1 \text{ mol} \cdot \text{L}^{-1}$）的缓冲溶液（pH4或pH7）作为内参比溶液，同时插入 Ag-AgCl 电极作为内参比电极，其构造如图2-3所示。电极上端是高度绝缘的导线及引出线，线外套有屏蔽线，以免漏电和静电干扰。

2. pH计的测量原理及测定方法   玻璃膜电极对 H^+ 产生选择性响应，主要与电极玻璃膜的特殊组成有关。玻璃膜电极内含 SiO_2，Na_2O，CaO 等成分，Na^+ 可在晶格中移动，溶液中的 H^+ 可进入晶格中占据 Na^+ 的位置，但是其他价态的离子不能进入晶格。当电极浸入水中后，溶液中的 H^+ 可进入玻璃膜与 Na^+ 进行交换；当溶液为酸性或中性溶液时，溶液中的 H^+ 与玻璃膜中的 Na^+ 进行交换，使玻璃膜表面位点几乎全被 H^+ 所占据。当玻璃膜在水中充分浸泡时，H^+ 可向玻璃膜里面继续渗透，达到平衡后形成溶胀水化层。在水化层的最外表面的 Na^+ 位点几乎全被 H^+ 所占据，越深入水化层 H^+ 数目越少，几乎全由 Na^+ 占据。当充分浸泡的电极放入待测溶液中时，由于待测溶液中 H^+ 活度与水化层中的 H^+ 活度不同，H^+ 将顺着浓度梯度进行扩散，那么玻璃膜的内外表面由于原来电荷分布发生了改变，就形成了双电层，产生膜电位差（图2-5）。

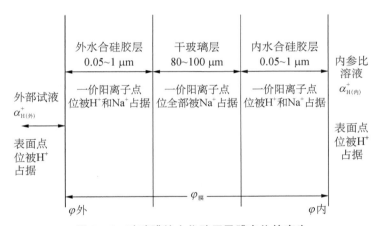

图2-5 玻璃膜的水化胶层及膜电位的产生

玻璃电极放入待测溶液，25℃平衡后：

$$\varphi_{外} = k_1 + 0.059 \lg \frac{\alpha'_{外}}{\alpha_{外}}$$

$$\varphi_{内} = k_2 + 0.059 \lg \frac{\alpha'_{内}}{\alpha_{内}}$$

式中：$\alpha_{外}$、$\alpha_{内}$ 分别表示电极外部溶液和内部参比试液的氢离子活度；$\alpha'_{内}$、$\alpha'_{外}$ 则是指玻璃膜内外水合硅胶层的氢离子活度；k_1，k_2 是玻璃内外表面性质决定的常数。

由于玻璃膜内外表面的性质基本相同，则 $k_1 = k_2$，$\alpha'_{内} = \alpha'_{外}$，所以：

$$\varphi_{膜} = \varphi_{外} - \varphi_{内} = 0.059 \lg \frac{\alpha_{外}}{\alpha_{内}}$$

对于整个玻璃电极：

$$\varphi = \varphi_{内参} + \varphi_{膜}$$
$$= \varphi_{AgCl/Ag} + (K' + 0.059\lg\alpha_{外})$$
$$= (\varphi_{AgCl/Ag} + K') - 0.059pH$$

因为内参比溶液中的氢离子活度($\alpha_{内}$)是固定的。

膜电位与 pH 值呈线性关系，所以可以用玻璃电极测定溶液的 pH 值。

当测定溶液的 pH 值时，常用 pH 玻璃电极作为指示电极，饱和甘汞电极作为参比电极，浸入待测溶液中构成原电池。

（－）Ag｜AgCl(s)，内充液｜玻璃膜｜试液‖KCl(饱和)，$Hg_2Cl_2(s)$｜Hg（＋）

所以在 25℃时，此原电池的电池电动势为：

$$E = \varphi_{甘} - \varphi_{玻璃}$$
$$= \varphi_{甘} - (\varphi_{AgCl/Ag} + K' - 0.059pH)$$

在一定条件下，$\varphi_{甘}$，$\varphi_{AgCl/Ag}$，K' 皆为常数，因此：

$$E = K'' + 0.059pH$$

从上式可知，在一定条件下，原电池的电动势 E 与溶液的 pH 值呈线性关系，通过测定电池电动势 E 就可以求出溶液的 H^+ 活度，但是由于式中的 K'' 受很多因素影响，如待测溶液的组分、电极使用寿命等，不能准确测定，也很难计算求得，所以在实际工作中采用"两次测定法"抵消 K'' 的影响。

在 25℃时，在测定待测溶液的电池电动势前，先测定标准缓冲溶液中(已知准确 pH 值)的电动势(E_s)，然后在相同条件下再测定待测溶液的电动势(E_x)，如下式所示：

$$E_s = K'' + 0.059pH_s$$
$$E_x = K'' + 0.059pH_x$$

将上述两式相减即得：

$$pH_x = pH_s + \frac{E_X - E_S}{0.059}$$

【例 2－1】 25℃，将 pH 玻璃电极与饱和甘汞电极浸入 pH ＝ 6.87 的标准缓冲溶液中，测得电动势为 0.386 V，将该电极浸入被测 pH 溶液中测得电动势为 0.508 V，计算被测溶液的 pH。

解：采用 pH 实用定义式。

$$pH_x = pH_s + \frac{E_X - E_S}{0.059}$$
$$= 6.86 + (0.508 - 0.386)/0.059$$
$$= 8.93$$

想一想

指示电极和参比电极在直接电位法中的作用是什么？为何 Ag－AgCl 电极和甘汞电极既可以用作指示电极，又可以用作参比电极？

二、pH计的基本操作

（一）雷磁pH-3B型pH计标准操作

雷磁pH-3B型pH计是常用的pH计(图2-6)，其操作步骤如下。

1. 仪器的预热

（1）拔去复合电极下端的塑料套，手持电极的上端(黑色塑胶处)，用纯化水清洗电极前端球泡，并用滤纸吸干。

（2）将复合电极的一端接入仪器输入端(拔掉Q9短路插)，另一端置于电极架上，插入纯化水中。

（3）将测温传感器接入仪器，另一端置于电极架上。

（4）将"电源开关"置于"开"的位置，接通电源，预热10 min。

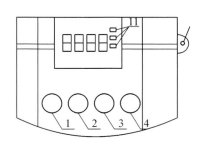

1—温度调节钮；2—斜率调节钮；
3—定位旋钮；4—选择旋钮

图2-6　pH-3B型精密级数字式酸度计

2. 温度补偿　温度补偿是为了校正由于温度不同，给测量结果带来的误差。

（1）自动温度补偿：将测温传感器接入仪器，另一端置于电极架上，插入纯化水中。

（2）手动温度补偿：将仪器"选择"旋钮置于"T"，显示的数字即为测温传感器测得的温度，记下温度值。

（3）操作中，摇动烧杯，使溶液均匀，读数稳定。

3. 仪器的标定

（1）一点标定法(自动温度补偿)：①选择接近待测溶液pH值的标准缓冲溶液（如：pH＝4.00的标准缓冲溶液）。②将测温传感器接入仪器，用纯化水清洗电极前端球泡，并用滤纸吸干，置于电极架上，插入标准缓冲溶液中。③将"选择旋钮"置于"pH"，"斜率"旋钮顺时针旋足，调节"定位"旋钮，使数字显示值为该温度下缓冲溶液pH＝4.00的值，此时标定结束，"定位"旋钮不再变动。④操作中，摇动烧杯，使溶液均匀，读数稳定。

（2）二点标定法(自动温度补偿)：①选择2个接近待测溶液pH值的pH＝4.00和pH＝6.86标准缓冲溶液（提示：待测溶液的pH值为5左右，选择pH＝4.00和pH＝6.86的标准缓冲溶液；待测溶液的pH值为7左右，选择pH＝6.86和pH＝9.18的标准缓冲溶液）。②将测温传感器接入仪器，用纯化水清洗电极前端球泡，并用滤纸吸干，置于电极架上，插入pH＝6.86的标准缓冲溶液中。③将"选择旋钮"置于"pH"，"斜率"旋钮顺时针旋足，调节"定位"旋钮，使数字显示值为该温度下缓冲溶液pH＝6.86的值，"定位"旋钮不再变动。④将电极从pH＝6.86的溶液中取出，用纯化水清洗，再用滤纸吸干，然后一起插入pH＝4.00标准缓冲溶液中，调节"斜率"旋钮，使数字显示值为该温度下pH＝4.00缓冲溶液标准值，此时标定结束，"斜率"旋钮不再变动。⑤操作中，摇动烧杯，使溶液均匀，读数稳定。

图2-7　METTLER TOLEDO FE20型实验室pH计

（二）METTLER TOLEDO FE20型实验室pH计标准操作

METTLER TOLEDO FE20型实验室pH计的外形如图2-7所示，其标准操作如下。

1. 电极支架的安装

（1）打开仪表上盖的支架杆插孔盖子，并存放在合适的地方。

（2）稍用力将支架杆有凹槽一端插入安装孔，并使其牢固的安装于仪表。

（3）取出电极支架，压下紧固按钮不要松开。将电极支架套在已安装好的支架杆上，调整到合适的高度，松开紧固按钮，电极支架安装完毕（图2-8）。

图2-8 电极支架安装图示

图2-9 pH计前面板

2. 仪器各按钮的功能 pH计的按钮如图2-9所示。各按钮的功能分述如下。

（1）【退出】短按【退出】键，pH计开机；长按【退出】键3 s以上，pH计关机。

（2）【设置】短按【设置】键，当前MTC温度值闪烁，按【读数】确定，或可作为上键选择数值。当前预置缓冲液组闪烁，使用▲（【设置】）或▼（【模式】）键选择B3缓冲液组，按【读数】键确认。

（3）【读数】短按【读数】键，pH计开始读出测定值或是确认设置；长按【读数】键3 s为设置终点方式。

（4）【校准】短按【校准】键，pH计进行标准溶液校准；长按【校准】键3 s为校准数据回显。

（5）【模式】pH计进行测定模式选择或作为向下选择数值键使用（图2-10）。

图2-10 pH计显示面板

1—电极状态；2—电极校准图标；3—电极测量图标；4—参数设置；
5—电极斜率或pH/mv读数；6—MTC手动/ATC自动温度补偿；
7—读数稳定图标√ 自动终点图标√A；8—测量过程中的温度/
校准过程中的零点值；9—错误索引/校准点/缓冲液组

3. 仪器的校准设置与标定

（1）校准设置：短按【设置】键，调至当前 ATC 温度值闪烁，按【读数】确定。当前预置缓冲液组闪烁，使用▲或▼键选择 B3 缓冲液组，按【读数】键确认。

（2）一点标定法（自动温度补偿）：

1）选择接近待测溶液 pH 值的标准缓冲溶液（如 pH=4.00 的标准缓冲溶液）。

2）用纯化水清洗电极前端球泡，并用滤纸吸干，置于电极架上，插入标准缓冲溶液中。

3）按【校准】键开始校准，校准和测量图标将同时显示。在信号稳定后仪表根据预选终点方式终点自动终点（显示屏显现 $\sqrt{A}$）或按【读数】键手动终点（显示屏显现 $\sqrt{}$）。按【读数】键后，仪表显示零点和斜率，然后自动退回到测量画面。

4）操作中，摇动烧杯，使溶液均匀，待读数稳定。

（3）二点标定法（自动温度补偿）：

1）选择 2 个接近待测溶液 pH 值的 pH=4.00 和 pH=6.86 标准缓冲溶液（提示：待测溶液的 pH 值为 5 左右，选择 pH=4.00 和 pH=6.86 的标准缓冲溶液；待测溶液的 pH 值为 7 左右，选择 pH=6.86 和 pH=9.18 的标准缓冲溶液）。

2）用纯化水清洗电极前端球泡，并用滤纸吸干，置于电极架上，插入 pH=6.86 的标准缓冲溶液中。

3）按【校准】键开始校准，校准和测量图标将同时显示。在信号稳定后仪表根据预选终点方式终点自动终点（显示屏显现 $\sqrt{A}$）或按【读数】键手动终点（显示屏显现 $\sqrt{}$）。

4）将电极从 pH=6.86 的溶液中取出，用纯化水清洗，再用滤纸吸干，然后一起插入 pH=4.00 标准缓冲溶液中，按【校准】键开始校准，校准和测量图标将同时显示。在信号稳定后仪表根据预选终点方式终点自动终点（显示屏显现 $\sqrt{A}$）或按【读数】键手动终点（显示屏显现 $\sqrt{}$）。按【读数】键后，仪表显示零点和斜率，然后自动退回到测量画面。

5）操作中，摇动烧杯，使溶液均匀，待读数稳定。

（4）注意事项：

1）连接复合电极的插头、插座，其内芯需保持清洁、干燥，不得污染；复合电极在未接入仪器前，请勿将仪器输入端的 Q9 短路插拔掉，以免灰尘进入插座，影响仪器的测量精度。不使用时，Q9 短路插必须插上。在环境潮湿的地方使用，可用电吹风或电灯泡烘干插头座。

2）对精度要求高的测量，pH 电极应置于 3.3 mol·L⁻¹ KCl 溶液中，浸泡 6 h 进行活化，标定和测量最好在同一温度、同一时间下进行，以减少因电极活化不够，温度、时间差异带来的误差。

3）复合电极是玻璃电极和参比电极组合在一起的新颖电极，因此，不适宜长时间浸泡在蒸馏水（包括去离子水）中。当电极浸入被测液时，应搅拌。否则，反应缓慢，影响测量精度。

4）配制成液体的标准溶液，其存放期一般是 2～3 个月，超过时间或有霉变、混浊情况时，应重新配制。

5）测定前，按各个品种项目下的规定，选择两种 pH 值相差约 3 个 pH 单位的标准缓冲液，并使供试液的 pH 值处于两者之间。

6）取与供试品 pH 值较为接近的第 1 种标准缓冲液对仪器进行校正（定位），使仪器示

值与规定数值一致。

7) 仪器第一点校正后,再用第2种标准缓冲液核对仪器示值,误差应不大于0.02pH单位。若大于此偏差,则需检查仪器或更换电极后,再行校正符合要求。

8) 每次更换校准缓冲溶液或供试液前,应用纯化水充分洗涤电极,然后将水吸尽,也可用所换的缓冲溶液洗涤或供试液洗涤;电极在强碱(pH＞12)或含有氟化物的溶液中,测试时间要短,测试完后,要反复冲洗电极,否则将影响电极寿命。

9) 有下列情况之一时,仪器应重新校正:长期不使用;更换电极;动过定位调节器;温差较大。

10) 注意操作环境温度,温度对电极电位影响较大,温度补偿调节钮的紧固螺丝是经过校准的,切勿使其松动,否则应重新校准。

三、电位滴定法

电位滴定法是一种用电位法确定终点的滴定方法。在进行电位滴定时,往待测液中加入滴定剂,由于发生化学反应,待测离子或与之相关的离子的浓度不断变化,在化学计量点附近,待测离子的活度发生突变,同时通过测量滴定过程中电池电动势的突变来确定滴定终点,最后根据滴定终点时所消耗的标准溶液的体积和浓度求出待测物质的含量。电位滴定法与化学分析法不同点在于滴定终点的确定方法不同,化学分析法是利用指示剂的颜色变化确定终点,而电位滴定法是利用电池电动势的突变确定终点。因此,电位滴定法具有如下特点:①适用待测溶液有颜色或浑浊、终点的指示比较困难的情况;②找不到合适的指示剂,没有或缺乏指示剂的情况;③浓度较稀的试液或滴定反应进行不够完全的情况;④测定灵敏度和准确度高,并可实现自动化和连续测定。

想一想

与使用指示剂指示终点的化学滴定法相比,电位滴定法的优点和局限性是什么?

(一)滴定终点的确定

在不断搅拌下加入滴定剂,被测离子与滴定剂发生化学反应,使被测离子的浓度不断变化,因而指示电极的电位也发生相应的变化。每加入一定量的滴定剂 V(ml)就应测量一次电池电动势 E(mV)或 pH,滴定刚开始可以快一些,当滴定标准溶液加入量为所需滴定剂体积的90％时,测量间隔要小些。滴定至接近化学计量点时,应该滴加 0.1 ml标准滴定液测量一次电动势 E 或 pH 直至电动势变化不大为止。这样就可以得到一系列的滴定剂用量(V)和相应的电池电动势(E)或 pH 的数据,根据所测的数据确定滴定终点。表2-3 所列的是以 pH 玻璃电极为指示电极,饱和甘汞电极为参比电极,用 0.1 mol·L^{-1} NaOH 溶液滴定某一元弱酸浓度的数据。通过作图法或二阶微商法(内插法)即可确定滴定终点。

表 2 - 3　以 0.1 mol · L^{-1} NaOH 溶液滴定某一元弱酸浓度的数据

V(ml)	pH 值	V(ml)	pH 值	V(ml)	pH 值
0.00	2.90	14.00	6.60	17.00	11.30
1.00	4.00	15.00	7.04	18.00	11.60
2.00	4.50	15.50	7.70	20.00	11.96
4.00	5.05	15.60	8.24	24.00	12.57
7.00	5.47	15.70	9.43	28.00	13.39
10.00	5.85	15.80	10.03		
12.00	6.11	16.00	10.61		

1. 作图法

（1）pH - V 曲线法。以加入滴定剂的体积 V(ml) 为横坐标，以测得的电动势 pH 为纵坐标，绘制曲线即得 pH - V 曲线（图 2 - 11）。pH - V 曲线的拐点（曲线斜率最大处）所对应的滴定体积即滴定终点时所消耗的体积。拐点的位置的确定方法如下：做两条与横坐标成 45° 的 pH - V 曲线的平行切线，并在这两条切线间作一条与两切线等距离的平行线中线，该线与曲线相交的点即为曲线拐点，其对应的 V 即为滴定终点所消耗滴定剂的体积。pH - V 曲线法适合滴定曲线对称的情况，而对滴定突越不是十分明显的体系误差较大。

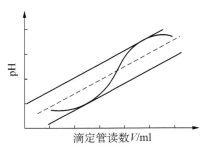

图 2 - 11　pH - V 曲线

（2）$\Delta pH/\Delta V$ - V 曲线法。此法又称一阶微商法。$\Delta pH/\Delta V = (pH_2 - pH_1)/(V_2 - V_1)$ 表示在 pH - V 曲线上，体积改变一小份引起 pH 值改变的大小（表 2 - 4）。从图 2 - 12 可以看出，滴定终点时，V 改变一小份，pH 值改变最大，$\Delta pH/\Delta V$ 达最大值；曲线最高点所对应的体积 V，即为滴定终点时所消耗滴定剂的体积（曲线最高点是用外延法绘出的），用此法比较准确，但手续较繁。

表 2 - 4　$\Delta pH/\Delta V$ - V 曲线法滴定数据

V(ml)	$\Delta pH/\Delta V$	V(ml)	$\Delta pH/\Delta V$
11.00	0.13	15.65	11.9
13.00	0.245	15.75	6.0
14.50	0.44	15.90	2.9
15.25	1.32	16.50	0.69
15.55	5.4		

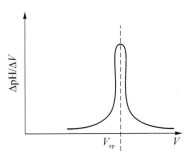

图 2 - 12　$\Delta pH/\Delta V$ - V 曲线

（3）$\Delta^2 pH/\Delta V^2$ - V 曲线法。此法又称二阶微商法。$\Delta^2 pH/\Delta V^2$ 表示在 $\Delta pH/\Delta V$ - V 曲线上，单位体积变化所引起 $\Delta pH/\Delta V$ 改变的大小（表 2 - 5）。从 $\Delta pH/\Delta V$ - V 曲线上可以看出，滴定终点前，$\Delta pH/\Delta V$ 逐渐增大，$\Delta pH/\Delta V$ 的变化为正值；滴定终点后，$\Delta pH/\Delta V$ 逐渐

减小,$\Delta pH/\Delta V$ 的变化为负值。滴定终点时,V 的变化引起的 $\Delta pH/\Delta V$ 的变化为零,即 $\Delta^2 pH/\Delta V^2 = 0$。此时所对应的体积 V,就是滴定终点时所消耗的滴定剂体积(图 2-13)。

表 2-5　$\Delta^2 pH/\Delta V^2 - V$ 曲线法滴定数据

$V(ml)$	$\Delta^2 pH/\Delta V^2$	$V(ml)$	$\Delta^2 pH/\Delta V^2$
12.00	0.057 5	15.40	16.32
13.75	0.13	15.60	65
14.875	1.173	15.70	−59

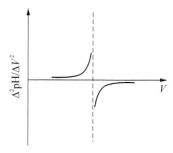

图 2-13　$\Delta^2 pH/\Delta V^2 - V$ 曲线

2. 二阶微商插入法　二阶微商插入法又称二阶微商计算法。

根据实验得到的 pH 值与相应的 V 值,依次计算一阶微商 $\Delta pH/\Delta V$(相邻两次的电位差与相应滴定液体积之差之比)和二阶微商 $\Delta^2 pH/\Delta V^2$,将测定值(pH, V)和计算值列表。二阶微商($\Delta^2 pH/\Delta V^2 = 0$)所对应的体积为终点体积,这点必然在 $\Delta^2 pH/\Delta V^2$ 值发生正负号变化所对应的滴定体积之间。从二阶微商数据表可以看出,在 15.60~15.70 ml 之间,$\Delta^2 pH/\Delta V^2$ 由 65 变化为 −59,即 $\Delta^2 pH/\Delta V^2 = 0$ 的点应该是介于 15.60~15.70。

设终点时的体积 V_e,可得:

$$\Delta V = 15.70 - 15.60 = 0.1 \text{ ml 时},\Delta pH = -59 - 60 = -124$$
$$0.1 : (-124) = (V_e - 15.60) : (0 - 65)$$
$$V_e = 15.65 \text{ ml}$$

GB9725-88 规定确定终点可以采用二阶微商法,也可以采用作图法,但实际工作中多采用二阶微商计算法。

【例 2-2】　以银电极为指示电极,饱和甘汞电极为参比电极,用 0.100 0 mol·L^{-1} AgNO$_3$ 标准溶液滴定含 Cl$^-$ 试液,得到的原始数据如表 2-6 所示(电位突越时的部分数据),并采用一阶、二阶微商法求出滴定终点时消耗的 AgNO$_3$ 标准溶液体积。

表 2-6　AgNO$_3$ 标准溶液滴定含 Cl$^-$ 试液的部分数据

滴加体积(ml)	24.00	24.20	24.30	24.40	24.50	24.60	24.70
电位 $E(V)$	0.183	0.194	0.233	0.316	0.340	0.351	0.358

解:将原始数据按二阶微商法处理。一阶微商和二阶微商由后项减前项比体积差得到:

$$\frac{\Delta E}{\Delta V} = \frac{0.316 - 0.233}{24.40 - 24.30} = 0.83$$

$$\frac{\Delta^2 E}{\Delta V^2} = \frac{0.24 - 0.88}{24.45 - 24.35} = -5.9$$

(1)根据表 2-7 中所列数据按照一阶微商法求终点:终点时的滴定液体积为 $\Delta E/\Delta V$

达极值 0.83 时相对应的滴定液体积，即 $V_{终点}=24.35$ ml。

表 2-7　二阶微商法数据

滴入的 $AgNO_3$ 体积(ml)	ΔV	E/V	$\Delta E/\Delta V$	$\Delta^2 E/\Delta V^2$
24.00		0.174		
	0.1		0.09	
24.10		0.183		0.2
	0.1		0.11	
24.20		0.194		2.8
	0.1		0.39	
24.30		0.233		4.4
	0.1		0.83	
24.40		0.316		−5.9
	0.1		0.24	
24.50		0.340		−1.3
	0.1		0.11	
24.60		0.351		−0.4
	0.1		0.07	
24.70		0.358		

（2）按照二级微商法求终点：二级微商等于零时所对应的体积值应为 24.30～24.40 ml，准确值可以由内插法计算出：

$$(24.40-24.30):(-5.9-4.4)=(V_{终点}-24.30):(0-4.4)$$

$$V_{终点}=24.34 \text{ ml}$$

从上述结果可知，在化学计量点附近，由于被测离子浓度的突变引起电位的突变，通过测量电池电动势的变化，再用上述方法即可确定滴定终点。

（二）电位滴定法的应用

按照滴定反应的类型，电位滴定法可以进行酸碱滴定、氧化还原滴定、配位滴定及沉淀滴定。不同类型的反应，应选用不同的指示电极和参比电极。

1. 酸碱滴定　酸碱滴定常用的电极对为玻璃电极与饱和甘汞电极，通过测定滴定过程中溶液的 pH 值或电极电动势 E，绘制 pH(E)-V 滴定曲线，比按理论计算得到的滴定曲线更切合实际。除了能确定滴定终点外，电位滴定法还可以用于研究极弱的酸碱、多元酸碱、混合酸碱等能否滴定，可以与指示剂的变色情况相核对，以选择最适宜的指示剂，并确定正确的终点颜色。

2. 氧化还原滴定　参比电极一般使用饱和甘汞电极，指示电极常用惰性电极铂电极。铂电极本身不参与电极反应，是氧化态和还原态交换电子的场所，能显示溶液中氧化还原体系的平衡电位。许多氧化还原反应受 pH 值的影响，滴定曲线形状依赖于 pH 值，滴定时应严格控制溶液的 pH 值。

3. 配位滴定　参比电极一般使用饱和甘汞电极，对于不同的配位反应可采用不同的指示电极。从理论上讲，可选用与被测离子相应的离子选择性电极作指示电极，实际上目前可用的指示电极为数不多。如用 EDTA 配位滴定金属离子时,常采用汞电极作指示电极。在滴定时,将汞电极插入含有微量 Hg - EDTA 溶液和被测金属离子的溶液中。在待测溶液中,同时存在两个配位平衡,Hg^{2+} 与 EDTA、被测离子 M^{n+} 与 EDTA 的配位平衡。因此,M^{n+} 离子浓度的变化可通过两个配位平衡影响 Hg^{2+} 浓度,从而改变 Hg 电极电位,故此种电极可作指示电极。

4. 沉淀滴定　沉淀滴定常用银盐或汞盐作标准溶液,参比电极一般采用饱和甘汞电极,指示电极根据不同沉淀反应选用不同电极,如银电极、汞电极、铂电极及离子选择性电极等。离子选择性电极的应用大大扩展了沉淀滴定的范围,在滴定中既可选择对阳离子产生电位响应的选择电极,也可以选择对其中阴离子产生电位响应的阴离子选择电极做指示电极。因此,沉淀法电位滴定可用来测定 Ag^+,Hg^{2+},Pb^{2+},Zn^{2+},Cl^-,Br^-,I^-,SCN^- 及 $Fe(CN)_6^{4-}$ 等离子的浓度(表 2 - 8)。

表 2 - 8　各种滴定使用的电极和适用范围

滴定类型	指示电极	参比电极	适用范围
酸碱滴定	pH 玻璃电极	甘汞电极	弱酸(碱)的滴定、非水溶液中的滴定
氧化还原滴定 ($K_2Cr_2O_7$ 作滴定剂)	铂电极	甘汞电极	滴定 Fe^{2+},Sn^{2+},I^-,Sb^{3+} 等
配合滴定 (EDTA 作滴定剂)	汞电极	甘汞电极	滴定 Cu^{2+},Zn^{2+},Ca^{2+},Mg^{2+},Al^{3+}
沉淀滴定 (硝酸银作滴定剂)	银电极	甘汞电极	滴定 Cl^-,Br^-,I^-,CNS^-,S^{2-},CN^- 等

做一做

1. 下列关于玻璃电极叙述不正确的是(　　)
   A. 玻璃电极属于离子选择性电极
   B. 玻璃电极可测定任意溶液的 pH 值
   C. 玻璃电极可以用作指示电极
   D. 玻璃电极可用于测定混浊溶液的 pH 值

2. 在电位法中离子选择性电极的电位应与被测离子的浓度(　　)
   A. 成正比　　　　　　　　　　　　B. 对数成正比
   C. 符合扩散电流公式的关系　　　　D. 符合能斯特方程

3. 电位滴定法中,滴定终点为 $E - V$ 曲线的(　　)
   A. 曲线的最大斜率　　　　　　　　B. 曲线的最小斜率点
   C. E 为正值的点　　　　　　　　　D. E 为负值的点

四、电位滴定仪的基本操作

1. 仪器各旋钮的功能　ZD-3A 自动电位滴定仪的前面板如图2-14所示；图2-15为该滴定仪的后面板；图2-16为滴定装置的结构；图2-17为滴定装置的侧面。

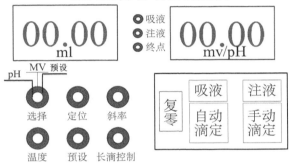

图 2-14　ZD-3A 电位滴定仪前面板

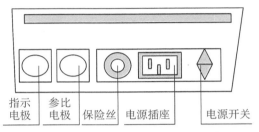

图 2-15　ZD-3A 电位滴定仪后面板

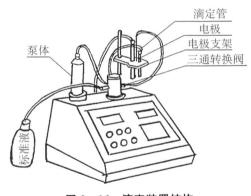

图 2-16　滴定装置结构

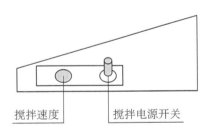

图 2-17　滴定装置侧面

【复零】　本仪器设有"复零"键,在吸液、注液或滴定过程中按复零键,仪器任何动作都立即停止,数字显示也同时显示 00.00 ml。

【吸液】　打开电源开关后,三通转换阀置吸液位(吸液指示灯亮)按吸液键,泵管活塞下移,标准液被吸入泵体,下移到极限位时自动停止。

【注液】　转三通阀到注液位(注液指标灯亮)按注液键,泵管活塞上移,先赶走泵体内的气泡,活塞上移到上限位时,自动停止。

【自动滴定】　三通扭到注液位按"自动滴定"键,仪器就开始自动滴定,直到滴定终点,终点指示灯亮,同时蜂鸣器响,说明滴定结束,此时数字显示器显示的数字就是实际消耗的标准液毫升数。

【手动滴定】　三通扭到注液位按"手动滴定"键,仪器就开始手动滴定,置于【手动滴定】时,按下此按钮,滴定进行,放开此按钮,滴定停止,直到滴定结束,记录数字显示器显示的实

际消耗的标准液毫升数。

【选择/预设】 【选择】置于预设档时,可进行终点 mV 值或 pH 值设定,调节【预设】旋钮,可进行 pH 值或 mV 的预控点设置。如,设置预控点为 100 mV,仪器将在接近终点 100 mV 时自动从快滴转为慢滴。本仪器 mV 值和 pH 值通用,如终点电位为 −800 mV,则调节"终点"电位器使数显为 −800,如终点电位为 8.50pH,则调节"终点"电位器使数显为 850 即可。预设好终点电位值后【选择】开关按使用者的要求置于 pH/mV 档时,进行 mV 或 pH 测量,此时"预设"电位器就不能再动了。

【斜率】 pH 标定时使用。

【温度】 pH 标定及测量时使用。

【定位】 pH 标定时使用。

【长滴控制】 用户要做滴定分析时,为了要保证滴定精度,不能提前到终点也不能过滴,同时又不能使滴定一次的时间太长,本仪器设有长滴控制电位器,即在远离终点电位时,滴定管溶液直通被测液,在接近终点时滴定液短滴(每次约 0.02 ml)步接近终点,电位不返回,即终点指示灯亮,蜂鸣器响。

2. 滴定操作

(1) 仪器安装连接好以后,插上电源线,打开电源开关,数字面板显示 00.00,预热 15 min后再使用。

(2) 将三通转换阀置吸液位(吸液指示灯亮)按吸液键,标准液被吸入泵体,下移到极限位时自动停止,再转三通阀到注液位(注液指标灯亮)按注液键,泵管活塞上移,先赶走泵体内的气泡,活塞上移到上限位时,自动停止,随后再在吸液位按吸液键一般反复两三次就可以赶走泵体和液路管道中的所有气泡,同时在整个液路中充满标准溶液。

(3) 在装有待测液的烧杯中放入搅拌子,并将烧杯放在搅拌器上,打开搅拌电源开关,即可调节搅拌速度,调节转速使搅拌从慢逐渐加快,达到反应液充分混合的转速。

(4) 用纯化水清洗电极的一端,随后插入待测溶液液面以下(注意避免转子碰到电极)。

(5) 将【选择】开关置预设档,调节【预设】旋钮,使显示屏显示你所要设定的终点 pH 或电位。终点电位选定后,【预设】旋钮不可再动,随后将【选择】开关置于 pH 或 mV 档开始滴定。

(6) 将三通阀置于注液位,按仪器"自动滴定"键,先长滴后短滴(根据长滴控制电位器的位置)到达终点延时 30 s 左右终点指标灯亮,同时蜂鸣器响,此时仪器处于终点锁定状态再按一下"复零"键仪器退出锁定状态,将电极、滴液管移离液面,用蒸馏水冲洗干净就可继续再做下一个滴定样品了。

3. 滴定终点确定的操作 如果不知道滴定样品的终点电位值,则可以在本仪器上先用手动滴定的方法找出终点电位值,具体方法如下:

(1) 在注液位先按注液键(此时传感器不起作用)在直通的状态下先注入标准液大致为预计的 70% 然后迅速旋动三通,使仪器脱离注液状态,此时注液指示灯灭,注液停止,但溶液消耗量数显保持(此时不能按"复零"停滴,否则溶液消耗量也复零了)。

(2) 恢复三通注液状态,注液指示灯亮,然后一直按住"手动滴定"键不放,此时每 1~2 s 滴 0.02 ml 左右直至终点。

(3) 对于突跃值非常明显的滴定类型,如酸碱滴定等可以在短滴的过程中根据毫升值或 pH 值的变化十分容易地找到终点电位,但对于突跃不明显的电位滴定则要通过 mV - ml 作图法。

（4）记录下这种类型滴定的终点电位值,下次就可通过"预设"电位器设定进行自动电位滴定了。

4. 电位滴定仪的日常维护

（1）仪器各单元均应保持清洁、干燥,不得污染;玻璃电极在未接入仪器前,请勿将仪器输入端的 Q9 短路插拔掉,以免灰尘进入插座,影响仪器的测量精度。不使用时,Q9 短路插必须插上。

（2）对精度要求高的测量,玻璃电极应置于饱和 KCl 溶液中,标定和测量最好在同一温度、同一时间下进行,以减少因电极活化不够,温度、时间差异带来的误差。

（3）滴定时切勿使用与橡皮管起作用的高锰酸钾等溶液,以免腐蚀橡皮管。

（4）在吸液、注液和自动滴定时,一定要使三通阀在相应的档位上。如果吸液的话,三通阀即在吸液位;如果是要注液或自动滴定,三通阀要在注液位。

实训 2 - 1　直接电位法测定几种输液的 pH 值

一、工作目标

（1）学会使用 pH 计测定输液的 pH 值的方法。

（2）学会 pH 计的基本操作。

二、工作前准备

1. 环境准备

（1）药物检测实训室。

（2）温度:18～26℃。

（3）相对湿度:不大于 75%。

2. 试剂及规格　5% 葡萄糖注射液(市售药品)、0.9% NaCl 注射液(市售药品)、氨茶碱注射液(市售药品)、邻苯二甲酸盐(基准物)、硼酸钠(基准物)、中性磷酸盐(基准物)、纯化水(新沸放置至室温)。

3. 仪器及规格　Mettler Toledo FE20/EL20 型 pH 计、复合电极、烧杯(50 ml)、滤纸。

4. 注意事项

（1）配制标准缓冲液与供试液用水,应是新沸放冷除去二氧化碳的纯化水或纯化水(pH5.5～7.0),并应尽快使用,以免二氧化碳重新溶入,造成测定误差。

（2）标准缓冲液最好用新鲜配制的,在抗化学腐蚀、密闭的容器中一般可保存 2～3 个月,如发现有混浊、发霉或沉淀等现象,不能继续使用。

（3）电极的敏感玻璃泡应避免和硬物接触,因为任何破损或擦毛,都使电极失效,测量后要及时将电极保护套套上,套内应有氯化钾饱和液以保持电极球泡的湿润。

（4）每次更换标准缓冲液或供试液之前,均应用纯化水淋洗电极,然后用滤纸吸干。

（5）复合电极在未接入仪器前,请勿将仪器输入端的 Q9 短路插拔掉,以免灰尘进入插座,影响仪器的测量精度。不使用时,Q9 短路插必须插上。在环境潮湿的地方使用,可用电吹风或电灯泡烘干插头座。

(6)注意操作环境温度,温度对电极电位影响较大,温度补偿调节钮的紧固螺丝是经过校准的,切勿使其松动,否则应重新校准。

三、工作依据

pH 计主要用来精密测量液体介质的酸碱度值。pH 值是用溶液中的 H^+ 浓度的负对数来表示,即:

$$pH = -\lg[H^+]$$

2010 版《中华人民共和国药典》记载几种输液的 pH 值,葡萄糖注射液是调节水盐、电解质及酸碱平衡药,可以补充能量和体液,pH 值应为 3.2~6.5;NaCl 注射液是一种电解质补充药物,用于各种原因所致的失水,pH 值应为 4.5~7.0;氨茶碱注射液是一种治疗支气管哮喘的药物,pH 值应为 8.6~9.0,临床使用往往是稀释后注射或滴注。

四、工作步骤

(一)采用一点标定和两点标定法测量几种输液的 pH 值
(1)准备葡萄糖注射液、NaCl 注射液。
(2)测量葡萄糖注射液的 pH 值,平行测定 3 次,取平均值。
(二)采用两点标定法测量氨茶碱注射液在不同输液中的 pH 值稳定性
(1)精密量取 2.00 ml 氨茶碱注射液于 30 ml 0.9% NaCl 注射液、5% 葡萄糖注射液中,摇匀。
(2)将电极插入上述待测溶液中,分别于 0,15,30,45,60 min 测定溶液的 pH 值。
(3)每组平行测定 3 次,取平均值,判断氨茶碱注射液在 0.9% NaCl 注射液、5% 葡萄糖注射液的 pH 值稳定性。
(三)结束工作
(1)将电极从溶液中取出,用纯化水清洗,再用滤纸吸干,玻璃球部分装入盛有 KCl 饱和溶液的塑料套中。另一端从仪器上拔下,将 Q9 短路插插上。
(2)关闭电源。
(3)记录仪器使用记录。
(4)盖上仪器罩。
(5)清洗玻璃仪器。
(6)使用过的仪器、试液等放回原处。
(7)整理操作台。
(四)实验讨论
(1)pH 计测量溶液 pH 值时,为何要选用与被测液 pH 相近的标准溶液定位?
(2)查阅药典,0.9% NaCl 注射液、5% 葡萄糖注射液除了 pH 检查外,还有哪些质量检查?
(3)氨茶碱注射液为何要稀释后注射?稀释后考察 pH 值的目的是什么?

实训 2-2　电位滴定法测定药用辅料磷酸氢二钠的含量

一、工作目标

(1) 学会自动电位滴定仪的基本操作。

(2) 学会电位滴定法的终点判断方法和计算方法。

二、工作前准备

1. 环境准备

(1) 天平室、药物检测实训室。

(2) 温度：18～26℃。

(3) 相对湿度：不大于75%。

2. 试剂及规格　磷酸氢二钠(药用)、硫酸滴定液($0.5\ mol \cdot L^{-1}$)、纯化水(新沸放置至室温)。

3. 仪器及规格　ZD-3A自动电位滴定仪、电子天平、烧杯(200 ml)、量筒(100 ml)。

4. 注意事项

(1) 仪器的输入端(电极插座)必须保持干燥、清洁。仪器不用时，将Q9短路插头插入插座，防止灰尘及水汽侵入。

(2) 测量时，电极的引入导线应保持静止，否则会引起测量不稳定。

(3) 取下电极套后，应避免电极的敏感玻璃泡与硬物接触，因为任何破损或擦毛都将使电极失效。

(4) 复合电极应浸入有饱和氯化钾溶液中、补充液可以从电极上端小孔加入。电极应避免长期浸在蒸馏水、蛋白质溶液和酸性氟化物溶液中。

(5) 到达终点后，不可以按【自动滴定】或【手动滴定】按钮，否则仪器又将开始滴定。

三、工作依据

电位滴定法是在滴定过程中通过测量电位变化以确定滴定终点的方法，是靠电极电位的突跃来指示滴定终点。即在滴定到达终点前后，滴液中的待测离子浓度往往连续变化 n 个数量级，引起电位的突跃，说明滴定到达终点。通过消耗滴定剂的量来计算被测成分的含量。按照滴定反应的类型，使用不同的指示电极，电位滴定法可以进行酸碱滴定、沉淀滴定、配位滴定、氧化还原滴定等。

电位滴定法的特点在于：①待测溶液有颜色或浑浊时，终点的指示比较困难；②找不到合适的指示剂，没有或缺乏指示剂；③浓度较稀的试液或滴定反应进行不够完全的情况；④灵敏度和准确度高，并可实现自动化和连续测定。

2010 版《中华人民共和国药典》附录 ⅦA 中记载磷酸氢二钠的含量测定方法，本品按干燥品计算，含 Na_2HPO_4 含量不少于 99.0%。

四、工作步骤

1. 样品溶液的配制　取 3 份约 6.3 g 磷酸氢二钠样品，精密称定，分别置于 200 ml 烧

杯中,加入纯化水 100 ml 溶解。

2. 滴定前准备

(1) 仪器安装连接好以后,插上电源线,打开电源开关,数字显示屏幕即显示 00.00,预热 15 min 后使用。

(2) 将三通转换阀置吸液位按吸液键,将纯化水注满泵体,再转三通阀到注液位按注液键,清洗泵体和液路管道,一般反复两三次即可;随后再在吸液位按吸液键将滴定液吸入泵体,操作同上即可以赶走泵体和液路管道中的所有气泡,同时在整个液路中充满标准溶液。

(3) 在装有待测液的烧杯中放入搅拌子,并将烧杯放在搅拌器上,打开搅拌电源开关,即可调节搅拌速度,调节转速使搅拌从慢逐渐加快,达到反应液充分混合的转速。

(4) 用纯化水清洗电极的一端,随后插入待测溶液液面以下(注意避免转子碰到电极)。

3. 滴定终点的确定

(1) 取其中 1 份待测样品,每次加入 1 ml 滴定液,稳定后,读数,记录。观察每加 1 次滴定液 pH 的变化值,滴定到 pH 值小于 3 之后,结束该样品的滴定。分析数据,找到突越的范围后,开始下一次滴定。

(2) 另取 1 份待测样品,同上滴定,但是在找到的突越范围内,每加入 0.1 ml 滴定液,记录 pH 值,滴定到 pH 值小于 3 之后,结束该样品的滴定。

(3) 按作图法对第 1、第 2 份样品所得滴定数据进行处理,得出滴定终点体积,找到滴定终点的 pH 值。

4. 磷酸氢二钠的含量测定 取第 3 份样品溶液,按终点滴定的方法,根据终点 pH 值设定条件,进行滴定。揿一下【自动滴定】按钮,仪器即开始滴定,滴液快速滴下,在接近终点时,滴速减慢。到达终点后,终点指示灯亮,同时蜂鸣器响,滴定结束。结束后仪器直接给出滴定体积,记录滴定池中反应液的现象,数字面板显示消耗滴定液的体积读数。

5. 关机 关闭电源,拔出电极,用纯化水冲洗干净,用滤纸吸干,放好,以备下次再用;填写使用记录,清理工作台,罩上防尘罩。

五、实验数据处理

(1) 按作图法对第 1、第 2 份样品所得滴定数据进行处理,得出终点体积。
(2) 计算出样品的含量。

六、实验讨论

(1) 比较三者体积不同的原因?
(2) 电位滴定法中终点确定方法有哪些?

实训 2-3 电位滴定法测定丙戊酸钠片的含量

一、工作目标

(1) 学会电位滴定法测定丙戊酸钠片的含量的方法。
(2) 巩固自动电位滴定仪的基本操作。

二、工作前准备

1. 环境准备

（1）天平室、药物检测实训室。

（2）温度：18～26℃。

（3）相对湿度：不大于 75%。

2. 试剂及规格　丙戊酸钠片（药用）、盐酸滴定液（$0.1\ mol \cdot L^{-1}$）、乙醚、纯化水（新沸放置至室温）。

3. 仪器及规格　ZD-3A 自动电位滴定仪、电子天平、容量瓶（100 ml）、移液管（25 ml）、烧杯（100 ml）、量筒（50 ml）、玻璃漏斗、定量滤纸。

4. 注意事项

（1）正确使用容量瓶、移液管等滴定的仪器，减少操作误差。

（2）仪器的输入端（电极插座）必须保持干燥、清洁。仪器不用时，将 Q9 短路插头插入插座，防止灰尘及水汽侵入。

（3）测量时，电极的引入导线应保持静止，否则会引起测量不稳定。

（4）取下电极套后，应避免电极的敏感玻璃泡与硬物接触，因为任何破损或擦毛都将使电极失效。

（5）复合电极应浸入有饱和氯化钾溶液中，补充液可以从电极上端小孔加入。电极应避免长期浸在蒸馏水、蛋白质溶液和酸性氟化物溶液中。

（6）到达终点后，不可以按【自动滴定】或【手动滴定】按钮，否则仪器又将开始滴定。

三、工作依据

电位滴定法是在滴定过程中通过测量电位变化以确定滴定终点的方法，是靠电极电位的突跃来指示滴定终点。即在滴定到达终点前后，滴液中的待测离子浓度往往连续变化 n 个数量级，引起电位的突跃，说明滴定到达终点。通过消耗滴定剂的量来计算被测成分的含量。

依据 2010 版《中华人民共和国药典》二部记载的丙戊酸钠片含量测定方法，丙戊酸钠片含丙戊酸钠（$C_8H_{15}NaO_2$）应为标示量的 90.0%～110.0%。

四、工作步骤

1. 样品处理　取丙戊酸钠片 10 片（0.2 g 规格）或 20 片（0.1 g 规格），置 100 ml 量瓶中，加水约 50 ml，振摇使丙戊酸钠片溶解，加水稀释至刻度，摇匀，滤过，精密量取续滤液 25 ml，加乙醚 30 ml，待测。

2. 滴定前准备

（1）仪器安装连接好以后，插上电源线，打开电源开关，数字显示屏幕即显示 00.00，预热 15 min 后使用。

（2）将三通转换阀置吸液位按吸液键，将纯化水注满泵体，再转三通阀到注液位按注液键，清洗泵体和液路管道，一般反复两三次即可；随后再在吸液位按吸液键将标准溶液吸入泵体，操作同上即可以赶走泵体和液路管道中的所有气泡，同时在整个液路中充满标准溶液。

（3）在装有待测液的烧杯中放入搅拌子，并将烧杯放在搅拌器上，打开搅拌电源开关，即可调节搅拌速度,调节转速使搅拌从慢逐渐加快,达到反应液充分混合的转速。

（4）用纯化水清洗电极的一端,随后插入待测溶液液面以下（注意避免转子碰到电极）。

（5）将【选择】开关置预设档,调节【预设】旋钮,使显示屏显示你所要设定的终点pH4.5。终点电位选定后,【预设】旋钮不可再动,随后将【选择】开关置于pH档开始滴定。

3. 滴定操作

（1）三通阀在注液位,先按仪器的"复零"键再按"自动滴定"键,先长滴后短滴（根据长滴控制电位器的位置）到达终点延时 30 s 左右终点指标灯亮,同时蜂鸣器响,此时仪器处于终点锁定状态再按一下"复零"键仪器退出锁定状态,将电极、滴液管移离液面,用蒸馏水冲洗干净就可继续再做下一个滴定样品了。

（2）平行测定 3 份,记录滴定池中反应液的现象,数字面板显示消耗滴定液的体积读数,终点时的 pH 值。

4. 关机　关闭电源,拔出电极,冲洗干净,放好,以备下次再用;填写使用记录,清理工作台,罩上防尘罩。

五、实验数据处理

根据丙戊酸钠片的取用量和消耗 HCl 滴定液的体积数,按下式计算出丙戊酸钠片的标示量。每毫升盐酸滴定液（0.1 mol·L^{-1}）相当于 16.62 mg 的 $C_8H_{15}NaO_2$。

$$标示量（\%）=\frac{\dfrac{F\times T\times V}{V_{取}}\times V_{总}}{片数\times 标示量}\times 100\%$$

六、实验讨论

（1）如何确定丙戊酸钠含量测定的滴定终点?

（2）丙戊酸钠片含量测定加入乙醚的目的是什么?

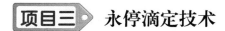

项目三　永停滴定技术

学习目标

1. 能描述永停滴定法的基本原理。
2. 能描述永停法滴定终点确定的方法。
3. 能说出永停滴定法的应用。

永停滴定法又称为双电流法或双安培滴定法,是在电解池中插入两个相同的铂电极,当两个电极之间加上一个很小的直流电压,一般为几十毫伏至 200 mV,然后进行滴定,观察滴定过程中两个电极的电流变化,根据滴定过程中电流的变化确定滴定终点。若电极在溶液中极化,则在未到滴定终点时,仅有很小或无电流通过;但当到达终点时,滴定液略有过剩,使电极去极化,溶液中即有电流通过,电流计指针突然发生偏转,不再回复。反之,若电极由去极化变为极化,则电流计指针从有偏转回到零点,也不再变动。永停滴定法装置简单、准确度高、确定终点容易,是药典上进行重氮化滴定和用卡尔-费休法进行水分测定的法定方法。

一、基本原理

1. 可逆电对　若溶液中同时存在某电对的氧化态及其对应的还原态物质,如 I_2/I^-,同时插入两个相同的铂电极时,则因为两个电极的电极电位相同,不会发生任何电极反应,没有电流通过电池。如果在两个电极间外加一小电压,则接正极的铂电极将发生氧化反应:

$$2I^- \longrightarrow I_2 + 2e^-$$

接负极的铂电极上将发生还原反应: $I_2 + 2e^- \longrightarrow 2I^-$。

只有两个电极上都发生反应,它们之间才会有电流通过。当电解进行时,阴极上得到多少电子,阳极上就失去多少电子。滴定时,当溶液中电对的氧化态和还原态的浓度不相等时,通过电解池电流的大小由浓度低的氧化型(或还原型)溶液来决定;当反应电对氧化型和还原型的氧化型(或还原型)浓度相等时,电流最大。

像 I_2/I^-、Fe^{3+}/Fe^{2+}、Ce^{4+}/Ce^{3+} 等这样的电对,在溶液中与双铂电极组成电池,外加一个很小的外加电压就能产生电解,有电流通过,称为可逆电对。

2. 不可逆电对　若溶液中的电对是 $Cr_2O_7^{2-}/Cr_3^+$, MnO_4^-/Mn^{2+}, $S_4O_6^{2-}/S_2O_3^{2-}$ 等,同样插入两个铂电极,同样给一个很小的外加电压,由于只能在正极的铂电极发生氧化反应,负极不能发生还原反应:

$$2S_2O_3^{2-} \longrightarrow S_4O_6^{2-} + 2e^-$$
$$S_4O_6^{2-} + 2e^- \longrightarrow 2S_2O_3^{2-}$$

所以不能发生电解,无电流通过,这种电对称为不可逆电对。对于不可逆电对,只有两个铂电极间的外加电压很大时,才会产生电解,这是由于发生了其他电极反应所致。

永停滴定法就是依据在外加小电压下,可逆电对有电流产生,不可逆电对无电流产生的现象,来确定滴定终点。如该方法在药物分析中的应用,以 $NaNO_2$ 为标准溶液,测定芳伯胺类药物的含量。终点前,溶液体系内无可逆电对,无电流通过,电流指针停留在零位;终点时,稍微过量的 $NaNO_2$ 在酸性条件下分解生成 NO,与溶液体系中的 HNO_2 组成 HNO_2/NO 可逆电对,电路中就有电流通过,电流指针发生偏转。电极反应如下:

$$阳极:NO + H_2O \longrightarrow HNO_2 + H^+ + e^-$$
$$阴极:HNO_2 + H^+ + e^- \longrightarrow NO + H_2O$$

二、滴定终点判断

1. 滴定剂为不可逆电对,待测样品为可逆电对　如 $Na_2S_2O_3$ 标准溶液滴定含有 KI 的 I_2 溶液,滴定开始时溶液中有可逆电对 I_2/I^-,溶液中有电流通过。随着滴定的进行,I_2 浓度逐渐减小,

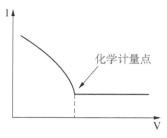

图2-18　$Na_2S_2O_3$ 滴定 I_2 的
电流变化曲线

电解电流也逐渐减小;滴定到终点时溶液中的 I_2 反应完了,只有不可逆电对 $S_4O_6^{2-}/S_2O_3^{2-}$ 和 I^-,电解反应不能发生,电流计指针停留在零电流并保持不动。滴定时的电流变化曲线如图 2-18 所示。

2.滴定剂为可逆电对,待测样品为不可逆电对　如 I_2 标准溶液滴定 $Na_2S_2O_3$,滴定开始时溶液中只有 $S_4O_6^{2-}/S_2O_3^{2-}$ 和 I^-,因为它们是不可逆电对,虽有外加电压,但是电极上不发生电解反应,所以溶液中没有电流通过;滴定到终点时,溶液中有稍微过量一点的 I_2 就可以和 I^- 组成可逆电对,电解反应得以进行,产生的电解电流使电流计指针发生偏转不再返回到零电流的位置。随着过量 I_2 的加入,电流计指针偏转度增大,滴定时的电流变化如图2-19所示。

3.滴定剂与待测样品均为可逆电对　用 Ce^{4+} 滴定 Fe^{2+} 就属于这种情况。开始滴定前,溶液中只有 Fe^{2+},而无 Fe^{3+},阴极上不可能发生还原反应,所以无电解反应,无电流通过。当 Ce^{4+} 滴入含 Fe^{2+} 的溶液后,溶液中的 Fe^{2+} 被氧化成 Fe^{3+},随着滴定不断进行,Fe^{3+} 不断增加,因为 Fe^{3+}/Fe^{2+} 为可逆电对,所以电流不断增大;当 $c(Fe^{2+})=c(Fe^{3+})$ 时,电流到达最大值;继续加入 Ce^{4+},Fe^{2+} 离子浓度逐渐下降,电流强度也逐渐下降,到达化学计量点时,$c(Fe^{2+})=0$,电流最小。化学计量点后 Ce^{4+} 过量,溶液中出现 Ce^{4+}/Ce^{3+} 可逆电对,电流重新出现,并随着 Ce^{4+} 不断增加,电流不断增大,电流变化情况如图 2-20 所示。

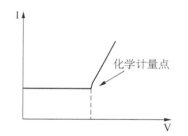

图 2-19　I_2 滴定 $Na_2S_2O_3$ 的电流变化曲线

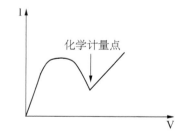

图 2-20　Ce^{4+} 滴定 Fe^{2+} 的电流变化曲线

想一想

直接电位法、电位滴定法和永停滴定法的测量电池分别是哪种化学电池?比较 3 种方法的异同点。

三、永停滴定仪的基本操作

1.仪器功能简介

(1)滴定装置:永停滴定仪的主要部件如图 2-21 所示,主要包括滴定仪、滴定管和电磁搅拌器。

（2）仪器各按钮的功能：图 2-22～2-24 分别是永停滴定仪的前面板、后面板和侧面调节开关。

 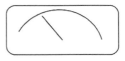

ZYT-2型
自动永停滴定仪

图 2-21　永停滴定仪装置　　　　图 2-22　永停滴定仪前面板

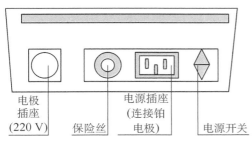 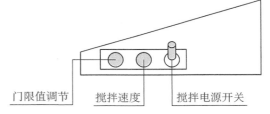

图 2-23　永停滴定仪后面板　　　　图 2-24　滴定装置侧面调节开关

【复零】　本仪器设有"复零"键，在吸液、注液或滴定过程中按复零键，仪器任何动作都立即停止，数字显示也同时显示 00.00。滴定到达终点，经延时后，终点指示灯亮，蜂鸣器响，操作者记录下消耗的毫升数后按"复零"键仪器即退出终点锁定状态，同时数字也复零。

【吸液】　打开电源开关后，三通转换阀（简称三通阀）置吸液位（阀体调节帽顺时针旋到底，吸液指示灯亮）按吸液键，泵管活塞下移，标准液被吸入泵体，下移到极限位时自动停止。

【注液】　转三通阀到注液位（反时针旋到底，注液指标灯亮）按注液键，泵管活塞上移，先赶走泵体内的气泡，活塞上移到上限位时，自动停止。

【灵敏度】　用于选定电流检测灵敏度，灵敏度键按药典要求根据不同被滴溶液置 10^{-8} A 或 10^{-9} A，极化电压如是 10^{-8} A 即 -100 mV，10^{-9} A 即为 -50 mV 这和药典要求是一致的。

【自动滴定】　将三通阀扭到注液位按"自动滴定"键，仪器就开始自动滴定，先慢滴，后快滴，仪器出现假终点后指针返回门限值以下后又开始慢滴后快滴，反复多次，直到终点指针不再返回，终点指示灯亮，同时蜂鸣器响，说明滴定结束，此时数字显示器显示的数字就是实际消耗的标准液毫升数。

2. 滴定基本操作

（1）仪器安装连接好以后，插上电源线，打开电源开关，数字显示屏幕即显示 00.00，预热 15 min 后使用。

（2）将三通转换阀置吸液位（吸液指示灯亮）按吸液键，标准液被吸入泵体，下移到极限

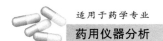
位时自动停止,再转三通阀到注液位(注液指标灯亮)按注液键,泵管活塞上移,先赶走泵体内的气泡,活塞上移到上限位时,自动停止,随后再在吸液位按吸液键一般反复两三次就可以赶走泵体和液路管道中的所有气泡,同时在整个液路中充满标准溶液。

(3)调节【灵敏度】旋钮,选择 10^{-9} A 的电流为检测灵敏度;调节门限值旋钮,终点电流值为 80×10^{-9} A。

(4)在装有待测液的烧杯中放入搅拌子,并将烧杯放在搅拌器上,打开搅拌电源开关,即可调节搅拌速度,调节转速使搅拌从慢逐渐加快,达到反应液充分混合的转速。

(5)用纯化水清洗电极的一端,随后插入待测溶液液面以下(注意避免转子碰到电极)。

(6)将三通阀置于注液位,按仪器"自动滴定"键,到达终点延时 30 s 左右终点指标灯亮,同时蜂鸣器响,此时仪器处于终点锁定状态再按一下"复零"键仪器退出锁定状态,将电极、滴液管移离液面,用蒸馏水冲洗干净就可继续再做下一个滴定样品了。

实训 2-4　永停滴定法测定磺胺醋酰钠滴眼液的含量

一、工作目标

(1)学会永停滴定法测定磺胺醋酰钠滴眼液含量的方法。
(2)学会自动永停滴定仪的基本操作。
(3)学会永停滴定法的终点判断方法和计算方法。

二、工作前准备

1. 工作环境准备
(1)药物检测实训室、仪器室。
(2)温度:18~26℃。
(3)相对湿度:不大于 75%。

2. 试剂及规格　磺胺醋酰钠滴眼液(市售)、亚硝酸钠滴定液(0.1 mol·L^{-1})、盐酸(1~2 ml)、溴化钾(AR)、纯化水。

3. 仪器及规格　ZYT-2 型自动永停滴定仪、电磁搅拌器、铂-铂电极、吸量管(2 ml)、烧杯(100 ml)。

4. 注意事项
(1)永停滴定法所用的铂-铂电极,如果电极玻璃和铂烧结得不好,当用硝酸处理电极时,微量硝酸存留在铂片和玻璃空隙不易洗出,以至电极刚插入就出现在极化状态,使用时必须注意。

(2)电极的清洁状态是滴定成功与否的关键,污染的电极在滴定时指示迟钝,终点时电流变化小,此时应重新处理电极。处理方法:可将电极插入 10 ml 浓硝酸和 1 滴三氯化铁的溶液内,煮沸数分钟,取出后用水冲洗干净。

(3)在重氮化法中,一般先将芳伯胺药物溶解在过量的稀盐酸中,再用亚硝酸钠滴定。因芳伯胺药物在强酸溶液中溶解度较大、反应较快。如酸度不足,则测量结果偏低。

(4)重氮化反应中,温度越高,重氮化反应速度越快。但是温度太高,HNO$_2$ 和生成的重氮盐分解速度也加快。所以,除另有规定外,一般选择反应温度为 10～30℃。

(5) 为了避免因重氮盐不稳定发生不良反应和亚硝酸挥发,滴定时要把滴定管尖端插入液面下 2/3 处,在不断搅拌下,一次滴入大部分亚硝酸钠滴定液。在近终点时,要缓缓滴加,并不断搅拌,确保反应完全。对于重氮化反应速度较慢的药物,常加入 KBr 作催化剂。

(6) 因该反应在终点时反应速度较慢,因此只有当电流计突然偏转,并保持 1 min 不恢复时,方为终点。

三、工作依据

永停滴定法主要用于容量分析确定终点或帮助确定终点,使结果更加准确。主要针对一些没有合适指示剂确定终点的容量分析和一些虽然有指示剂确定终点,但终点时颜色变化复杂,难以描述终点颜色的方法非常适合。

永停滴定仪是采用两支相同的铂电极,在两电极间加上低电压,若溶液中的电极处于极化状态,则在未到滴定终点前两电极间无电流或仅有很小的电流通过,当到终点时,滴定液略有过剩使电极去极化,电极间即有电流通过,电流计指针突然偏转不再恢复,即到达终点。

磺胺醋酰钠是具有芳伯氨基的药物,在酸性溶液中能与亚硝酸钠定量发生重氮化反应而生成重氮盐。其反应式如下:

$$H_2N \!-\!\!\bigcirc\!\!-\! SO_2NCOCH_3 + NaNO_2 + HCl \longrightarrow CH_3CONHO_2S \!-\!\!\bigcirc\!\!-\! N^+Cl^- + NaCl + H_2O$$
$$\underset{Na}{|}$$

依据 2010 版《中华人民共和国药典》二部记载的磺胺醋酰钠滴眼液含量测定方法,含磺胺醋酰钠($C_8H_9N_2NaO_2S \cdot H_2O$)应为标示量的 90.0%～110.0%。

四、工作步骤

1. **样品处理** 精密量取磺胺醋酰钠滴眼液 4 ml(约相当于磺胺醋酰钠 0.6 g),置于 100 ml 洁净的烧杯中,加 40 ml 纯化水和盐酸(1→2 ml)15 ml,加溴化钾 2 g,放入搅拌子,使用磁力搅拌器混匀,待用。

2. **滴定前准备**

(1) 仪器安装连接好以后,插上电源线,打开电源开关,数字显示屏幕即显示 00.00,预热 15 min 后使用。

(2) 将三通转换阀置吸液位按吸液键,将纯化水注满泵体,再转三通阀到注液位按注液键,清洗泵体和液路管道,一般反复两三次即可;随后再在吸液位按吸液键将标准溶液吸入泵体,操作同上即可以赶走泵体和液路管道中的所有气泡,同时在整个液路中充满标准溶液。

(3) 撤【灵敏度】按钮,选择 10^{-9} A 的电流为检测灵敏度;调节门限值旋钮,终点电流值为 80×10^{-9} A。

(4) 将铂-铂电极插入样品液(注意避免转子碰到电极),滴定管的尖端插入液面下约 2/3 处。在装有待测液的烧杯中放入搅拌子,并将烧杯放在搅拌器上,打开搅拌电源开关,即可调节搅拌速度,调节转速使搅拌从慢逐渐加快,达到反应液充分混合的转速。

3. 滴定操作

（1）去除泵体和液路管道中的所有气泡后，使整个管路中充满标准溶液，扭动三通阀应该在注液位（注液指标灯亮），先揿下【复零】按钮，这时候数显为 00.00，再揿下【自动滴定】按钮，即开始滴定，亚硝酸钠滴定液迅速滴定，边滴边搅拌，近终点时（电流表指针有偏移），至电流计指针突然偏转，并不再恢复，终点灯亮后，同时蜂鸣器响，说明滴定结束，此时数字显示器显示的数字就是实际消耗的标准液毫升数。

（2）平行测定 3 份，记录滴定池中反应液的现象，数字面板显示消耗滴定液的体积读数。

4. 关机　关闭电源，拔出电极，冲洗干净，放好，以备下次再用；填写使用记录，清理工作台，罩上防尘罩。

五、实验数据处理

根据磺胺醋酰钠滴眼液的取用量和消耗 $NaNO_2$ 滴定液的体积数，按下式计算出磺胺醋酰钠滴眼液的标示量%。每毫升 $NaNO_2$ 滴定液（0.1 mol·L^{-1}）相当于 25.42 mg 的 $C_6H_9N_2NaO_3S·H_2O$。

$$标示量(\%) = \frac{\frac{c_{NaNO_2}}{0.1} \times V_{NaNO_2} \times 0.025\,42 \times V_总}{V_取 \times 规格} \times 100\%$$

六、实验讨论

（1）重氮化法在终点时发生了什么反应？

（2）磺胺醋酰钠滴眼液含量测定加入溴化钾的目的是什么？

（3）《中国药典》用永停滴定法来确定重氮化滴定的终点，写出重氮化滴定法测定终点时的电解反应式，并绘制其滴定曲线的示意图。

模块三

光学分析技术

药 · 用 · 仪 · 器 · 分 · 析

项目一 光学分析法的基础

学习目标

1. 能说出电池辐射的基本性质。
2. 能说出电磁辐射与物质的相互作用。
3. 能描述光学分析方法的分类。

根据物质发射的电磁辐射或物质与电磁波辐射相互作用后所产生的辐射信号或发生的信号变化来测定物质的性质、结构和含量的一类仪器分析方法,统称为光学分析法。光学分析法由于灵敏度高、选择性好、用途广泛等优点,在分析领域发挥着重要作用。光学分析方法包含能源提供能量、能量与物质相互作用及信号检测 3 个过程。

一、电磁辐射与电磁波谱

1. 光的性质 光的本质属性是电磁辐射(又称电磁波),是一种以电磁波的形式在空间不需要任何物质作为传播媒介的高速传播的光(量)子流。光具有波动性和微粒性,即波粒二象性。光的波动性表现为光按波动形式传播,并能产生反射、折射、偏振、干涉和衍射等现象;粒子性表现为光是具有一定质量、能量和动量的粒子流,可以产生光的吸收、发射以及光电效应等现象。

(1)波动性:光的波动性用波长(λ)、波数(σ)和频率(ν)作为表征。波长是在波的传播路线上具有相同振动相位的相邻两点之间的线性距离,常用纳米(nm)作为单位。波数是每厘米长度中波的数目,单位为 cm^{-1}。在真空中,波长、波数、频率三者的关系为:

$$c = \lambda\nu$$

式中:c 是光在真空中的传播速度,所有电磁辐射在真空中的传播速度均相同,$c = 2.997\,925 \times 10^{10}\,cm/s$。在其他的透明介质中,由于电磁辐射与介质分子的相互作用,传播速度比在真空中稍小一些,电磁辐射在空气中的传播速度与其在真空中相差不多。ν 的单位为 Hz(赫兹)。

（2）微粒性：电磁辐射与物质相互作用时，所表示出来的发射和吸收现象只能用微粒性解释，这时电磁辐射被看做一粒一粒不连续的光子流。光的微粒性用每个光子具有的能量 E 作为表征，与频率、波长和波数的关系为：

$$E = h\nu = hc/\lambda = hc\sigma$$

式中：h 是普朗克常数，其值等于 $6.626\ 2 \times 10^{-34}$ J·s。可见波长越长，光子能量越小；波长越短，光子能量越大。也即随着波长增加，辐射的波动性变得明显；而随着波长减小，辐射的微粒性表现得较明显。上式把电磁辐射的波粒二象性联系在一起。能量常用电子伏（eV）、尔格（erg）、焦耳（J）或卡（cal）作单位，它们的换算关系为：

$$1\ \text{eV} = 1.602\ 189 \times 10^{-12}\ \text{erg} = 1.602\ 198\ 2 \times 10^{-19}\ \text{J} = 3.872 \times 10^{-20}\ \text{cal}$$

2. 电磁波谱　所有电磁辐射在性质上是完全相同的，它们之间的区别仅在于波长或频率不同，若把电磁辐射按照波长大小顺序排列起来，就称为电磁波谱。表 3-1 列出了各电磁波谱区的名称、波长范围等。虽然不同文献中提供的不同波谱的界限往往略有不同，但不同区的辐射均可用于物质的分析。

表 3-1　电磁波谱的分类

辐射区域	波长范围	波束范围(cm^{-1})	跃迁能级类型	分析方法
γ 线	$0.01 \sim 0.1$ nm	$1 \times 10^{11} \sim 1 \times 10^{10}$	原子核能级	放射化学分析法
X 线	$0.1 \sim 10$ nm	$1 \times 10^{10} \sim 1 \times 10^{6}$	内层电子能级	X 射线光谱法
光学光谱区				
远紫外光	$10 \sim 200$ nm	$1 \times 10^{6} \sim 5 \times 10^{4}$	价电子或成键电子能级	真空紫外光度法
近紫外光	$200 \sim 400$ nm	$5 \times 10^{4} \sim 2.5 \times 10^{4}$	价电子或成键电子能级	紫外分光光度法
可见光	$400 \sim 760$ nm	$2.5 \times 10^{4} \sim 1.3 \times 10^{4}$	价电子或成键电子能级	比色法、可见分光光度法
近红外光	$0.76 \sim 2.5$ μm	$1.3 \times 10^{4} \sim 4 \times 10^{3}$	分子振动能级	近红外光谱法
中红外光	$2.5 \sim 50$ μm	$4 \times 10^{3} \sim 2 \times 10^{2}$	原子振动、分子转动能级	中红外光谱法
远红外光	$50 \sim 1\ 000$ μm	$2 \times 10^{2} \sim 1 \times 10$	分子转动、晶格振动能级	远红外光谱法
微波	$0.1 \sim 100$ cm	$1 \times 10 \sim 1 \times 10^{-2}$	电子自旋、分子转动能级	微波光谱法
无线电波	$1 \sim 1\ 000$ m	$1 \times 10^{-2} \sim 2 \times 10^{-5}$	磁场中核自旋能级	核磁共振光谱法

二、电磁辐射与物质的相互作用

电磁辐射与物质的相互作用是普遍发生的物理现象，也是比较复杂的物理现象，有涉及物质内能变化的相互作用如吸收、发射（产生荧光、磷光）等，也有不涉及物质内能变化的相互作用如透射、折射、衍射、旋光等。

1. 吸收　辐射能作用于物质的原子、分子或离子（总称为粒子）后，物质选择性地吸收某些频率的辐射能，并从低能级状态（基态）跃迁至高能级状态（激发态），这个过程称为吸收。任一波长光子的能量必须与物质内的原子或分子的能级变化（ΔE）相等，才能被吸收，否则，不会被吸收。

2. 发射　粒子吸收能量后，从基态跃迁至激发态，处于激发态的粒子是不稳定的，在短暂的时间(约 10^{-8} s)内,又从激发态跃回至基态。发射就是指粒子从激发态跃迁回基态,并以光的形式释放出能量的过程。

3. 散射　光通过介质时会发生散射,也就是说有一小部分光的光子和粒子相碰撞,使光子的运动方向发生改变而向不同角度散射,这种光称为散射光。散射一般有两种情况:一种是光子和粒子发生弹性碰撞时,不发生能量的交换,仅仅是光子运动方向发生改变,光频率不变,这种散射称为瑞利散射;另一种是光子和粒子发生非弹性碰撞时,在光子运动方向发生改变的同时,光子与粒子之间会发生能量交换,光频率发生改变,这种散射称为拉曼散射。

4. 反射和折射　当光从介质Ⅰ照射到与介质Ⅱ的分界面时,一部分光在分界面上改变传播方向又返回到介质Ⅰ的现象,称为光的反射;另一部分光则改变方向,以一定的折射角度进入介质Ⅱ,这种现象称为光的折射。

5. 干涉和衍射　在一定条件下光波会相互作用,当两列或两列以上光波在空间相遇相互叠加时,将产生一个其强度视各波的相位而定的加强或减弱的合成波,称为干涉。当两个波的相位差180°时,发生最大相消干涉。当两个波同相位时,则发生最大相长干涉。光波绕过障碍物或通过狭缝时,以约180°的角度向外辐射,波前进的方向发生弯曲,这种现象称为衍射。

6. 旋光　有机化合物的分子结构中含有不对称碳原子,能使通过的平面偏振光的偏振面旋转一定的角度,这种现象称为旋光。

三、光学分析方法的分类

光学分析法根据光与物质作用是否有能量改变可分为光谱分析法和非光谱法(表3-2)。光谱法根据物质吸收(或发射)光子的基团不同可分为原子光谱法和分子光谱法;另外还可以分成吸收光谱和发射光谱法等(表3-3~3-5)。

表3-2　光学分析法

方法类型	具体方法
光谱法(分子光谱法、原子光谱法)	吸收光谱法(紫外、红外、原子吸收、核磁共振等)、发射光谱法(荧光法、发生光谱法)、散射光谱法
非光谱法	折射法、干涉法、旋光度法、浊度法、X线衍射法等

表3-3　光谱法与非光谱法比较

分析方法	基本概念	主要方法
光谱法	物质与电磁辐射相互作用时,记录光强度随波长变化的曲线,称为光谱图。利用物质的光谱图进行定性、定量和结构分析的方法称为光谱法	吸收光谱法、发射光谱法、散射光谱法
非光谱法	指那些不以光的波长为特征参数(信号),仅通过测量电磁辐射的某些基本性质(反射、干涉、衍射和偏振)的变化的分析方法	折射法、干涉法、旋光度法、浊度法、X线衍射法等

表 3－4　原子光谱法和分子光谱法比较

光谱法	基本概念	光谱形式	应　用
原子光谱法	以测量气态原子（离子）外层或内层电子能级跃迁产生的原子光谱为基础的分析方法	线状	测量物质元素的组成和含量
分子光谱法	以测量分子外层电子能级、振动和转动能级跃迁产生的分子光谱为基础的分析方法	带状	进行物质定性、定量和结构分析

表 3－5　吸收光谱法和发射光谱法比较

光谱法	基本概念	主要方法
吸收光谱法	物质吸收相应的辐射能而产生的光谱，利用物质的吸收光谱进行定性定量及结构解析的分析方法	原子吸收光谱法（AAS）、紫外-可见分光光度法（UV－Vis）、红外吸收光谱法（IR）
发射光谱法	构成物质的原子、离子或分子吸收相应的辐射能从基态激发到激发态后，再由激发态回到基态时以辐射的方式释放能量而产生的光谱，利用物质的发射光谱进行定性定量及结构解析的分析方法	原子发射光谱法（AES）、原子荧光光谱法（AFS）、分子荧光光谱法（MFS）

　　各种光谱技术经过不断地发展和长期的应用，形成了较常应用的光谱分析方法。药物质量检测一般检测中应用较多是紫外-可见分光光度法、红外吸收光谱法，其次为原子吸收分光光度法及分子荧光光谱法。

项目二　紫外-可见吸收光谱分析技术

学习目标

　　1. 能说出电子跃迁类型及常用术语。

　　2. 能描述紫外-可见分光光度法的基本原理。

　　3. 能说出紫外-可见分光光度法的应用。

　　波长范围从 200～760 nm 的电磁波为紫外-可见光区，其中波长 200～400 nm 的电磁波为近紫外线，400～760 nm 为可见光。可见光由波长们 400～760 nm 的电磁波按适当强度比例混合而成，因人们视觉可觉察到，故称为可见光。可见光通过色散可得到不同颜色的光：400～435 nm 为紫色；435～480 nm 为蓝色；480～500 nm 为青色或绿蓝色；500～560 nm 为绿色；560～595 nm 为黄色；595～610 nm 为橙色；610～760 nm 为红色。

　　紫外-可见吸收光谱分析技术的研究对象是具有共轭双键结构的物质分子或能通过化学反应形成有色化合物的物质。紫外-可见吸收光谱分析技术是利用物质分子对紫外光区和可见光区的单色光辐射的吸收特性建立起来的光谱分析技术。主要适用于微量和痕量组分的分析,测定灵敏度可达到 $10^{-7}\sim10^{-4}$ g·ml^{-1}或更低范围,广泛应用于无机和有机化合物的定性和定量分析。

一、有机化合物的紫外-可见吸收光谱

(一)电子跃迁的类型

分子中的价电子包括形成单键的 σ 电子、双键的 π 电子和非成键的 n 电子(p 电子)。电子所处的轨道不同,电子所具有的能量也不同。分子轨道可以认为是当 2 个原子靠近而结合成分子时,2 个原子的原子轨道以线性组合而生成的两个分子轨道。其中一个分子轨道具有较低能量称为成键轨道(如 σ成键轨道、π 成键轨道),另一个分子轨道具有较高能量称为反键轨道(如 σ* 反键轨道、π* 反键轨道)。分子中 n 电子的能级,基本上保持原来原子状态的能级,称非键轨道。比成键轨道所处能级高,比反键轨道能级低。分子中的价电子在各自的轨道上运动,但在得到能量后可以从低能量轨道跃迁到高能量轨道(图 3-1)。

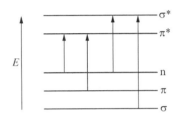

图 3-1 分子中价电子能级及跃迁示意

1. σ→σ* 跃迁 处于 σ 成键轨道上的电子吸收光能后跃迁到 σ* 反键轨道,这是所有化合物都可以发生的跃迁类型。分子中 σ 键较为牢固,故跃迁需要较大的能量,因而所吸收的辐射的波长最短,处在小于 200 nm 的真空紫外光区。如甲烷的 λ_{max} 为 125 nm,乙烷的 λ_{max} 为 135 nm。

2. π→π* 跃迁 处于 π 成键轨道上的电子跃迁到 π* 反键轨道上,所需的能量小于 σ→σ* 跃迁所需的能量,孤立双键的 π→π* 跃迁一般发生在波长 200 nm 左右。具有共轭双键的化合物,π→π* 跃迁所需能量降低,且共轭键愈长跃迁所需的能量愈小。

3. n→π* 跃迁 含有杂原子不饱和基团,如>C=O,>C=S,—N=N—等的化合物,既有 π 电子,又有 n 电子,其非键轨道中孤对电子吸收能量后,向 π* 反键轨道跃迁。n→π* 跃迁所需的能量最低,因此吸收辐射的波长最长,这种跃迁一般发生在近紫外光区,甚至可见光区。

4. n→σ* 跃迁 含—OH,—NH₂,—X,—S 等基团化合物,其杂原子中孤对电子吸收能量后,向 σ* 反键轨道跃迁,n→σ* 跃迁所需的能量比 σ→σ* 跃迁小,所以吸收的波长会稍微长一些,这种跃迁一般发生在 200 nm 左右。

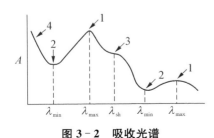

图 3-2 吸收光谱

1—吸收峰;2—谷;3—肩峰;4—末端吸收

(二)常用术语

1. 吸收光谱 吸收光谱又称吸收曲线,是以波长或波数为横坐标,以吸光度为纵坐标所描绘的图线(图 3-2)。

吸收光谱上,一般都有一些特征值。吸收峰,曲线上吸收最大的地方;最大吸收波长(λ_{max}),吸收峰所对应的波长;谷,峰与峰之间的部位;最小吸收波长(λ_{min}),谷所对应的波长;肩峰,有的吸收峰较弱或者两峰很接近不容易显现出完整的吸收峰,而在一个吸收峰旁产生一个曲折,λ_{sh} 是肩峰对应的波长;末端吸收,在图谱短波端只呈现强吸收,而不成峰形的部分。

吸收光谱的纵坐标,也可用 T,E,ε 或者 $\lg\varepsilon$ 表示。采用不同的纵坐标,将改变吸收光谱的形状,但仍保留其特征。

紫外-可见吸收光谱的峰位(λ_{max},λ_{min},λ_{sh})取决于电子能级差,吸光系数取决于跃迁几率。因此,紫外-可见吸收光谱反映分子的电子结构特征。因而研究光谱可为物质结构的研究提供重要信息。同一物质相同浓度的吸收曲线应能相互重合,这是定性鉴定的依据之一。在定量分析中,吸收光谱可提供选择测定的适宜波长。

2. 生色团　从广义来说,所谓生色团,是指分子中可以吸收光子而产生电子跃迁的原子基团。但是,人们通常将能吸收紫外、可见光的原子团或结构系统定义为生色团。简单的生色团由双键或叁键体系组成,如 —C＝C—,—C＝O,—N＝N—,—NO$_2$,—C＝S,—C≡N 等,这类基团可引起 $\pi \rightarrow \pi^*$ 跃迁或 $n \rightarrow \pi^*$ 跃迁。

3. 助色团　助色团是指带有非键电子对的杂原子饱和基团,如—OH,—OR,—NHR,—SH,—Cl,—Br 和—I 等,它们本身不能吸收大于 200 nm 的光,但是当它们与生色团相连时,基团中的 n 电子能与生色团中的 π 电子 n-π 共轭作用,使 $\pi \rightarrow \pi^*$ 跃迁能量降低,跃迁概率变大,从而增强生色团的生色能力,会使生色团的吸收峰向长波方向移动,并且增加其吸光度。

4. 红移与蓝移　红移,亦称长移。由于化合物的结构改变,如发生共轭作用,引入助色团以及溶剂改变等,使吸收峰向长波方向移动。

蓝(紫)移,亦称短移。当化合物的结构改变时或受溶剂影响使吸收峰向短波方向移动。

5. 增色效应和减色效应　由于化合物结构改变或其他原因,使吸收强度增加称增色效应或浓色效应,使吸收强度减弱称减色效应或淡色效应。

想一想

电子跃迁有哪几种类型?跃迁所需的能量大小顺序如何?具有什么样结构的化合物产生紫外吸收光谱?

二、朗伯-比尔定律

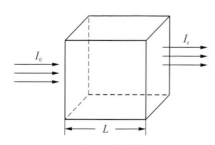

图 3-3　光透过某溶液时的图示

1. 透光率和吸光度　当一束平行的波长为 λ 的单色光通过一均匀、非散射和反射的溶液时,由于光子与吸收物质作用,光的一部分被溶液吸收,一部分则透过溶液(图 3-3)。

设入射光强度为 I_0,透射光强度为 I_t,则透射光强度(I_t)与入射光强度(I_0)之比称为透光率(亦称透射比),用 T 表示,即:

$$T = \frac{I_t}{I_0}$$

透光率 T 常以百分率表示,取值范围 $0.00\% \sim 100.0\%$。溶液的 T 越大,表明它对光的吸收越弱;反之,T 越小,表明它对光的吸收越强。$T = 0.00\%$ 表示光全部被吸收;$T = 100.0\%$ 表示光全部通过。

为了更明确地表明溶液的吸光强弱与表达物理量的相应关系,常用吸光度(A,亦称为吸收度)表示物质对光的吸收程度,其定义为:

$$A = -\lg T = -\lg \frac{I_t}{I_0}$$

A 的取值范围为 $0.00 \sim \infty$,A 值越大,表明物质对光吸收越强;A 值越小,表明物质对光吸收越少。$A = 0.00$ 表示光全部通过;$A \to \infty$ 表示光全部被吸收。T 及 A 都是表示物质对光吸收程度的一种量度。

2. 朗伯-比尔定律 物质吸光度的程度与物质浓度及光通过物质的路程成正比,当我们直接看太阳光时,会觉得很刺眼,戴眼镜就没那么刺眼,戴墨镜基本不刺眼,带不同颜色的墨镜会看见不同的颜色。这就是眼镜片对太阳光中的部分光产生了吸收,而且是不同颜色的镜片吸收了太阳光的不同波长的光,这是因为物质对光有选择性吸收,与物质的结构有关。那么同样的墨镜镜片厚些是不是吸收得更多?用几个墨镜叠起来又会怎么样呢?把墨镜换成不同物质的溶液呢?再把同种物质的溶液浓度改变会出现什么样的情况呢?有没有什么规律,又怎样应用于分析?经过很多学者的研究,朗伯及比尔发现特定的物质可以对特定波长的光产生吸收,其吸收光的程度除与分子的结构有关外,还与吸光物质溶液的浓度及光通过物质的厚度有关,具体表述为:

一定浓度范围内,当一束平行单色光通过均匀的非散射试样时,被该物质吸收的光量(吸光度 A)与该物质溶液的浓度(c)和液层厚度(L)成正比:

$$A = -\lg \frac{I_t}{I_0} = -\lg T = \lg \frac{1}{T} = EcL$$

式中:A 为吸光度,等于透光率的负对数;T 为透光率,透过光强度 I_t 与入射光强度 I_0 之比;L 为液层厚度(也叫光程),单位为 cm;c 为被测物质的浓度;E 为物质的吸收系数。

3. 吸收系数 吸收系数(E)为物质的物理(特性)常数,E 越大,说明物质对某波长的光的吸收能力越强。

当浓度(c)用物质的量浓度表示时(单位为 $\mathrm{mol \cdot L^{-1}}$),$E$ 为摩尔吸收系数,用 ε 表示,则其物理意义为:吸光物质浓度(c)为 $1\ \mathrm{mol \cdot L^{-1}}$、液层厚度($L$)为 $1\ \mathrm{cm}$ 时,在一定条件下(波长、溶剂、温度一定)测得的吸光度值。

当浓度 c 用百分含量表示时(单位为 $\mathrm{g \cdot ml^{-1}}$),E 为比吸收系数或百分吸收系数,用 $E_{1cm}^{1\%}$ 表示。其物理意义为:吸光物质浓度(c)为 1%($\mathrm{g \cdot ml^{-1}}$)、液层厚度(L)为 $1\ \mathrm{cm}$ 时,在一定条件下(波长、溶剂、温度一定)测得的吸光度值。

摩尔吸收系数和比吸收系数两者之间的关系如下:

$$\varepsilon = E_{1cm}^{1\%} \frac{M}{10}$$

在实际工作中,摩尔吸收系数 ε 或百分吸光系数 $E_{1cm}^{1\%}$ 不能直接测得,需用已知准确浓度的稀溶液测得吸光度换算而得到。

药物质量检测实际工作中常用百分吸收系数,则朗伯-比尔定律表示为:

$$A = E_{1cm}^{1\%} cL$$

该公式是紫外-可见分光光度技术定量分析的基础,也是其他光吸收分析法定量分析的基础。

【例 3-1】 一有色溶液符合 Lambert-Beer 定律,当使用 2 cm 比色皿进行测量时,测得透光率为 60%,若使用 1 cm 或 5 cm 的比色皿,T 及 A 各为多少?

解:$A = -\lg T = EcL$

对于同一溶液,$\dfrac{\lg T_1}{\lg T_2} = \dfrac{El_1 c}{El_2 c} = \dfrac{l_1}{l_2}$

当使用 1 cm 比色皿时,$\lg T_2 = \dfrac{1}{2}\lg 60\% = -0.111$,$A = 0.111$,$T = 77.5\%$

当使用 5 cm 比色皿时,$\lg T_2 = \dfrac{5}{2}\lg 60\% = -0.555$,$A = 0.555$,$T = 27.9\%$

【例 3-2】 某纯品的摩尔质量为 236,在 355 nm 处有吸收峰。将该纯品配成 100 ml 含 0.496 2 mg 的溶液,以 1.00 cm 厚的吸收池在 $\lambda_{\max}$ 为 355 nm 处测得吸光度(A)为 0.557。试求 $E_{1cm}^{1\%}$ 及 ε。

解:
$$E_{1cm}^{1\%} = \frac{A}{1c} = \frac{0.557}{1 \times 0.496\,2 \times 10^{-3}} = 1\,123$$

$$\varepsilon = \frac{M}{10} \times E_{1cm}^{1\%} = \frac{236}{10} \times 1\,123 = 2.650 \times 10^4$$

做一做

1. 某有色溶液,当用 1 cm 吸收池时,其透光率为 T,若改用 2 cm 吸收池,则透光率应为（　　　）

   A. $2T$　　　　　B. $2\lg T$　　　　　C. $\sqrt{T}$　　　　　D. T^2

2. 某化合物的最大吸收波长在 280 nm,光线通过该化合物的 1.0×10^{-5} mol·L^{-1} 浓度的溶液时,透过率为 50%(用 2 cm 吸收池),求该化合物在 280 nm 处的摩尔吸光系数。

3. 咖啡碱($M = 212.00$)在酸溶液中的 $\lambda_{\max}$ 为 272 nm,其 ε 为 1.35×10^4。称取 0.130 0 g 咖啡碱配制成酸性溶液,稀释至 500 ml。用 1.00 cm 厚的吸收池在 272 nm 处测得 A 为 0.702。求咖啡碱的质量分数。

4. 吸光度的加合性　如果溶液中同时存在两种或两种以上吸光物质时,则溶液的吸光度将是各组分吸光度的总和:

$$A_{总} = -\lg I_t/I_0 = l(E_a c_a + E_b c_b + E_c c_c + \cdots) = A_a + A_b + A_c + \cdots$$

所以,只要共存物质不互相影响性质,即不因共存物而改变本身的吸光系数,则吸光度是各共存物吸光度的和,而各组分的吸光度由各自的浓度与吸光系数所决定。吸光度的这种加合性质是测定混合组分的依据。

三、朗伯-比尔定律偏离线性的因素

根据朗伯-比尔定律,吸光度 A 与浓度 c 的关系应是一条通过原点的直线,称为"标准曲线"。但事实上往往容易发生偏离直线的现象而引起误差,尤其在高浓度时。造成偏离的原因具体有以下几个。

1. 吸收定律本身的局限性　事实上,朗伯-比尔定律是一个有条件的定律,只有在稀溶液中才能成立,如样品浓度过高($>0.01\ mol\cdot L^{-1}$)会产生偏离。

2. 化学因素　溶液中的溶质可因浓度 c 的改变而有离解、缔合、配位及与溶剂的作用等而发生偏离朗伯-比尔定律的现象。

3. 仪器因素(非单色光的影响)　朗伯-比尔定律成立的重要前提是"单色光",即只有一种波长的光;实际上,真正的单色光是难以得到的。由于吸光物质对不同波长的光的吸收能力不同(吸收系数不同),就导致偏离。"单色光"仅是一种理想情况,即使用棱镜或光栅等所得到的"单色光"实际上是有一定波长范围的光谱带,"单色光"的纯度与狭缝宽度有关,狭缝越窄,它所包含的波长范围也越窄。

4. 其他光学因素　包括:①散射和反射,浑浊溶液由于溶液中粒子的散射和反射而产生偏离。②非平行光。③杂散光等影响。

四、紫外-可见吸收光谱分析技术的应用

(一)定性鉴别

利用紫外-可见吸收光谱分析技术对有机化合物进行定性鉴别的主要依据是多数有机化合物具有吸收光谱特征,例如吸收光谱的形状、吸收峰的数目、各吸收峰的位置、强度和相应的吸光系数等。进行定性鉴别时,一般采用对比法。对比法有标准物质对比法和标准谱图对比法两种。标准物质对比法是将样品化合物的吸收光谱特征与标准化合物的吸收光谱特征进行比较;标准谱图对比法是将样品化合物的吸收光谱与文献所载的紫外-可见标准图谱进行核对。如果两者完全相同,则可能是同一种化合物;如果两者有明显差别,则肯定不是一种化合物。

1. 对比吸收光谱特征数据　最常用于鉴别的光谱特征数据是吸收峰所在的波长(λ_{max})。若一个化合物中有几个吸收峰,并存在谷或肩峰,应该同时作为鉴定依据,这样更显示光谱特征的全面性。

例如布洛芬的鉴别,《中国药典》(2010 年版)规定,取布洛芬加 0.4%氢氧化钠溶液制成每 1 ml 中含 0.25 mg 的溶液,照分光光度法测定,在 265 nm 与 273 nm 的波长处有最大吸收,在 245 nm 与 271 nm 的波长处有最小吸收,在 259 nm 的波长处有一肩峰。

2. 对比吸光度(或吸光系数)的比值　不止一个吸收峰的化合物可用在不同吸收峰处(或峰与谷)测得吸光度的比值作为鉴别的依据,因为用的是同一浓度的溶液和同一厚度的吸收池,取吸光度比值也就是吸光系数的比值,可消去浓度与厚度的影响。

例如维生素 B_{12} 的鉴别,《中国药典》(2010 年版)规定,其 $A_{361\,nm}/A_{278\,nm}$ 的比值应为 $1.70\sim1.88$;$A_{361\,nm}/A_{550\,nm}$ 的比值应为 $3.15\sim3.45$。

3. 对比吸收光谱的一致性 将试样与已知标准品配制成相同浓度的溶液。在同一条件下分别描绘吸收光谱,核对其一致性,也可利用文献所载的标准图谱进行核对。只有在光谱曲线完全一致的情况下才有可能是同一物质。若光谱曲线有差异,则可发现试样与标准品并非同一物。

利用紫外-可见吸收光谱数据或曲线进行定性鉴别,有一定的局限性。主要是因为结构完全相同的化合物应有完全相同的吸收光谱;但吸收光谱完全相同的化合物却不一定是同一个化合物。因为有机分子中的选择吸收的波长和强度,主要决定于分子中的生色团和助色团及其共轭情况。在成千上万种有机化合物中,不相同的化合物可以有很相似甚至相同的吸收光谱。所以,在得到相同的吸收光谱时,应考虑到有并非同一物质的可能性。而在两种化合物的吸收光谱有明显差别时,却可以肯定两物不是同一种物质。

归纳起来共有 3 种主要的方法(表 3-6)。

表 3-6　紫外-可见分光光度法的定性分析方法

定性分析方法	具体方法及所用参数	结　论
对比吸收曲线的一致性	将试样与标准品配成相同浓度的溶液,在相同条件下分别绘制吸收曲线,对比;或将样品图谱与文献所载的标准图谱对比	如果两者完全相同,则可能是同一种化合物;如果两者有明显差别,则肯定不是同一种化合物
对比吸收光谱的特征数据	在相同条件下,试样与标准品化合物的吸收光谱特征值对比,如 λ_{max},λ_{min},λ_{sh},ε_{max},$E_{1cm}^{1\%}$ 的对比	
对比吸光度(或吸收系数的比值)	在相同条件下,试样与标准品化合物相应的吸收峰(或谷)的吸光度(或吸收系数)比值:$\dfrac{A_1}{A_2}=\dfrac{E_1 cL}{E_2 cL}=\dfrac{E_1}{E_2}$	

(二) 纯度检测

1. 杂质检查 如果化合物在紫外可见区没有明显吸收,而所含杂质有较强的吸收,那么含有少量杂质就可用光谱检查出来。例如,乙醇和环己烷中若含少量杂质苯,苯在256 nm处有吸收峰,而乙醇和环己烷在此波长处无吸收,乙醇中含苯量低达 0.001%,也能从光谱中检查出来。

若化合物有较强的吸收峰,而所含杂质在此波长处无吸收峰或吸收很弱,杂质的存在将使化合物的吸光系数值降低;若杂质在此吸收峰处有比化合物更强的吸收,则将使吸光系数值增大;有吸收的杂质也将使化合物的吸收光谱变形。这些都可用作检查杂质是否存在的方法。

2. 杂质的限量检测 若杂质在某一波长处有最大吸收,而药物在此波长处无吸收,可以通过控制供试品溶液在杂质特征吸收波长处的吸收度来控制杂质的量。如肾上腺素中检查肾上腺酮。肾上腺酮在 310 nm 波长处有最大吸收,而肾上腺素在此波长处无吸收。

《中国药典》(2010 年版)规定:取本品,加盐酸溶液(9→2 000)制成每毫升中含 2.0 mg

的溶液,在 310 nm 的波长处测定,吸收度不得超过 0.05。已知酮体在该波长处的百分吸光系数为 453,因此,控制酮体的限量为 0.06%。

有时用峰谷吸收度的比值控制杂质的限量。例如碘解磷定有很多杂质,如顺式异构体、中间体等,在碘解磷定的最大吸收波长 294 nm 处,这些杂质几乎没有吸收,但在碘解磷定的吸收谷 262 nm 处有一些吸收,因此就可利用碘解磷定的峰谷吸收度之比值作为杂质的限量检查指标。已知纯品碘解磷定的 $A_{294}/A_{262} = 3.39$,如果它有杂质,则在 262 nm 处吸收度增加,使峰谷吸收度之比小于 3.39。为了限制杂质的含量,可规定一个峰谷吸收度比的最小允许值。

纯度检查的主要方法如表 3-7 所示。

表 3-7　纯度检查的方法

检查项目	在紫外光区吸收的情况		具体检查方法	检查结果及结论
	化合物	杂质		
杂质检查	没明显吸收	有较强的吸收	在紫外光区扫描化合物图谱	若紫外光区有吸收,则有杂志存在
	有较强的吸收峰	在化合物的吸收波长处无吸收或弱吸收	测化合物吸收峰处的吸收系数	若吸收系数降低,则有杂质存在
	有较强的吸收峰	在化合物的吸收波长处比化合物的吸收更强	测化合物的吸收光谱和吸收峰处的吸收系数	若光谱变形或吸收系数增大,则有杂质存在
杂质限量检查	没明显吸收	有较强的吸收	在杂质吸收峰波长处测化合物的吸收度值	规定化合物的吸收值不得超过允许的限值
	有较强的吸收峰和谷	在化合物吸收峰处无吸收,在化合物的吸收谷处有吸收	测定化合物吸收峰处和吸收谷处的吸光度的比值	规定化合物的吸光度比值不得低于最小允许值

(三) 含量测定

1. 对照品比较法　依据《中国药典》(2010 年版)规定,按各品种项下的方法,分别配制供试品溶液和对照品溶液,对照品溶液中所含被测成分的量应为供试品溶液中被测成分规定量的 100%±10%,所用溶剂也应完全一致,在相同条件下,在规定的波长处测定供试品溶液和对照品溶液的吸光度后,按下式计算供试品中被测溶液的浓度:

$$c_X = \frac{A_X}{A_R} \cdot c_R$$

式中:c_X——供试品溶液的浓度;A_X——供试品溶液的吸光度;c_R——对照品溶液的浓度;A_R——对照品溶液的吸光度。

2. 吸光系数法　依据《中国药典》(2010 年版)规定,按各品种项下的方法配制供试品溶液,在规定波长处测定其吸光度,再以该品种在规定条件下的吸收系数计算含量。用本法测定时,吸收系数通常应大于 100,并注意仪器的校正和检定,公式如下:

$$c = \frac{A}{E_{1cm}^{1\%}L}$$

3. **校正曲线法** 校正曲线法亦称标准曲线法。用吸光系数法进行定量,不是任何情况下都能适用的。单色光不纯、仪器不同都会造成误差。但若是认定一台仪器,固定其工作状态和测定条件,则浓度与吸光度之间的关系在很多情况下仍然可以是直线关系或近似于直线的关系:

$$A = ac + b$$
$$A = Kc$$

这里的 K 值已不再是物质的常数, K 值只是个别具体条件下的比例常数,不能互相通

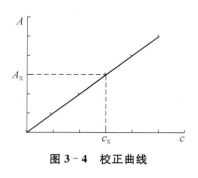

图 3 - 4 校正曲线

用,不能用作定性依据。虽然有这些限制,但由于对仪器的要求不高,所以根据上式绘制曲线进行定量还较常用。具体方法为:先配制一系列浓度不同的标准溶液,在测定条件相同情况下,分别测定其吸光度,然后以标准溶液的浓度为横坐标,以相应的吸光度为纵坐标,绘制 $A - c$ 关系图(图 3 - 4),如果符合比尔定律,可获得一条通过原点的直线,称为校正曲线或称标准曲线。在相同条件下测定试样溶液的吸光度,从校正曲线上找出与之对应的未知组分的浓度。亦可采用回归直线方程计算试样溶液的浓度。

4. **多组分的定量分析方法——计算分光光度法** 试样溶液中有两种或多种组分共存时,可根据各组分吸收光谱相互重叠的程度分别考虑测定方法。最简单的情况是各组分的吸收峰所在波长处,其他组分没有吸收(图 3 - 5a),则可按单组分的测定方法分别在 λ_1 处测定 A 组分,在 λ_2 处测定 B 组分的浓度。

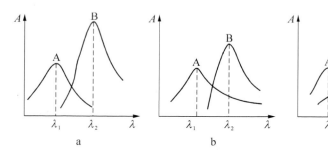

图 3 - 5 混合组分吸收光谱的相干情况

如果两组分吸收光谱部分重叠(图 3 - 5b),A 组分对 B 组分的测定有干扰,而 B 组分对 A 组分的测定无干扰,则可以在 λ_1 处按单组分测定法测得混合物溶液中 A 组分的浓度 c_A。然后在 λ_2 处测得混合物溶液的吸光度对 A_2^{A+B},即可根据吸光度的加合性计算出 B 组分的浓度 c_B。

$$由\ A_1^A = E_1^A \cdot c_A \Rightarrow c_A = \frac{A_1^A}{E_1^A}$$

$$由\ A_2^{A+B} = A_2^A + A_2^B = E_2^A \cdot c_A + E_2^B \cdot c_B$$

$$\Rightarrow c_B = \frac{A_2^{A+B} - E_2^A \cdot c_A}{E_2^B}$$

实际上，在混合物测定中更多遇到的情况是各组分的吸收光谱都有干扰(图 3－5c)，原则上，只要混存组分的吸收光谱有一定的差别，都可以根据吸光度具有加合性的基本原理，利用计算分光光度法设法测定。依据测定目的不同，有时需同时测定各共存组分的浓度，有时希望消除干扰组分的吸收以测定其中某一组分的浓度。计算分光光度法主要有双波长法(等吸收双波长消去法、系数倍率法)、导数光谱法等。现介绍其中常用的等吸收双波长消去法。

等吸收双波长消去法：吸收光谱重叠的 A，B 两组分混合物中，若要消除 B 的干扰以测定 A，可从 B 的吸收光谱上选择两个吸光度相等的波长 λ_1 和 λ_2，λ_2 作为测定波长，λ_1 作为参比波长。如图 3－6 所示，在这两个波长处测定混合物的吸光度差值 ΔA，然后根据 A 值来计算 ΔA 的含量。计算公式如下：

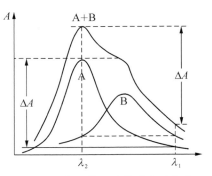

图 3－6　等吸收双波长消去法示意

$$A_2 = A_2^A + A_2^B \quad A_1 = A_1^A + A_1^B$$
$$\Delta A = A_2 - A_1 = A_2^A - A_1^A (因为 A_2^B = A_1^B)$$
$$= (E_2^A - E_1^A)c_A L$$

则：$\Delta A \propto c_A$。

所以，$A_测 \propto c_测$，与 $c_干$(干扰组分的浓度)无关。波长的选择必须符合以下基本条件：

(1) 干扰组分 B 在这两个波长应具有相同的吸光度，即 $\Delta A^B = A_{\lambda_1}^B - A_{\lambda_2}^B = 0$。

(2) 待测组分在这两个波长处的吸光度差值 ΔA^A 应足够大。

(3) λ_1 和 λ_2 避免在吸收曲线的陡坡地方，否则误差大，A 变化大。

波长组合的选定方法，如图 3－6 所示，A 为待测组分，可以选择 A 的吸收峰波长作为测定波长 λ_2，在这一波长位置做 x 轴的垂线，此直线与干扰组分 B 的吸收光谱相交于某一点，再从这一点做一条平行于 x 轴的直线，此直线又与 B 的吸收光谱相交于一点或数点，则选择与这些交点相对应的波长作为参比波长 λ_1。当 λ_1 有几个波长可供选择时，应当选择使待测组分的 ΔA 尽可能大的波长。若待测组分的吸收峰波长不适合作为测定波长，也可以选择吸收光谱上其他波长，只要能满足波长的选择条件就行。同样方法可消去组分 A 的干扰，测定 B 组分的含量。

想一想

举例说明紫外-可见分光光度法如何检查物质纯度。

五、仪器的基本构成及主要部件

紫外-可见分光光度计主要由光源、单色系统、样品池、检测器、记录并显示系统组成(图 3－7)。工作原理为：由光源发出的光经过单色系统后获得需要波长的单色光平行照射到样品池中的样品溶液后,因样品溶液吸收一定的光,光强发生变化,经检测器转换为电信号的变化,再经记录及读出装置放大后以吸光度(A)或透光率(T)等显示或打印出,完成测定。

图 3 - 7　紫外-可见分光光度计的组成

1. **光源**　光源的作用是提供一定强度的、稳定的紫外或可见连续光谱的入射光。一般分可见光源和紫外光源两类。

紫外光源通常为气体放电灯,如氢灯、氘灯或汞灯等。其中以氢灯及同位素的氘灯应用最为广泛。可发射 160～500 nm 的光,最适宜的使用范围是 180～350 nm。氘灯发射光的强度比同样的氢灯大 3～5 倍,使用寿命比氢灯也长。

可见光源采用钨灯(白炽灯)或卤钨灯。钨灯可发射波长为 320～2 500 nm 的连续光谱,其中最适宜的使用范围为 320～1 000 nm。卤钨灯的发光效率比钨灯高,寿命也长。新的分光光度计多采用碘钨灯。

2. **单色系统**　单色系统的作用是将来自光源的复合光色散成按一定波长顺序排列的连续光谱,并从中分离出需要波长的光(一定宽度的谱带),即单色光。单色系统由入射狭缝、准直镜、色散元件、聚焦透镜、出口狭缝等部件组成。

色散元件是单色系统中最重要的组成部分,有滤光片、棱镜及光栅等。早期的色散元件主要是棱镜,近年来由于光栅可方便地得到高质量的、分布均匀的连续光谱而被广泛采用。

狭缝是单色器的又一重要部件。狭缝的宽度直接影响到单色光的谱带宽度,宽度过大,单色光的纯度差,宽度过小,光强度太小,降低检测灵敏度。

3. **样品池**　样品池又称吸收池、比色皿,用于盛装待测样品溶液或空白溶液,以进行测定,并决定光通过样液的厚度(光程)。吸收池应选择在测定波长范围内没有吸收的材质制成,常用的吸收池材料有玻璃和石英两种。玻璃能吸收紫外光,所以玻璃吸收池不适用于紫外光区的测定,仅适用于 370 nm 以上的可见光区;石英比色皿既适用于紫外光区的测定,也适用于可见光区,但由于价格较贵,通常仅在紫外光区使用。吸收池也有 1 cm,2 cm,3 cm 等不同的规格。

4. **检测器**　紫外-可见分光光度计的检测器是将紫外-可见光的光信号转变为电信号的装置。常用的检测器有光电池、光电管或光电倍增管等。它们都可将接收的光信号转变成电信号,信号再经过处理和记录就可以得到紫外吸收光谱或吸收池的测量值了。对检测器的要求是:产生的光电流与照射其上的光强度成正比,响应灵敏度高,速度快,噪声小,稳定性强等。

光二极管阵列检测器是近年来发展起来的新型检测器。它是由紧密排列的一系列光二极管组成。当光通过晶体硅时,每个光二极管接收到波长范围不同(一般仅为几纳米宽)的光信号,并将其转化成电信号,这样在同一时间间隔内,可以快速得到一张全波长范围的光谱图。二极管的数目越多,每个二极管测定的波长区域越窄,分辨率越高。在装配有光二极管阵列检测器的紫外-可见分光光度计中,复合光先通过比色皿,透过光再进行色散,最后被检测器检测。

5. **记录并显示系统**　记录并显示系统的作用是将检测器输出的电信号以吸光度(A)、

透光率(T)或吸收光谱的形式显示出来。通常包括放大装置和显示装置。常用的显示测量装置有电位计、检流计、自动记录仪、数字显示装置或计算机直接记录并处理数据,得出分析结果。

6. 分光光度计类型　分光光度计主要有以下几种基本类型。

(1) 按使用波长范围分为紫外-可见分光光度计和可见分光光度计。能够在 200～760 nm 波长范围进行测定的分光光度计叫紫外-可见分光光度计;能够在 400～780 nm 波长范围进行测定的分光光度计叫可见分光光度计。

(2) 按光路分为单光束式及双光束式分光光度计。所谓单光束,是指从光源中发出的光,经过单色器等一系列光学元件及吸收池后,最后到达检测器时始终为一束光。其工作原理如图 3-8 所示。常见的单光束的紫外-可见分光光度计有 751G 型、752 型、754 型、756MC 型等;常见的单光束的可见分光光度有 721 型、722 型、723 型、724 型等。

图 3-8　单光束分光光度计

单光束分光光度计的特点是简单、价格低,主要适用于做定量分析。其不足之处是测定结果受光源强度波动的影响较大,因而给定量分析带来较大的误差。

双光束分光光度计的工作原理如图 3-9 所示。从光源中发出的光经过单色器后被一个旋转的扇形反光镜(切光器)分为强度相等的两束光,分别通过参比溶液和样品溶液。利用另一个与前一个同步的切光器,使两束光在不同时间交替地照在同一个检测器上,通过一个同步信号发生器对来自两个光束的信号加以比较,并将两信号的比值经过对数转换为相应的吸光度值。

图 3-9　双光束分光光度计

常用的双光束紫外-可见分光光度计有 710 型、730 型、760MC 型、760CRT 型及岛津的 UV1800,UV2550 等;其主要特点是:能连续改变波长、自动地比较样品及参比溶液的透光强度,自动消除光源强度变化所引起的误差。对于必须在较宽的波长范围内制作复杂的吸收光谱曲线的分析,此类仪器非常合适。

(3) 按单位时间通过溶液的波长数分为单波长分光光度计及双波长分光光度计。双波长分光光度计与单波长分光光度计的主要区别在于双波长分光光度计采用双单色器,用以同时得到两束波长不同的单色光,其工作原理如图 3-10 所示。

图 3-10　双波长分光光度计

光源发出的光分成两束,分别经两个可以自由转动的光栅单色器,得到两束具有不同波长 λ_1 和 λ_2 的单色光。借切光器,使两束光以一定的时间间隔交替照射到装有试液的吸收池,由检测器显示出试液在波长 λ_1 和 λ_2 时的透光率差值 ΔT 或吸光度差值 ΔA,则:

$$\Delta A = A_{\lambda_1} - A_{\lambda_2} = (E_{\lambda_1} - E_{\lambda_2})cL$$

这就是双波长分光光度计进行定量分析的理论基础。常用的双波长分光光度计有国产的 WFZ800S 和日本岛津 UV-300,UV-365。这类仪器的特点是:不用参比溶液,只用一个待测溶液,因此可以消除背景吸收的干扰包括待测溶液与参比溶液组成的不同及吸收液厚度的差异的影响,提高了测量的准确度。它特别适合混合物和浑浊样品的定量分析,可进行导数光谱分析等,其不足之处是价格昂贵。

六、紫外-可见吸收光谱分析实验技术

(一)样品的制备

紫外-可见吸收光谱通常是在溶液中进行测定的,因此固体样品需要转化为溶液。无机样品通常可用合适的酸或碱溶解,有机样品可用有机溶剂溶解或提取。有时还需要先用湿法或干法将样品消化,然后再转化为适合于光谱测定的溶液。

在测量光谱时,需要在合适的溶剂中进行,溶剂必须符合必要的条件。对光谱分析用溶剂的要求是:对被测组分有良好的溶解能力;在测定波长范围内没有吸收;被测组分在溶液中有良好的吸收峰形;挥发性小,不易燃,无毒性,价格便宜。

(二)仪器测量条件的选择

1. 测量波长的选择　测量波长的选择应根据吸收曲线,一般选择被测物质的最大吸收波长 λ_{max} 作为入射光,这称为"最大吸收原则"。因为在 λ_{max} 处摩尔吸光系数最大,使测定结果有较高的灵敏度,而且此波长处的一个较小范围内,吸光度变化不大,能够减少由非单色光引起的朗伯-比尔定律偏离,使测定有较高的准确度。

若有干扰物质在 λ_{max} 处有强烈吸收时,则应根据"吸收最大、干扰最小"的原则来选择入射光波长。但应注意尽可能选择 ε 随波长变化不太大的区域内的波长。

2. 吸光度范围的选择　在吸光光度分析中,除了各种化学条件所引起的误差外,仪器测量不准确也是误差的主要来源。任何光度计都有一定的测量误差,这些误差可能来源于光源不稳定、实验条件的偶然变动、读数不准确等。这些因素对于试样的测定结果影响较大,特别是当试样浓度较大或较小时,因此要选择适宜的吸光度范围,以使测量结果的误差尽量减小。

从仪器测量误差的角度来看,为了使测量结果得到较高的准确度,一般应控制待测溶液的吸光度在 0.2～0.8 范围内,或透光率 T 为 15%～65%。在实际测定时,可通过控制溶液的浓度或选择不同厚度的吸收池来达到目的。现在高档的分光光度计使用性能优越的检测器,即使吸光度达到 3.0,也能保证浓度测量的准确度。

3. 仪器狭缝宽度的选择　狭缝的宽度会直接影响测定的灵敏度和标准曲线的线性范围。狭缝宽度过大时,入射光的单色性降低,标准曲线偏离吸收定律,准确度降低;狭缝宽度过窄时,光强变弱,测量的灵敏度降低。所以,测定时狭缝宽度要适当,一般以减小狭缝宽度

至溶液的吸光度不再改变时的宽度为合适。

4. **参比溶液的选择**　在进行光度测量时,利用参比溶液来调节仪器的零点(透射比为100%),可以消除由于吸收池壁及溶剂对入射光的反射和吸收带来的误差,并扣除干扰的影响。根据试样的性质选择合适的参比很重要。参比溶液可根据下列情况来选择。

(1) 溶剂参比:当试样溶液的组成比较简单、共存组分较少且在测定波长处几乎没有吸收时,可采用溶剂作为参比溶液,这样可消除溶剂、吸收池等因素的影响。

(2) 试剂参比:如果显色剂或其他试剂在测定波长有吸收,按显色反应相同的条件,只是不加入试样,同样加入试剂和溶剂作为参比溶液,这样可消除试剂中的组分吸收产生的影响。

(3) 试样参比:如果试样基体在测定波长处有吸收,而与显色剂不起显色反应时,可按与显色反应相同的条件处理试样,只是不加显色剂。这种参比溶液适用于试样中有较多的共存成分,加入的显色剂量不大,且显色剂在测定波长无吸收的情况。

(4) 退色参比:显色剂和试样在测定波长处均有吸收,可将一份试样加入适当掩蔽剂,将被测组分掩蔽起来,使之不再与显色剂作用,而显色剂及其他试剂均按试液测定方法加入,以此作为参比溶液,这样就可以消除显色剂和一些共存组分的干扰。或改变加入试剂的顺序,使被测组分不发生显色反应,可以此溶液作为参比溶液消除干扰。例如,用铬天青 S 比色法测定钢中的铝,Ni^{2+} 和 Co^{2+} 等干扰测定。为此可取一定量试液,加入少量 NH_4F,使 Al^{3+} 形成 AlF_6^{3-} 配离子而不再显色,然后加入显色剂及其他试剂,以此作为参比溶液,以消除 Ni^{2+},Co^{2+} 对测定的干扰。

七、使用紫外-可见分光光度技术的注意事项

(1) 试验中所用的精密玻璃仪器均应检定校正、洗净后使用。

(2) 使用的石英吸收池必须洁净。用于盛装样品、参比及空白溶液的吸收池,当装入同一溶剂时,在规定波长测定吸收池的透光率,如透光率相差在 0.3% 以下者即可配对使用,否则必须加以校正。

(3) 取吸收池时,手指拿毛玻璃面的两侧。装盛样品溶液以池体积的 4/5 为度,使用挥发性溶液时应加盖,透光面要用擦镜纸由上而下擦拭干净,检视应无残留溶剂。为防止溶剂挥发后溶质残留在池子的透光面,可先用蘸有空白试剂的擦镜纸擦拭,然后再用干擦镜纸拭净。吸收池放入样品室时应注意每次放入方向相同。使用后用洗液及水冲洗干净,晒干防尘保存,吸收池发现污染不易洗净时可用硫酸与硝酸(3∶1)混合液稍加浸泡后,洗净备用。如用重铬酸钾清洁液清洗时,吸收池不宜在清洁液中长时间浸泡,否则清洁液中的重铬酸钾结晶会损坏吸收池的光学表面,并应充分用水冲洗,以防重铬酸钾吸附于吸收池表面。

(4) 测定前应先检查所用的溶剂在测定供试品所用的波长附近是否符合要求,可用 1 cm 石英吸收池盛溶剂,以空气为空白对照,测定其吸光度,应符合规定。

(5) 根据药典规定要求,含量测定适供试品应称取 2 份,如为对照品比较法,对照品一般也要称取 2 份。吸光系数检查也应称取供试品 2 份,平行操作,每份结果对平均值的偏差应在±0.5% 以内。做鉴别或检查可取样品 1 份。

(6) 供试品测定液的浓度,除该品种各项下已经注明者外,供试品溶液的吸光度以

0.3～0.7为宜,吸收度读数在此范围误差较小,并应结合所用仪器吸收度线性范围,配制合适的读数浓度。

（7）除另有规定外,比色法所用的空白系指用同体积的溶剂代替对照品或供试品溶液,然后一次加入等量的相应实际,并用同样方法处理。

（8）测定时除另有规定外,应在规定的吸收峰±2 nm处,再测几点的吸光度,以核对供试品的吸收峰位置是否正确,并以吸光度最大的波长作为测定波长。除另有规定外,吸光度最大波长应在该品种项下规定的波长±1 nm以内,否则应考虑试样的同一性、纯度及仪器波长的准确度。

（9）当吸光度和浓度不呈线性关系时,应取数份梯度量的对照浓度,用溶剂补充至同一体积,显色后测定各份溶液的吸光度,然后以吸光度与相应的浓度绘制标准曲线,再根据供试品的吸光度在标准曲线上求出含量。

八、常见紫外-可见分光光度计的基本操作

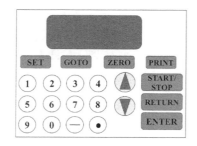

图3-11　仪器参数设置面板

（一）新世纪 T6 紫外分光光度计的使用

图3-11是新世纪T6紫外分光光度计的参数设置面板。

【SET】设定仪器的工作参数,如测光方式、功能扩展、系统应用。

【GOTO】设置仪器波长键。

【ZERO】进行吸光度(Abs)或透光率($T\%$)校正键。

【PRINT】数据打印键。

【START/STOP】用于开始测量和暂停键。

【RETURN】用于返回、退出操作键。

【ENTER】用于确认当前工作参数及工作状态的键。

【▲/CE】用于上翻页,同时作为可以清除输入数据的键;【▼】下翻页键。

【①】数字键,在输入数值时使用。

1. 开机自检

（1）打开仪器电源,仪器开始初始化。样品池、滤光片、光源电机显示"OK",说明初始化完成。

初始化	43%
1. 样品瓶电机	OK
2. 滤光片	OK
3. 光源电机	OK

● 光度测量	
○ 功能扩展	
○ 系统应用	10:15 04/20

（2）仪器进入主菜单界面,按【▼】或【▲】键进入光度测量状态后,按【ENTER】键进入光度测量主界面;按【RETURN】键返回上一级菜单。

2. 设置波长

（1）在主菜单界面，选定【光度测量】，按【ENTER】键确认，进入光度测量界面。

光度测量： 　　　0.000　　Abs 　　　250 nm

250.0 nm　　　　0.002 Abs
No.　　　　Abs　　　　Conc

（2）按【START/STOP】键进入样品测定界面。

（3）按【GOTOλ】键，输入测量的波长，按【ENTER】键确认，仪器将自动调整波长。输入 460 nm，界面显示：

     请输入波长：

460.0 nm　　　　0.002 Abs
No.　　　　Abs　　　　Conc

3. 设置样品池参数

（1）按【SET】键进入参数设定界面，按 ▼ 键使光标移动到【试样设定】。

◯　测光方式 ◯　数学计算 ⬤　试样设定

◯　试样式：五联池 ⬤　样池数：2 ◯　空白溶液校正：是 ◯　样池空白校正：否

（2）按【ENTER】键确认，进入设定界面。

（3）按 ▼ 键使光标移动到【样池数】，按【ENTER】键循环选择需要使用的样品池个数 2 个，如果比色皿不配套，选择样池数为 1 个。

4. 样品测量

（1）按【RETURN】键返回到参数设定界面，再按【RETURN】键返回到光度测量界面。

（2）在 1 号样品池内放入空白溶液，2 号池内放入待测样品。

460.0 nm		0.002 Abs
No.	Abs	Conc
1-1	0.012	1.000
2-1	0.052	2.000

（3）关闭好样品池盖后，按【ZERO】键进行空白校正，再按【START/STOP】键进行样品测量。测量结果如图显示，记录数据。

（4）如果需要测量下一个样品，取出比色皿，更换为下一个测量的样品，再按【START/STOP】键即可读数。

5．结束测量

（1）按【RETURN】键直到返回到仪器主菜单界面后，再关闭仪器电源。

（2）将仪器内外揩拭干净，干燥剂放回吸收池内。

（3）记录仪器使用记录，盖上仪器罩。

（4）清洗玻璃仪器，比色皿用纯化水荡洗，倒置在操作台上。

（二）岛津 UV－1800 紫外可见分光光度计的使用

1．开机自检

（1）开启主机电源，分光光度计进行自检和初始化。

（2）初始化结束后，出现"用户、密码输入"界面，直接按下【ENTER】键完成后进入到"模式菜单"。

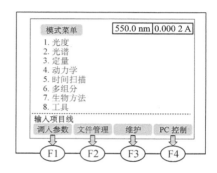

2．进入"模式菜单"

（1）单波长下，测定样品的吸光度，则选择【1.光度】。

（2）制作标准曲线和样品的测定，则选择【3.定量】。

3．单波长下样品吸光度的测定

（1）在"模式菜单"下，选择【①】键，仪器自动进入"光度"栏，继续选择【①】，进入单波长光度测定。

（2）按下【GOTO WL】键，输入测定波长。注：当需要空白校正时，在样品之前放置空白样品，按下【AUTO ZERO】键，测定值将被设置为 0 Abs。

（3）然后按下【F3】或【START/STOP】键，进入测定界面。

（4）放入样品，再次按下【START/STOP】键，即可完成一次样品吸光度的测定。

4．标准曲线的制作

（1）在"模式菜单"下，按【③】键选择进入"定量"栏，出现"测量参数配置屏幕"，在对话框中设置不同测量参数选项，输入选项编号选择需要设置的参数。

（2）按【①】测定键选择"1λ"测量方法，然后按屏幕提示输入测量波长，按【ENTER】键返回参数配置屏幕。

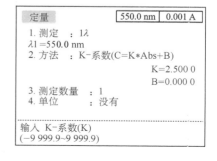

（3）按【②】方法键选择定量法：①当 K，B 值已知时，选"K 系数法"，手动输入 K，B 值

制作曲线。②当 K，B 值未知时，选"多点校正曲线法"，根据指示和实际输入标准样品数目，校准曲线方程的次数和零截距条件，然后按【ENTER】键返回参数配置屏幕。

（4）按【③】测定次数键，设置重复测量次数，然后按【ENTER】键返回参数配置屏幕。

（5）按【④】单位键，选择样品浓度单位，然后按【ENTER】键返回参数配置屏幕。

（6）按【START/STOP】键时出现标准样品浓度（浓度表）输入屏幕，按顺序输入标样浓度完成后，出现"键入"或"测定"吸光度值的选项。若已知每个标样对应的吸光度值，选择"键入"；若未知每个标样的吸光度值，选择"测定"，参数设定后应进行一次空白调零，消除皿差。

（7）吸光度值输入完成后，在该屏幕下按【F1】键可查看校准曲线，再在当前屏幕下按【F2】键查看标准曲线方程和相关系数是否符合要求，符合后按"RETURN"返回到"参数配置屏幕"，此时按【F4】保存测量参数和校准曲线。

5. 样品的测定

（1）测量前在吸收池样品侧和参比侧中都放入盛有蒸馏水的比色皿，做空白校正，然后按【AUTOZERO】键，将测量值置为"0ABS（100％）"。

（2）在"模式菜单"下，按【③】定量键选择进入"测量参数配置屏幕"，将引用上一次的标准曲线。若标准曲线改变，在"模式菜单"下，按【F1】键调入需要的标准曲线。然后按【F3】键测量屏幕或在参数配置屏幕下按"START/STOP"键进入样品测量。

（3）样品测量后，按【F4】键保存测量数据或按【CE】清除当前数据。

（4）最后按【RETURN】键返回"模式菜单"，关闭主机电源。

6. 结束工作 清洁仪器和工作台，填写仪器使用记录。

九、紫外-可见分光光度计的维护及保养

紫外-可见分光光度计是精密光学仪器，要注意日常使用的保养及维护，主要有以下几个方面。

（1）紫外-可见分光光度计应安装在太阳不能直接晒到的地方，以免"窒光"太强，影响仪器的使用寿命。

（2）经常做好清洁卫生工作。保持仪器外部特别是内部环境干燥（使用干燥剂）。

（3）经常开机：如果仪器长时间不用，最好每周开机 1～2 h。可以去潮湿，防止光学元件和电子元件受潮，以保证仪器能正常运转。

（4）经常校验仪器的技术指标。一般每半年检查一次，最好每季度检查一次，至少一年要检查一次，其检查方法参看标准规程。若指标不正常，请维修工程师检查、维修。

（5）紫外-可见分光光度计有许多转动部件，如光栅的扫描机构、狭缝的传动机构、光源转换机构等。使用者对这些活动部件，应经常加一些钟表油，以保证其活动自如。有些使用者不易触及的部件，可以请制造厂的维修工程师或有经验的工作人员帮助完成。

（6）使用者应掌握一般的故障诊断及排除方法（表 3-8）。

表3-8　常见故障及其排除方法

序　号	故　障	排除方法
1	打开主机后,发现不能自检,主机风扇不转	①检查电源开关是否正常;②检查保险丝(或更换保险丝);③检查计算机主机与仪器主机连线是否正常
2	自检时,某项不通过,或出现错误信息	①关机,稍等片刻再开机重新自检;②重新安装软件后再自检;③检查计算机主机与仪器主机连线是否正常
3	自检时出现"钨灯能量低"的错误	①检查光度室是否有挡光物。②打开光源室盖,检查钨灯是否点亮;如果钨灯不亮,则关机,更换新钨灯。③开机,重新自检。④重新安装软件后再进行自检
4	自检时出现"氘灯能量低"的错误	①检查光度室是否有挡光物。②打开光源室盖,检查氘灯是否点亮;如果氘灯不亮,则关机,更换新氘灯。换氘灯时,要注意型号。③检查氘灯保险丝(一般为 0.5 A),看是否松动、氧化、烧断,如有故障,立即更换。④开机,重新自检。⑤重新安装软件后再进行自检
5	波长不准,并发现波长有平移	①检查计算机与主机连线是否松动,是否连接不好;②检查电源电压是否符合要求(电源电压过高或过低,都可能产生波长平移现象);③重新自检;④如果还是不行,则打开仪器,用干净小毛刷蘸干净的钟表油刷洗丝杆
6	整机噪声很大	①检查氘灯、钨灯是否寿命到期;查看氘灯、钨灯的发光点是否发黑。②检查 220 V 电源电压是否正常。③检查氘灯、钨灯电源电压是否正常。④检查电路板上是否有虚焊。⑤查看周围有无强电磁场干扰。⑥检查样品是否浑浊。⑦检查比色皿是否沾污
7	光度准确度不准	①首先检查样品是否正确、称样是否准确、操作是否正确;②比色皿是否沾污;③波长是否准确;④重新进行暗电流校正;⑤检查保险丝是否有问题(松动、接触不良、氧化);⑥杂散光是否太大;⑦噪声是否太大;⑧光谱带宽选择是否合适;⑨基线平直度是否变坏
8	基线平直度标准超差	①基线平直度测试的仪器条件选择是否正确;②重新做暗电流校正;③光源是否有异常(光源电源不稳、灯泡发黑、灯角接触不良);④波长是否不准(是否平移);⑤重新安装软件
9	测量时吸光度值很大	①检查样品是否太浓;②检查光度室是否有挡光(波长设置在 546 nm左右,用白纸在样品室观看光斑);③检查光源是否点亮;④关机,重新自检;⑤检查电源电压是否太低;⑥重新安装软件
10	吸光度或透光率的重复性差	①检查样品是否有光解(光化学反应);②检查样品是否太稀;③检查比色皿是否沾污;④是否测试时光谱带宽太小;⑤周围有无强电磁场干扰

实训 3-1　紫外-可见分光光度计的性能检验

一、工作目标

(1)学会紫外-可见分光光度计的基本操作。

(2)学会紫外-可见分光光度计性能检验的方法。

二、工作前准备

1. 工作环境准备

(1) 药物检测实训室、仪器室。

(2) 温度：18～26℃。

(3) 相对湿度：不大于 75%。

2. 试剂及规格　重铬酸钾(AR)、硫酸(AR)、$NaNO_2$ 溶液(AR)、碘化钠(AR)、纯化水。

3. 仪器及规格　紫外-可见分光光度计、石英吸收池(1 cm)、容量瓶(1 000 ml)、烧杯。

三、工作依据

本实训的仪器性能检验依据 2010 年版《中国药典》二部附录ⅣA 紫外-可见分光光度法。规定应定期对分光光度计的性能(技术指标)进行检定，检定项目一般包括波长准确度和重复性、透射比(或吸光度)的准确性和重复性、杂散光、吸收池的配套性等。主要根据不同物质对光吸收的性质不同检测不同的项目。根据汞灯、氘灯和特定物质溶液等的特征波长检测仪器的波长准确度；根据标准重铬酸钾溶液在特征波长的吸光度确定其准确性；根据消光物质来检测仪器的杂散光等。具体方法、步骤应根据相关的国家标准进行，检定周期为一年。但当条件改变，如更换或修理影响仪器主要性能的零配件或单色器、检测器等，或对测量结果有怀疑时，则应随时进行检定。

四、工作步骤

1. 波长的校正　由于环境因素对机械部分的影响，仪器的波长经常会略有变动，因此除定期对仪器进行全面校正检定外，还应于测定前校正测定波长。

可用谱线校正法。在吸收池中置一白纸挡住光路，转动波长至 486 nm 附近，遮光观察白纸上蓝色斑。轻微移动波长，至使此蓝色光斑最亮时止。根据调整的波长范围观察所得到的相应颜色，并进行对比核对，误差为±2 nm 才合格。

2. 比色皿的配对性

(1) 用重铬酸钾溶液装入待用 1 cm 吸收池，在 350 nm 波长处，将一个吸收池的透光率调至 100%(相当于做空白)，测定另一吸收池的透光率。

(2) 再于吸收池中装入蒸馏水，在 220 nm 处，将其中一只的作为参比，测量另一只的透光率，两次测量，透光率之差≤0.5%，才可配套使用。

3. 吸收度的准确性　取在 120℃ 干燥至恒重的基准 $K_2Cr_2O_7$ 约为 60 mg，精密称定，用 0.005 mol·L^{-1} 的 H_2SO_4 溶液溶解并稀释至 1 000 ml，摇匀。

按表 3-9 规定的波长进行测定，计算出其吸光系数，并与规定的吸光系数比较，在允许范围内的说明吸收度的准确性好。

表 3-9　规定的测定波长及百分吸光系数

λ(nm)	235(最小)	257(最大)	313(最小)	350(最大)
$E_{1cm}^{1\%}$ 规定值	124.5	144.0	48.6	106.6
$E_{1cm}^{1\%}$ 允许范围	123.0～126.0	142.8～146.2	47.0～50.3	105.5～108.5

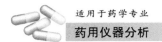
4. **杂散光的检查** 将 $50 \text{ g} \cdot \text{L}^{-1} \text{NaNO}_2$ 水溶液,置于 1 cm 石英吸收池中,用纯化水做参比,于 340 nm 波长处测量溶液的透光率。其透光率 $T(\%) < 0.8$ 才应符合规定。

用浓度为 $10 \text{ g} \cdot \text{L}^{-1}$ 的碘化钠水溶液,以蒸馏水做参比,1 cm 石英吸收池,于 220 nm 波长处测定溶液的透光率。其透光率 $T(\%) < 0.8$ 才应符合规定(注意:检查杂散光应在校正波长以后进行)。

五、实验数据处理

计算吸光系数($E_{1 \text{cm}}^{1\%}$)的测定值,与规定值比较,得出结论。

六、实验讨论

(1) 比色皿为何要进行配对?

(2) 吸光系数($E_{1 \text{cm}}^{1\%}$)的测定值如何得出?

(3) 在可见-紫外分光光度法中,如何配制空白溶液? 测定时,使用空白溶液的目的是什么?

实训 3-2 药物的紫外-可见吸收光谱曲线的绘制

一、工作目标

(1) 学会绘制紫外-可见吸收曲线的方法。

(2) 学会吸收曲线在药物分析检测中的应用。

二、工作前准备

1. **工作环境准备**

(1) 药物检测实训室、天平室。

(2) 温度:18~26℃。

(3) 相对湿度:不大于 75%。

2. **试剂及规格** 维生素 B_{12} 注射液(药用)、纯化水。

3. **仪器及规格** 紫外-可见分光光度计、移液管(5 ml)、容量瓶(100 ml,棕色)、量筒(100 ml)、烧杯(100 ml)。

三、工作依据

紫外-可见分光光度法是根据物质分子对波长为 200~760 nm 的电磁波的吸收特性,所建立起来的一种定性、定量和结构分析方法。物质在一定波长条件的光照条件下产生吸收,不同的波长有不同的吸光度值。以波长为横坐标,吸光度为纵坐标,一定范围内的波长与吸光度值绘制成曲线,为该物质的吸收光谱。依据 2010 版《中国药典》附录ⅣA 记载的紫外-可见分光光度法绘制其在 200~600 nm 波长范围内的吸收曲线。

四、工作步骤

1. **维生素 B_{12} 测定液的配制** 精密移取维生素 B_{12} 注射液(规格 1 ml/0.5 mg)5 ml 置于

100 ml 容量瓶中,用水定量稀释至刻度,得每毫升中约含维生素 B_{12} 25 μg 的溶液。

2. 维生素 B_{12} 不同波长条件下吸光度值的测定　包括:①开机预热,自检完毕;②选择光谱测定功能,选择测定波长范围为 200～600 nm,每隔 5 nm 选择 1 个测定波长;③用空白溶液(蒸馏水)调零;④测定并记录待测溶液的吸光度值。

注:①在峰值和谷值处测定数据需要加密,即在出现极大值和极小值在其前后每隔1 nm测定 1 个吸光度值,直到出现吸收峰。②每改变 1 次波长,都要用参比溶液重新调零。

3. 手工或电脑绘制吸收曲线　用坐标值手工绘制吸收曲线;用 EXCEL 软件绘制出吸收曲线。

4. 标出相关吸收参数　根据绘制的光谱图标示出 A_{max},λ_{max},A_{min},λ_{min} 等。

5. 结束工作　实验完毕,关闭电源。取出吸收池,清洗干净后倒扣晾干。填写仪器使用记录,清理工作台,罩上防尘罩。

五、实验数据处理

绘制出维生素 B_{12} 注射液的吸收曲线。

六、实验讨论

(1) 在不同波长条件下,维生素 B_{12} 的吸光系数是否相同?
(2) 有两瓶未贴标签原料药,分别是维生素 C 和对乙酰氨基酚,能否用光学的方法进行区分?

实训 3-3　紫外-可见分光光度法测定西咪替丁片的含量

一、工作目标

(1) 学会西咪替丁片的含量测定的方法。
(2) 学会片剂的含量测定的计算及结果判断。

二、工作前准备

1. 工作环境准备
(1) 药物检测实训室、天平室。
(2) 温度:18～26℃。
(3) 相对湿度:不大于 75%。
2. 试剂及规格　西咪替丁片、盐酸(A.R)、量筒(100 ml)、纯化水。
3. 仪器及规格　紫外-可见分光光度计、电子天平、研钵、量瓶(200 ml)、漏斗、烧杯(100 ml)。
4. 注意事项
(1) 在使用比色皿时,只能拿毛面的两边,切勿接触透光面,不要用擦伤性、腐蚀性等清洁液清洗比色皿。在将比色皿放入比色槽前,用柔软的擦镜纸擦净透光面。
(2) 在进行各种分析时,都必须进行空白校正,以消除溶剂和比色皿带来的误差。
(3) 测定时,比色皿用供试液冲洗 2～3 次,所盛溶液以皿高的 3/4 为宜。

（4）测定供试液的吸收度，应重复测定 2～3 次，取其平均值计算。

（5）按照紫外-可见分光光度计的 SOP 操作。

三、工作依据

紫外-可见分光光度法是根据物质分子对波长为 200～760 nm 的电磁波的吸收特性，所建立起来的一种定性、定量和结构分析方法。操作简单、准确度高、重现性好。很多物质的溶液虽然无色，但在紫外区有特征吸收，根据朗伯-比尔（Beer-lambert）定律：

$$A = ELc$$

式中：A 为吸收度；E 为吸收系数〔摩尔吸收系数：指在一定波长下，溶液浓度为 1 mol·L^{-1}，厚度为 1 cm 时的吸收度；百分吸收系数：指在一定波长下，溶液浓度为 1%（w/V），厚度为 1 cm 时的吸收度〕；L 为液层厚度；c 为溶液浓度，单位为 mol·L^{-1} 或者%（w/V）。

西咪替丁片的质量标准是依据《中华人民共和国药典》（2010 年版）二部。

本品含西咪替丁（$C_{10}H_{16}N_6S$）应为标示量的 93.0%～107.0%。

在药物分析中，制剂（片剂、注射剂、胶囊等）含量是用药物占标示量的百分含量表示：

$$占标示量（\%） = \frac{单位制剂实测的药物量}{标示量} \times 100\%$$

$$西咪替丁占标示量（\%） = \frac{m_{测}}{标示量} \times 100\% = \frac{\frac{A}{E_{1cm}^{1\%} \times L \times 100} \times D \times V \times w_{平}}{m_s \times 标示量} \times 100\%$$

式中：A 为测得吸光度；D 为稀释倍数；V 为配制样品溶液的体积；$w_{平}$ 为平均片重；m_s 为称取样品的质量。

四、工作步骤

1. 西咪替丁供试品溶液的配制

（1）取西咪替丁 20 片，精密称定，研细，精密称取适量（约相当于西咪替丁 0.2 g），置 200 ml 量瓶中。

（2）加盐酸溶液（0.9→1 000）约 150 ml，振摇使西咪替丁溶解后，再加上述溶剂稀释至刻度，摇匀。

（3）将配好的溶液用滤纸滤过，精密量取续滤液 2 ml，置 200 ml 量瓶中，加上述溶剂稀释至刻度，摇匀。

2. 测定 在 218 nm 的波长处测定吸收度，平行测定 3 份。

3. 计算 按 $C_{10}H_{16}N_6S$ 的吸收系数（$E_{1cm}^{1\%}$）为 774 计算西咪替丁片的含量。

五、实验数据处理

计算公式为：

$$西咪替丁占标示量（\%） = \frac{m_{测}}{标示量} \times 100\% = \frac{\frac{A}{E_{1cm}^{1\%} \times L \times 100} \times D \times V \times w_{平}}{m_s \times 标示量} \times 100\%$$

依据上述公式计算西咪替丁片的标示百分含量，与中国药典规定值相比较，得出结论。

六、实验讨论

（1）公式中 D，V 分别表示什么意义？

（2）样品溶液浓度可否为其他浓度？若可以，浓度大概可以配制在什么范围？若不可以，请说明原因。

实训 3-4　复方磺胺甲噁唑片(SMZ)的含量测定——双波长分光光度法

一、工作目标

（1）学会用双波长分光光度法测定复方磺胺甲噁唑片中 SMZ 与 TMP 的含量。

（2）学会分光光度法含量测定的计算及结果判断。

二、工作前准备

1. **工作环境准备**

（1）药物检测实训室、天平室。

（2）温度：18～26℃。

（3）相对湿度：不大于 75%。

2. **试剂及规格**　复方 SMZ 片(市售)、SMZ 对照品、TMP 对照品、乙醇、氯化钾、0.4% NaOH 溶液、0.1 mol·L^{-1}盐酸溶液、纯化水。

3. **仪器及规格**　紫外-可见分光光度计、电子天平、研钵、容量瓶(100 ml)、移液管(2 ml)、漏斗、烧杯(100 ml)、石英比色皿。

三、工作依据

溶液中要测定 a 和 b 两种物质的含量，但两者相互干扰，在一定条件下可以通过等吸收波长法消除干扰，测定含量。在干扰组分 b 的等吸收波长(λ_1 和 λ_2)处，分别测定试样的吸光度($A_{\lambda_1}^{样}$ 和 $A_{\lambda_2}^{样}$)，计算差值。然后根据 ΔA 计算 a 的含量。选择波长原则：①干扰组分 b 在两波长处的吸光度相等，即 $\Delta A^b = A_{\lambda_2}^b - A_{\lambda_1}^b = 0$；②待测组分在两波长处的吸光度差值 ΔA 应足够大。故常选待测组分最大吸收波长做测量波长 λ_2，干扰组分与 λ_2 吸光度相等的等吸收波长做参比波长 λ_1。当 λ_1 有几个波长可选时，应当选取使待测组分的 ΔA 尽可能大的波长做参比波长。若待测组分的最大吸收波长不适合作为测定波长时，也可选吸收光谱的其他波长，但要符合上述波长选择原则。

复合 SMZ 中含有 SMZ(0.4 g)和 TMP(0.08 g)，两者都有紫外吸收，但紫外吸收峰重叠，互相干扰。采用等吸收波长法可消除干扰，不经分离可分别测定两者的含量。本品含磺胺甲噁唑片($C_{10}H_{11}N_3O_3S$)和甲氧苄啶($C_{14}H_{18}N_4O_3$)应为标示量的 90.0%～110.0%。

四、工作步骤

1. **标准品溶液的配制**

（1）SMZ 对照品溶液：精密称取经 105℃ 干燥至恒重的 SMZ 对照品 50 mg 于 100 ml 容

量瓶中,加乙醇稀释至刻度,摇匀,即得。

(2) TMP 对照品溶液:精密称取经 105℃ 干燥至恒重的 TMP 对照品 10 mg 于 100 ml 容量瓶中,加乙醇稀释至刻度,摇匀,即得。

2. 复方 SMZ 供试品溶液的配制 取复方 SMZ 片 10 片,精密称定,研细,精密称定适量(约相当于 SMZ 50 mg、TMP 10 mg)置于 100 ml 容量瓶中,加乙醇适量,振摇 15 min,溶解并稀释至刻度,摇匀,滤过,取续滤液备用。

3. SMZ 含量测定液

(1) SMZ 对照品稀释液:精密量取 SMZ 溶液 2 ml,置于 100 ml 容量瓶中,加 0.4% 氢氧化钠溶液稀释至刻度,摇匀,即得。

(2) TMP 对照品稀释液:精密量取 TMP 溶液 2 ml,置于 100 ml 容量瓶中,加 0.4% 氢氧化钠溶液稀释至刻度,摇匀,即得。

(3) 复方 SMZ 供试品稀释液:精密量取复方 SMZ 供试品溶液的续滤液 2 ml,置于 100 ml 容量瓶中,加 0.4% 氢氧化钠溶液稀释至刻度,摇匀,即得。

4. TMP 含量测定液

(1) SMZ 对照品稀释液:精密量取 SMZ 溶液 5 ml,置于 100 ml 容量瓶中,加盐酸-氯化钾溶液稀释至刻度,摇匀,即得。

(2) TMP 对照品稀释液:精密量取 TMP 溶液 5 ml,置于 100 ml 容量瓶中,加盐酸-氯化钾溶液稀释至刻度,摇匀,即得。

(3) 复方 SMZ 供试品稀释液:精密量取复方 SMZ 供试品溶液的续滤液 5 ml,置于 100 ml 容量瓶中,加盐酸-氯化钾溶液稀释至刻度,摇匀,即得。

5. 空白溶液 SMZ 含量测定空白液为 0.4% 氢氧化钠溶液;TMP 含量测定空白液为 0.1 mol·L^{-1} 盐酸溶液 75 ml 与氯化钾 6.9 g,加水至 1 000 ml 配制而成。

6. SMZ 与 TMP 含量测定

(1) SMZ 含量测定:以 0.4% 氢氧化钠溶液为空白溶液,取 TMP 对照品稀释液,以 257 nm 为测定波长(λ_2),在 304 nm 波长附近(每间隔 0.5 nm)选择等吸收点为参比波长(λ_1)要求 $\Delta A = A_{\lambda_2}^{TMP} - A_{\lambda_1}^{TMP} = 0$,再在 λ_2,λ_1 处分别测定供试品溶液稀释液和 SMZ 对照液稀释液的吸光度差值($\Delta A_{样}$ 和 $\Delta A_{对}$),分别平行测定 3 份。

(2) TMP 含量测定:以盐酸-氯化钾溶液为空白溶液,取 SMZ 对照品稀释液,以 239 nm 为测定波长(λ_2),在 295 nm 波长附近(每间隔 0.2 nm)选择等吸收点为参比波长(λ_1)要求 $\Delta A = A_{\lambda_2}^{SMZ} - A_{\lambda_1}^{SMZ} = 0$,再在 λ_2,λ_1 处分别测定供试品溶液稀释液和 TMP 对照液稀释液的吸光度差值($\Delta A_{样}$ 和 $\Delta A_{对}$),分别平行测定 3 份。

7. 结束工作 实验完毕,关闭电源。取出吸收池,清洗干净后倒扣晾干。填写仪器使用记录,清理工作台,罩上防尘罩。

五、实验数据处理

计算公式如下:

$$m_{样}^{SMZ} = \frac{\Delta A_{样} \times m_{对}^{SMZ} \times 含量_{对}}{\Delta A_{对}}$$

$$SMZ \text{ 标示}(\%) = \frac{m_{样}^{SMZ} \times w_{平}}{样品量 \times 标示量} \times 100\%$$

$$m_{样}^{TMP} = \frac{\Delta A_{样} \times m_{对}^{TMP} \times 含量_{对}}{\Delta A_{对}}$$

$$TMP \text{ 标示}(\%) = \frac{m_{样}^{TMP} \times w_{平}}{样品量 \times 标示量} \times 100\%$$

依据上述公式计算复方磺胺甲噁唑片的标示百分含量,与《中国药典》规定值相比较,得出结论。

六、实验讨论

(1) 双波长分光光度法测定复方磺胺甲噁唑片含量的辅料对测定结果是否有影响?

(2) 如何寻找等波长点?

项目三 分子荧光光谱技术

学习目标

1. 能说出分子荧光产生与物质结构的关系。
2. 能描述分子荧光光谱法的定量方法。
3. 能说出分子荧光光谱法的应用。

某些物质的分子能吸收能量跃迁至较高的电子激发态后,在返回基态的过程中伴随着有光辐射,这种现象称为分子发光。有些物质因吸收电能而激发发光的现象,称为电致发光;因吸收化学能而激发发光的现象,称为化学发光;在生物体内因酶类物质参与的化学发光则称为生物发光;而当有些物质受到光的照射后,发射出波长相同或比吸收波长更长的光,这种现象称为光致发光。因此,分子发光分析法通常包括电致发光分析、化学发光分析、生物发光分析和光致发光分析。

最常见的光致发光现象是磷光和荧光,是由两种不同发光机理产生的。物质受到光照后,产生的磷光寿命往往较长,能延续一段时间后才停止;而荧光则在光照停止后几乎立即消失。荧光(fluorescence)是指物质分子吸收光子能量而被激发,然后从激发态的最低振动能级返回到基态时所发射出的光。利用物质分子吸收光能后所产生的荧光谱线位置及其强度进行物质鉴定和含量测定的方法称为分子荧光分析法。

荧光分析法的主要特点有3个。

1. 灵敏度高 一般紫外-可见分光光度法的检出限约为 10^{-7} g·ml^{-1},而荧光分析法的检出限可达到 10^{-10} g·ml^{-1} 时,甚至 10^{-12} g·ml^{-1}。这是因为荧光信号是在暗背景下检测的,噪声小,较微弱的信号也能被检测,且可以高倍放大。另外,荧光强度和激发光强度成正比关系,可以提高激发光的光强以增大荧光强度。

2. 选择性好　荧光分析方法的光谱比较简单,特征性强,且有激发光谱和发射光谱,选择的余地大。如果某几种物质的激发光谱相似,就可以从它们发射光谱的差异性进行鉴别和分析;相反如果发射光谱相似,可以从它们的激发光谱的差异性进行鉴别和分析,尤其适用于有机化合物的分析。

3. 提供较多的荧光物质结构信息　可提供包括激发光谱、发射光谱和三维光谱等多种物理参数,这些参数反映了分子的各种特性,能从不同角度提供研究对象的分子信息。

虽然具有天然荧光的物质数量不多,但许多重要的生化物质、药物及致癌物质都有荧光现象。而荧光衍生化试剂的使用又扩大了荧光分析法的应用范围。所以荧光分析法在医药和临床分析中有着特殊的重要性。

一、分子荧光光谱技术基础

1. 激发光谱与荧光光谱　任何荧光物质都有两个特征光谱,即激发光谱与荧光光谱,它们是荧光分析中定性、定量的基础。

(1) 激发光谱:荧光物质常用紫外光或波长较短的可见光激发而产生荧光。如果将激发荧光的光源用单色器分光,测定不同波长激发光照射下物质荧光强度(I_f)的变化,做 $I_f - \lambda$ 光谱图,称为激发光谱。从激发光谱图上可得到发生荧光强度最强处的激发波长 λ_{ex},选用 λ_{ex} 可得到强度最大的荧光。激发光谱可用于鉴别荧光物质,在定量时,用于选择最适宜的激发波长。

(2) 荧光光谱:固定激发光的波长和强度,而让物质发射的荧光通过单色器分光,测定不同波长荧光的荧光强度,做 $I_f - \lambda$ 光谱图,称为荧光光谱。荧光光谱中荧光强度最强处的波长为 λ_{em}, λ_{ex} 与 λ_{em} 一般为定量分析中所选用的最灵敏的波长。由于不同物质具有不同的特征发射峰,因而荧光发射光谱可用于鉴别荧光物质,在定量时,用于选择最适宜的荧光波长。

2. 分子结构与荧光的关系　物质分子结构与荧光的发生及荧光强度紧密相关。分子能否发生荧光取决于两个条件:一是具有可能吸收一定频率激发光的特定结构;二是物质分子吸收了特征频率的辐射能后,具有较高的荧光效率。

(1) 荧光效率:荧光效率是指激发态分子发射荧光的光子数与基态分子吸收激发的光子数之比,常用 φ_f 表示:

$$\varphi_f = \frac{发射荧光的光子数}{吸收激发光的光子数}$$

如果在受激分子回到基态的过程中没有其他去活化过程与发射荧光过程竞争,那么在这一段时间内所有激发态分子都将以发射荧光的方式回到基态,这一体系的荧光效率就等于1。事实上,任何物质的荧光效率 φ_f 不可能大于1,而是0~1。物质的荧光效率与物质分子结构和所处的环境条件如溶剂、温度、pH 等有关。例如,荧光素钠在水中 $\varphi_f = 0.92$,荧光素在水中 $\varphi_f = 0.65$,蒽在乙醇中 $\varphi_f = 0.30$,菲在乙醇中 $\varphi_f = 0.10$。荧光效率低的物质虽然有较强的紫外吸收,但所吸收的能量都以无辐射跃迁形式释放,所以没有荧光发射。

(2) 分子结构与荧光的关系:分子结构中具有 $\pi \rightarrow \pi^*$ 跃迁或 $n \rightarrow \pi^*$ 跃迁的物质都有紫外-可见吸收,但 $n \rightarrow \pi^*$ 跃迁引起电子跃迁概率小,由此产生的荧光极弱。所以,实际上只有分子结构中存在共轭的 $\pi \rightarrow \pi^*$ 跃迁,才可能有荧光发生。一般来说,长共轭分子具有 $\pi \rightarrow \pi^*$

跃迁,刚性平面结构分子具有较高的荧光效率,而在共轭体系上的取代基对荧光光谱和荧光强度也有很大影响。

1) 长共轭结构:绝大多数能产生荧光的物质都含有芳香环或杂环,因为芳香环或杂环分子具有长共轭的 π→π* 跃迁。π 电子共轭程度越大,荧光强度(荧光效率)越大,而荧光波长也长移。如表 3-10 中,苯和萘的荧光位于紫外区,蒽位于蓝区,丁省位于绿区,戊省位于红区,且均比苯的荧光效率高。

表 3-10 几种多环芳烃的荧光

化合物	结构式	φ_f	$\lambda_{ex}/\lambda_{em}$
苯		0.11	205/278
萘		0.29	286/321
蒽		0.46	365/400
丁省		0.60	390/480
戊省		0.52	580/640

除了芳香烃外,含有长共轭双键的脂肪烃也可能有荧光,但这一类化合物的数目不多,如维生素 A 是能发射荧光的脂肪烃之一。

2) 分子的刚性和共平面性:在同样的长共轭分子中,分子的刚性和共平面性越大,荧光效率越大,并且荧光波长产生长移。例如,在相似的测定条件下,联苯和芴的荧光效率分别为 0.2 和 1.0,两者的结构差别在于芴的分子中加入亚甲基成桥,使两个苯环不能自由旋转,成为刚性分子,共轭 π 电子的共平面性增加,使芴的荧光效率大大增加。同样情况还有酚酞和荧光素,它们分子中共轭双键长度相同,但荧光素分子中多一个氧桥,使分子的 3 个环成一个平面,随着分子的刚性和共平面性增加,π 电子的共轭程度增加,因而荧光素有强烈的荧光,而酚酞的荧光很弱。

联苯　　　　芴　　　　　　　　　荧光素　　　　　　酚酞

本来不发生荧光或发生较弱荧光的物质与金属离子形成配位化合物后,如果刚性和共平面性增强,那么就可以发射荧光或增强荧光。例如,8-羟基喹啉是弱荧光物质,与 Mg^{2+},Al^{3+} 形成配位化合物后,荧光就增加。相反,如果原来结构中共平面性较好,但在分子中取代了较大基团后,由于位阻的原因使分子共平面性下降,则荧光减弱。例如,1-二甲氨基萘-

7-磺酸盐的 $\varphi_f = 0.75$,而1-二甲氨基萘-8-磺酸盐的 $\varphi_f = 0.03$,这是因为二甲氨基与磺酸盐之间的位阻效应,使分子发生了扭转,两个环不能共平面,因而使荧光大大减弱。

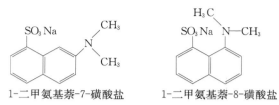

1-二甲氨基萘-7-磺酸盐　　　　1-二甲氨基萘-8-磺酸盐

同理,对于顺反异构体,顺式分子的两个基团在同一侧,由于位阻原因使分子不能共平面而没有荧光。例如,1,2-二苯乙烯的反式异构体有强烈荧光,而其顺式异构体没有荧光。

3)取代基:荧光分子上的各种取代基对分子的荧光光谱和荧光强度都产生很大影响。取代基可分为3类:第1类取代基能增加分子的 π 电子共轭程度,常使荧光效率提高,荧光波长长移,这一类基团包括—NH_2,—OH,—OCH_3,—NHR,—NR_2 和—CN 等;第2类基团减弱分子的 π 电子共轭性,使荧光减弱甚至熄灭,如—COOH,—NO_2,—SH,—CO,—NO,—$NHCOCH_3$ 和—X 等;第3类取代基对 π 电子共轭体系作用较小,如—R,—SO_3H和—NH_3^+ 等,对荧光影响不明显。

3. 影响荧光强度的外部因素　分子所处的外界环境,如溶剂、温度、pH 值、荧光熄灭剂等都会影响荧光效率,甚至影响分子结构及立体构象,从而影响荧光光谱的形状和强度。

(1)溶剂的影响:同一物质在不同溶剂中,其荧光光谱的形状和强度都有差别。在一般情况下,荧光波长随着溶剂极性的增大而长移,荧光强度也有所增强。这是因为在极性溶剂中,$\pi \rightarrow \pi^*$ 跃迁所需的能量差 ΔE 小,而且跃迁概率增加,从而使紫外吸收波长和荧光坡长均长移,强度也增加。表3-11为8-羟基喹啉在四氯化碳、氯仿、丙酮和乙腈4种不同极性溶剂中的荧光峰和荧光效率。

表3-11　为8-羟基喹啉在不同溶剂中的荧光峰和荧光效率

溶　剂	相对介电常数	荧光峰(nm)	荧光效率
四氯化碳	2.24	390	0.002
氯仿	5.2	398	0.041
丙酮	21.5	405	0.055
乙腈	38.8	410	0.064

溶剂黏度减小时,可以增加分子间碰撞机会,使无辐射跃迁增加而荧光减弱,故荧光强度随溶剂黏度的减小而减弱。由于温度对溶剂的黏度影响,一般是温度上升,溶剂黏度变小,因此温度上升,荧光强度下降。

(2)温度的影响:温度对于溶液的荧光强度有显著的影响。在一般情况下,随着温度的升高,溶液中荧光物质的荧光效率和荧光强度将降低。这是因为,当温度升高时,分子运动速度加快,分子间碰撞概率增加,使无辐射跃迁增加,从而降低了荧光效率。例如,荧光素钠的乙醇溶液,在 0℃ 以下,温度每降低 10℃,φ_f 增加 3%,在 -80℃ 时,φ_f 为 1。因此,选择低温条件下进行荧光检测将有利于提高分析的灵敏度。

(3)pH 值的影响:大多数芳香族化合物都具有酸性或碱性基团,对含有酸性或碱性基团的荧光物质,溶液的 pH 值对该荧光物质的荧光强度有较大影响,这主要是因为弱酸弱碱分子和它们的离子结构有所不同,在不同酸度中分子和离子间的平衡改变,因此荧光强度也有差异。每一种荧光物质都有它最适宜的发射荧光的存在形式,也就是有它最适宜的 pH 值范围。例如,苯胺在不同 pH 值下有下列平衡关系:

$$\text{C}_6\text{H}_5\text{—NH}_3^+ \underset{\text{H}^+}{\overset{\text{OH}^-}{\rightleftharpoons}} \text{C}_6\text{H}_5\text{—NH}_2 \underset{\text{H}^+}{\overset{\text{OH}^-}{\rightleftharpoons}} \text{C}_6\text{H}_5\text{—NH}^-$$

pH < 2　　　　　　pH 7～12　　　　　　pH > 13
无荧光　　　　　　蓝色荧光　　　　　　无荧光

苯胺在 pH 7～12 的溶液中主要以分子形式存在,由于—NH$_2$ 为提高荧光效率的取代基,故苯胺分子会发生蓝色荧光。但在 pH < 2 和 pH > 13 的溶液中均以苯胺离子形式存在,故不能发射荧光。溶液的 pH 也影响金属配合物的荧光性质,当 pH 改变时,不仅影响配合物的浓度,配位比也可能发生改变,从而影响荧光化合物的荧光发射。如 Ga^{3+} 与邻、邻二羟基偶氮苯在 pH 3～4 的溶液中形成 1∶1 的配合物,该配合物呈蓝色荧光,而在 pH 6～7 的溶液中形成无荧光的 1∶2 的配合物。因此,在荧光分析时要注意控制溶液的 pH。

(4) 荧光熄灭剂的影响:荧光熄灭是指荧光物质分子与溶剂分子或溶质分子相互作用引起荧光强度降低的现象。引起荧光熄灭的物质称为荧光熄灭剂。如卤素离子、重金属离子、氧分子以及硝基化合物、重氮化合物和羰基化合物均为常见的荧光熄灭剂。荧光熄灭的形式很多,如因荧光物质的分子和熄灭剂分子碰撞而损失能量;荧光物质的分子与熄灭剂分子作用生成了本身不发光的配位化合物等。

荧光物质中引入荧光熄灭剂会使荧光分析产生测定误差,但是,如果一个荧光物质在加入某种熄灭剂后,荧光强度的减小和荧光熄灭剂的浓度呈线性关系,则可以利用这一性质测定荧光熄灭剂的含量,这种方法称为荧光熄灭法。如利用氧分子对硼酸根-二苯乙醇酮配合物的荧光熄灭效应,可进行微量氧的测定。

当荧光物质的浓度超过 1 g·L^{-1} 时,由于荧光物质分子间相互碰撞的概率增加,产生荧光自熄灭现象。溶液浓度越高,这种现象越严重。

(5) 散射光的干扰:当一束平行光照射在液体样品上,大部分光线透过溶液,小部分由于光子和物质分子碰撞,使光子的运动方向发生改变而向不同角度散射,这种光称为散射光。

当光子和物质分子发生弹性碰撞时,不发生能量的交换,仅仅是光子运动方向发生改变,这种散射光叫做瑞利光,其波长与入射光波长相同。

当光子和物质分子发生非弹性碰撞时,在光子运动方向发生改变的同时,光子与物质分子发生能量交换,光子把部分能量转给物质分子或从物质分子获得部分能量,而发射出比入射光波长稍长或稍短的光,这两种光均称为拉曼光。

散射光对荧光测定有干扰,尤其是波长比入射光波长更长的拉曼光,因其波长与荧光波长接近,对荧光测定的干扰更大,必须采取措施消除。

表 3 - 12 为水、乙醇、环己烷、四氯化碳及氯仿 5 种常用溶剂在不同波长激发光照射下拉曼光的波长,可供在选择激发波长或溶剂时参考。

表 3-12　在不同波长激发光下主要溶剂的拉曼光波长

溶　剂	激发光(nm)				
	248	313	365	405	436
水	271	350	416	469	511
乙醇	267	344	409	459	500
环己烷	267	344	408	458	499
四氯化碳	—	320	375	418	450
氯仿	—	346	410	461	502

从表 3-12 中可见,四氯化碳的拉曼光与激发光的波长极为接近,所以其拉曼光几乎不干扰荧光测定。而水、乙醇及环己烷的拉曼光波长较长,使用时必须注意。

想一想

1. 与紫外-可见分光光度法相比,荧光光谱法具有哪些优点?

2. 具有哪些分子结构的物质有较高的荧光效率? 哪些因素会影响荧光波长和强度?

3. 如何区别瑞利光和拉曼光? 如何减少散射光对荧光测定的干扰?

二、荧光分析法的应用

1. **荧光定性分析方法**　荧光激发光谱和荧光光谱可作为定性分析的一种手段,用以鉴定荧光物质。根据试样图谱的形状和谱峰的波长与已知样品进行比较,可以鉴别试样和标准样品是否同一物质。

与紫外-可见吸收光谱用于样品的定性分析相比,荧光分析不仅提供荧光激发光谱,还提供荧光发射光谱。有些样品虽吸收结构相似,但发射结构不同,可通过荧光发射光谱进一步判别。显然荧光发射光谱增加了判别样品的信息量,这就是荧光定性分析特异性好的原因。

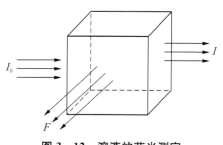

图 3-12　溶液的荧光测定

2. **荧光强度与荧光物质浓度的关系**　由于荧光物质是在吸收光能被激发之后才发射荧光的,所以溶液的荧光强度与该溶液中荧光物质吸收光能的程度以及荧光效率有关。溶液中荧光物质被入射光(I_0)激发后,可以在溶液的各个方向观察荧光强度(F)。但由于激发光的一部分被透过(I),因此,在透射光的方向观察荧光是不适宜的。一般是在与激发光源垂直的方向观测(图 3-12)。设溶液中荧光物质浓度为 c,液层厚度为 L。

荧光强度 F 正比于被荧光物质吸收的光强度,即 $F \propto (I_0 - I)$:

$$F = K'(I_0 - I)$$

式中：K' 为常数，其值取决于荧光效率。根据 Beer 定律：

$$I = I_0 10^{-EcL}$$

将上述式子代入得到：

$$F = K'I_0(1 - 10^{-EcL}) = K'I_0(1 - e^{-2.3EcL})$$

将式中 $e^{-2.3EcL}$ 展开，得：

$$F = K'I_0\left[1 - \left(1 + \frac{(-2.3EcL)^1}{1!} + \frac{(-2.3EcL)^2}{2!} + \frac{(-2.3EcL)^3}{3!} + \cdots\right)\right]$$
$$= K'I_0\left[2.3EcL - \frac{(-2.3EcL)^2}{2!} + \frac{(-2.3EcL)^3}{3!} + \cdots\right]$$

若浓度 c 很小，EcL 之值也很小，当 $EcL \leqslant 0.05$ 时，式子括号中第 2 项以后的各项可以忽略，所以：

$$F = 2.3K'I_0EcL = Kc$$

由式子可知，在低浓度时，溶液的荧光强度与溶液中荧光物质的浓度呈线性关系；当 $EcL > 0.05$ 时，式子括号中第 2 项以后的数值就不能忽略，此时荧光强度与溶液浓度之间不呈线性关系。

荧光分析法定量的依据是荧光强度与荧光物质浓度的线性关系，而荧光强度的灵敏度取决于检测器的灵敏度，即只要改进光电倍增管和放大系统，使极微弱的荧光也能被检测到，就可以测定很稀的溶液浓度，因此荧光分析法的灵敏度很高。紫外-可见分光光度法定量的依据是吸光度与吸光物质浓度的线性关系，所测定的是透过光强和入射光强的比值，即 I/I_0，因此即使将光强信号放大，由于透过光强和入射光强都被放大，比值仍然不变，对提高检测灵敏度不起作用，故紫外-可见分光光度法的灵敏度不如荧光分析法高。

3. 荧光定量分析方法

（1）比例法：如果荧光分析的标准曲线通过原点，就可选择其线性范围，用比例法进行测定。取已知量的对照品，配制一标准溶液（c_S），使其浓度在线性范围内，测定荧光强度（F_S），然后在同样条件下测定试样溶液的荧光强度（F_X）。按比例关系计算试样中荧光物质的含量（c_X）。在空白溶液的荧光强度调不到 0% 时，必须从 F_S 及 F_X 值中扣除空白溶液的荧光强度（F_0），然后计算。

$$F_S - F_0 = Kc_S$$
$$F_X - F_0 = Kc_X$$

对于同一荧光物质，其常数 K 相同，则：

$$\frac{F_S - F_0}{F_X - F_0} = \frac{c_S}{c_X} \quad c_X = \frac{F_X - F_0}{F_S - F_0} \times c_S$$

（2）标准曲线法：荧光分析一般采用标准曲线法，即用已知量的标准物质经过和试样相

同的处理之后,配成一系列标准溶液,测定这些溶液的荧光强度,以荧光强度为纵坐标,标准溶液的浓度为横坐标绘制标准曲线。然后在同样条件下测定试样溶液的荧光强度,由标准曲线求出试样中荧光物质的含量。

在绘制标准曲线时,常采用系列中某一标准溶液作为基准,将空白溶液的荧光强度读数调至 0%,将该标准溶液的荧光强度读数调至 100% 或 50%,然后测定系列中其他各个标准溶液的荧光强度。在实际工作中,当仪器调零之后,先测定空白溶液的荧光强度,然后测定标准溶液的荧光强度,从后者中减去前者,就是标准溶液本身的荧光强度。通过这样测定,再绘制标准曲线。为了使在不同时间所绘制的标准曲线能一致,在每次绘制标准曲线时均采用同一标准溶液对仪器进行校正。如果试样溶液在紫外光照射下不稳定,可改用另一种稳定的标准溶液作为基准,只要其荧光峰和试样溶液的荧光峰相近似。例如在测定维生素 B_1 时,采用硫酸奎宁作为基准。

（3）多组分混合物的荧光分析:荧光分析法也可像紫外-可见分光光度法一样,从混合物中不经分离就可测得被测组分的含量。如果混合物中各个组分的荧光峰相距较远,而且相互之间无显著干扰,则可分别在不同波长处测定各个组分的荧光强度,从而直接求出各个组分的浓度。如果不同组分的荧光光谱相互重叠,则利用荧光强度的加和性质,在适宜的荧光波长处,测定混合物的荧光强度,再根据被测物质各自在适宜荧光波长处的荧光强度,列出联立方程式,分别计算它们各自的含量。例如,Al^{3+} 和 Ga^{3+} 的 8-羟基喹啉配合物的氯仿萃取液,荧光峰均在 520 nm,但激发峰分别为 365 nm 和 435.8 nm。所以,分别用 365 nm 及 435.8 nm 激发,在 520 nm 测定;如果在同一激发光波长下荧光光谱互相干扰,可以利用荧光强度的加和性,在适宜的荧光波长处测定,利用列联立方程求算不同组分的含量。

做一做

1. 用荧光法测定复方炔诺酮片中炔雌醇的含量时,取供试品 20 片（每片含炔诺酮应为 $0.54 \sim 0.66$ mg,含炔雌醇应为 $31.5 \sim 38.5$ μg）,研细溶于无水乙醇中,稀释至 250 ml,过滤,取滤液 5 ml,稀释至 10 ml,在激发波长 285 nm 和发射波长 307 nm 处测定荧光强度。如:炔雌醇对照品的乙醇溶液 1.4 μg/ml 在同样测定条件下荧光强度为 65,则合格片的荧光读数应在什么范围内?

三、荧光光度计的基本构成及主要部件

荧光分光光度计由激发光源、激发和发射单色器、样品池、检测系统及记录系统组成。其结构如图 3-13 所示。荧光分析仪与分光光度计比较主要差别有两点:①荧光分析仪采用垂直测量方式,以消除透射光的影响;②荧光分析仪有两个单色器,能够获得单色性较好的激发光并消除其他杂散光干扰。

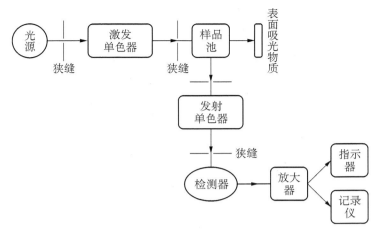

图 3 - 13　荧光分光光度计结构示意

1. **激发光源**　荧光光度计常用卤钨灯作光源;荧光分光光度计一般采用氙灯和汞灯作光源。氙灯内有氙气,通电后氙气电离,产生较强连续光谱,分布在 $250\sim700$ nm 之间,并且在 $300\sim400$ nm 波长之间的谱线强度几乎相等。荧光分光光度计目前都用它作光源。汞灯分为高压汞灯和低压汞灯。高压汞灯发射 365,398,405,436,546,579,690 及 734 nm 谱线,主要供给近紫外光作激发光源。低压汞灯可发射波长短于 300 nm 的紫外光,最强谱线是 254 nm。溴钨灯在 $300\sim700$ nm 处发射连续光源。染料激光器是一种新型荧光激光光源,可见、紫外光区均可使用。

2. **单色器**　荧光分光光度计具有两个单色器。置于光源和样品池之间的单色器称为激发单色器,其作用是提供所需要的单色光,以激发被测物质。置于样品池后和检测器之间的单色器叫发射单色器。在滤光片荧光计中,通常使用滤光片作单色器。

3. **样品池**　测定荧光用的样品池须用低荧光的玻璃或石英材料制成。样品池常为四面透光且散射光较少的方形池,适用于作 90°测量,以消除入射光的背景干扰。但为了一些特殊的测量需要,如浓溶液、固体样品等,可改用正面检测 30°或 45°检测,后两种检测应用管形样品池。

4. **检测器**　荧光光度计上多采用光电管作检测器;荧光分光光度计采用光电倍增管作检测器。较高级仪器采用光电二极管阵列检测器(PDA),它具有检测效率高、线性响应好、坚固耐用和寿命长等优点,最主要的优点是扫描速度快,可同时记录下完整的荧光光谱(即三维光谱),这有利于光敏性荧光体和复杂样品的分析。

5. **记录系统**　荧光计的读出装置有数字电压表、记录仪等。数字电压表用于常规定量分析,既准确、方便又便宜。在带有波长扫描的荧光分光光度计中,则经常使用记录仪来记录光谱。许多现代化的仪器都由专用微型计算机控制,它们都带有由计算机控制的读数装置,如荧光屏显示终端、XY 绘图仪及行式打印机等。

四、RF - 5301 荧光分光光度计的基本操作

(一) 开机

(1) 打开稳压电源,再打开氙灯电源,仪器预热 20 min。

（2）打开计算机主机、显示器及打印机。

（3）双击【RF－53 XPC】图标，仪器自检，自检通过后进入以下操作（如果先打开工作站后打开仪器使其不能自检，点击【Configure】，点击【Instrument】，弹出【Instrument Parameters】对话框，选择【Fluorometer】项，点击【On】，仪器会重新开始自检）。

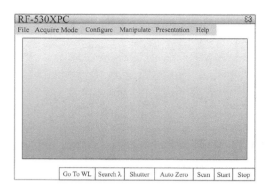
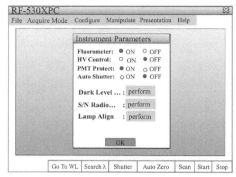

（二）定量分析

1. 设定参数　单击【Acquire Mode】，单击【Quantitative】进入【Quantitative Parameters】对话框，设定激发波长、发射波长、狭缝宽度、灵敏度等参数，单击【OK】。

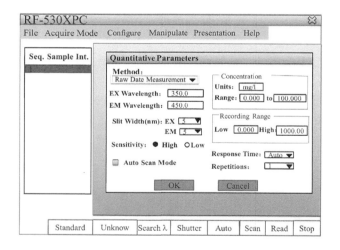

2. 样品测定

（1）将装有试剂空白溶液的石英池放入样品室的池架上，单击【Auto Zero】图标。

（2）将装有标准品溶液的石英池放入样品室的池架上，点击【Standard】图标后再点击【Read】图标，此时跳出来对话框，输入标准品的浓度后点击【OK】。

（3）单击【Unknown】图标，将装有供试品溶液的石英池放入样品室的池架上，单击【Read】图标，收集数据。

（4）数据保存或打印：点击【File】，选择【Save】，将测试数据保存在相应的子目录下；或单击【Manipulate】→单击【Data Print】，在弹出的对话框上单击【Printer】，进行数据打印。

（三）光谱分析

1. 设定光谱参数　单击【Acquire Mode】，选择【Spectrum】，再点击【Configure】选择

【Parameters】进入【Spectrum Parameters】对话框,编辑所需的测试条件。

(1) 激发光谱:在【Spectrum Type】项下选择【Excitation】,然后在【EM Wavelength】项下设置发射波长、在【EX Wavelength】项下设置激发光谱的扫描范围、扫描速度,狭缝宽度、灵敏度等参数。

(2) 发射光谱:在【Spectrum Type】项下选择【Emission】,然后在【EX Wavelength】项下设置发射波长,在【EM Wavelength】项下设置激发光谱的扫描范围、扫描速度、狭缝宽度、灵敏度等。

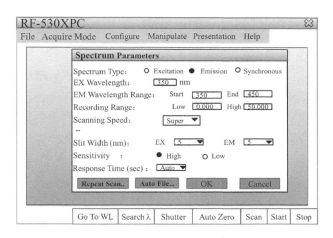

2. 样品测定

(1) 将装有试剂空白溶液的石英池放入样品室的池架上,单击【Auto Zero】图标。

(2) 将装有供试品溶液的石英池放入样品室的池架上,单击【Start】图标,进行光谱扫描。扫描完毕后,在弹出的对话框中输入文件名及注释,单击【Save】。

(3) 峰检测及数据打印:单击【Manipulate】→【Peak Pick】→【Output】→【Print Table】,打印结果。

(四) 关机

(1) 点击【Configure】→【Instrument】,弹出【Instrument Parameters】对话框,选择【Fluorometer】项,点击【Off】,关闭工作站窗口。

(2) 关氙灯电源。

(3) 关闭显示器、计算机主机及稳压电源。

(4) 登记使用记录。

五、荧光分光光度计的校正及维护

(一) 仪器的校正

1. 灵敏度校正　荧光分光光度计的灵敏度可用被检测出的最低信号来表示,或用某一对照品的稀溶液在一定激发波长光的照射下,能发射出最低信噪比时的荧光强度的最低浓度表示。

由于影响荧光分光光度计灵敏度的因素很多,同一型号的仪器,甚至同一台仪器在不同

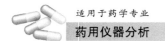
时间操作,所得的结果也不尽相同。因而在每次测定时,在选定波长及狭缝宽度的条件下,先用一种稳定的荧光物质,配成浓度一致的对照品溶液对仪器进行校正,即每次将其荧光强度调节到相同数值(50%或100%)。如果被测物质所产生的荧光很稳定,自身就可作为对照品溶液。紫外-可见光范围内最常用的是 $1\ \mu g \cdot ml^{-1}$ 的硫酸奎宁对照品溶液($0.05\ mol \cdot L^{-1}$ 硫酸中。

2. **波长校正** 荧光分光光度计的波长刻度一般在出厂前都经过校正,若仪器的光学系统或检测器有所变动,或在较长时间使用之后,或在重要部件更换之后,应该用汞灯的标准谱线对单色器波长刻度重新校正,这一点在要求较高的测定工作中尤为重要。

3. **激发光谱和荧光光谱的校正** 用荧光分光光度计所测得的激发光谱或荧光光谱往往存在较明显的误差,其原因较多,最主要的原因有:光源的强度随波长的改变而改变;每个检测器(如光电倍增管)对不同波长光的接受程度不同;检测器的感应与波长不呈线性。尤其是当波长处在检测器灵敏度曲线的陡坡时,误差最为显著。

因此,在用单光束荧光分光光度计时,先用仪器上附有的校正装置将每一波长的光源强度调整到一致,然后以表观光谱上每一波长的强度除以检测器对每一波长的感应强度进行校正,以消除误差。目前生产的荧光分光光度计大多采用双光束光路,故可用参比光束抵消光学误差。

(二)仪器的维护

(1)荧光分光光度计是集光学、机械、电子与微机于一体的精密仪器,为保证仪器的使用精度与寿命,仪器在使用时应在 10～30℃ 的环境中测定,湿度不大于 75%。

(2)仪器应置于稳固工作台上,若必须靠墙放置,离墙距离应大于 15 cm,以保证通风散热。

(3)室内应无强烈电磁干扰,仪器应避免振动、阳光直射、粉尘及腐蚀性气体和强气流环境。

(4)仪器除更换光源外,无特殊原因非专业人员不要接触仪器内部。

(5)测定时,放置腐蚀性样品应谨慎,最好使用气密性样品池,防止因挥发性气体对光产生影响,而引起测定精密度的下降。

(6)为保证仪器的使用效率,暂停使用时加盖防尘罩。

(7)如仪器表面积尘或污染,可使用温和清洁剂(如家具、地板、瓷砖清洁剂等)以软布擦洗。

(8)样品池使用后应以石油醚清洗,并用光学镜头纸轻拭干净,存于样品盒中备用。

实训 3-5　荧光法测定维生素 B₂ 的含量

一、工作目标

(1)学会荧光法测定维生素 B₂ 的原理和方法。

(2)学会荧光分光光度计的基本操作。

二、工作前准备

1. 工作环境准备

(1) 药物检测实训室、天平室。

(2) 温度:18~26℃。

(3) 相对湿度:不大于 75%。

2. 试剂及规格　维生素 B_2 标准溶液(置阴暗处保存)、冰醋酸、纯化水。

3. 仪器及规格　荧光光度计及配件、容量瓶(50 ml)、移液管(1,2,5 ml)、烧杯(50 ml)。

三、工作依据

维生素 B_2(即核黄素),是橘黄色无臭的针状晶体,易溶于水而不溶于乙醚等有机溶剂,在中性或酸性溶液中稳定,光照易分解,对热稳定,结构如右图所示。由于母核上 N1 和 N2 间有共轭双键,增加整个分子的共轭程度,因此,维生素 B_2 是具有强烈荧光特性的化合物。

在 430~440 nm 蓝光照射下,维生素 B_2 就会发出绿色荧光,荧光峰值波长为 535 nm。在 pH 值为 6~7 的溶液中荧光最强,在 pH 值为 11 时荧光消失。而且在低浓度时,维生素 B_2 在 535 nm 处测得的荧光强度与其浓度成正比;本实验采用标准曲线法测定维生素 B_2 的含量。

四、工作步骤

1. 维生素 B_2 标准溶液的配制　精密称取适量维生素 B_2 对照品于 50 ml 容量瓶中,使其浓度为 10.0 μg/ml 标准溶液(置阴暗处保存)。

2. 维生素 B_2 标准系列溶液的配制　在 6 只干净的 50 ml 容量瓶中,分别吸取 0.50、1.00、1.50、2.00、2.50 和 3.00 ml 维生素 B_2 标准溶液,各加入 2.00 ml 冰醋酸,稀释至刻度,摇匀。

3. 未知试样溶液的配制　移取 0.1 ml 试样,用少量水溶解后转入 50 ml 容量瓶中,加 2.00 ml 冰醋酸,稀释至刻度,摇匀。

4. 仪器参数设置　仪器初始化完毕后,在工作界面上选择测量项目,设置适当的仪器参数:激发波长 440 nm,发射波长 535 nm;调零;测定空白溶液的荧光强度,并校正。

5. 样品含量测定　标准溶液荧光强度的测定:从稀到浓测量系列标准溶液的荧光强度,记录数据,绘制标准曲线。

未知试样的测定:用测定标准系列时相同的条件,测量未知试样的荧光强度并记录数据。

6. 关机　样品测定完毕,退出主程序,关闭计算机,先关主机,最后关氙灯。

五、实验数据处理

(1) 根据系列标准溶液的浓度和荧光强度数据绘制标准曲线。

（2）根据样品溶液的荧光强度求出样品溶液的浓度。

六、实验讨论

（1）在荧光测量时，为什么激发光的入射方向和荧光的接收方向不在一直线上，而是要成一定的角度？

（2）根据维生素 B_2 的结构进一步说明能发生荧光的物质一般具有什么样的分子结构？

项目四　原子吸收分光光度技术

学习目标

1. 能描述原子吸收分光光度法的基本原理。
2. 能说出原子吸收分光光度法的应用。

原子吸收光谱从 1955 年开始作为一种分析方法，在 20 世纪 50 年代末到 60 年代初出现了商品化的原子吸收光谱仪，自 60 年代后期开始"间接"原子吸收光谱法的开发，使得原子吸收法不仅可以测定金属元素，还可测一些非金属元素（如卤素、硫、磷）和一些有机化合物（如维生素 B_{12}、葡萄糖、核糖核酸酶等），进一步拓宽了原子吸收法的应用领域。近年来，计算机、微电子、自动化、人工智能技术和化学计量学的发展，各种新材料及元器件的出现，大大改善了仪器性能，使原子吸收分光光度法的准确度、精密度、自动化程度及安全性都有了极大的提高，使其成为痕量元素分析灵敏且有效的方法之一，广泛应用于各个领域。在药物分析中，《中国药典》采用原子吸收分光光度法检测中药材的重金属含量。规定每千克西洋参、白芍、甘草、丹参、金银花等中药材中重金属的限量为：铅 $\leqslant 5.0\,mg$、镉 $\leqslant 0.3\,mg$、汞 $\leqslant 0.2\,mg$、砷 $\leqslant 2.0\,mg$、铜 $\leqslant 20.0\,mg$。这些重金属的主要来源有以下几种途径。

（1）某些地区自然地质条件特殊，环境中含有较高重金属含量。如矿区、海底火山活动的地区，因为地层有毒金属的含量高而使一些药材的有毒金属含量显著高于一般地区。

（2）人为的环境污染造成有毒有害金属元素对中药材的污染。工业生产中排放的含重金属的废气、废水和废渣，农用化学品如含重金属的农药和化肥的使用，可造成水体及土壤的环境污染。值得一提的是，重金属污染和一般的农药、化肥造成的污染不同，即使它们在环境中的浓度很低，但由于环境不容易净化，生物从环境中摄取重金属后通过食物链的生物放大作用，可以在较高级生物体内成千上万倍地富集起来，然后通过食物进入人体导致潜在的危害。

（3）在药品生产、贮存、运输和销售过程中使用和接触的机械、管道、容器及因工艺需要加入的添加剂中含有的有毒金属元素导致的污染。

一、原子吸收分光光度法的定义

原子吸收分光光度法是基于蒸气相中被测元素的基态原子对其原子共振辐射的吸收来测定样品中该元素含量的一种方法,简称原子吸收法。原子吸收光谱法的一般过程是:待测元素的气态的基态原子吸收从光源发射出的与被测元素吸收波长相同的特征谱线,使谱线强度减弱,经分光后特征谱线由检测器接收,经放大后由显示器或记录系统显示出吸光度或光谱图。

原子吸收光谱法和紫外吸收光谱法都是由物质对光的吸收而建立起来的光谱分析法,属于吸收光谱法,不同之处是吸光物质的状态不同,在原子吸收光谱分析中,吸光物质是基态原子蒸气,而紫外-可见分光光度分析中的吸光物质是溶液中的分子或离子。原子吸收光谱是线状光谱,而紫外-可见光谱是带状光谱。由于吸收机理的不同使两种方法在仪器各部件的连接顺序、具体部件及分析方法都有不同。原子吸收分光光度法具有以下特点。

(1) 检测限低,灵敏度高。在常规分析中,采用火焰原子吸收法,大多数元素可达到每毫升 10^{-6} g 级;如果采用特殊手段(无火焰),还可达到 $10^{-14} \sim 10^{-10}$ g 级别。微量试样测定,采用无火焰原子吸收法,试样用量仅需溶液 $5 \sim 100$ μl 或固体 $0.05 \sim 30$ mg。

(2) 选择性好,抗干扰能力强。原子吸收带宽很窄,一般测定时共存元素干扰较小,可以不经分离直接测定,测定步骤比较简单,因此,有条件实现全自动化操作。

(3) 分析精密度好。火焰原子吸收法测定中等和高含量元素的相对标准差可小于 1%,其准确度已接近于经典化学方法。石墨炉原子吸收法的分析精度一般为 $3\% \sim 5\%$。

(4) 分析速度快。准备工作做完后,一般几分钟即可完成一个样品的操作。在 35 min 内能连续测定 50 个样品中的 6 种元素。

(5) 测量范围广。目前,可以采用原子吸收测定的元素已达 70 多种。

(6) 原子吸收分光光度法也有其局限性,主要表现在:测定不同的元素要使用不同的元素灯,使用不便,且多元素同时测定尚有困难;工作曲线的线性范围较窄;个别元素的灵敏度较低;对于复杂样品要经过繁琐的样品处理以消除干扰。

二、基本原理

(一) 原子吸收光谱的产生

任何元素的原子都是由原子核和围绕原子核运动的电子组成。电子按照能级的高低分层分布,因此一个原子可能具有多个不同的能级状态。在一般情况下,原子处于最稳定基态(最低能级状态),称为基态原子。基态原子受到外界的能量激发时,外层电子吸收能量处于激发态(不同的较高能级状态)。当原子中的处于基态的电子吸收一定的能量跃迁到能量最低的激发态(第一激发态)时所产生的吸收谱线,称为共振吸收线,简称共振线。当电子从第一激发态跃迁回到基态时,则发射出同样频率的光辐射,其对应的谱线,称为共振发射线,也简称共振线。

由于各种元素原子的结构和外层电子排布不同,不同元素的原子从基态激发到第一激发态吸收的能量不同,各种元素的共振线各具特征性,故又称为元素的特征谱线。另外,由于从基态到最低激发态的跃迁最容易发生,所以对大多数的元素来说,共振线也是其灵敏度最高的谱线(灵敏线)。原子吸收分光光度法就是利用共振线来进行分析的,所以元素的共振线又称为分析线。原子吸收光谱位于光谱的紫外区和可见区。

(二)原子吸收谱线的变宽

从理论上讲,原子吸收光谱法是利用基态原子吸收光源发射的共振线来进行分析的,原子吸收光谱应该是线状光谱。但实际上任何原子发射或吸收的谱线都不是绝对单色的几何线,而是具有一定宽度的谱线(图 3 - 14)。

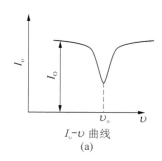
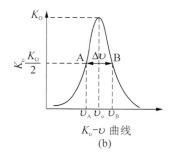

图 3 - 14　谱线轮廓

原子辐射谱线具有一定宽度的谱线轮廓,所谓谱线轮廓是指谱线强度按波长有一分布值,是同种基态原子在吸收其共振辐射时被展宽了的吸收带,原子吸收线轮廓上的任意各点都与相同的能级跃迁相联系。原子辐射谱线的吸收线轮廓比发射线轮廓更宽。影响谱线变宽的因素比较复杂,一般分为两个方面:一方面是由原子本身的性质决定了谱线的自然宽度;另一方面是由于外界的因素影响引起的谱线变宽。

1. **自然变宽**　在没有外界因素影响的情况下,谱线本身固有的宽度称为自然宽度($\Delta \upsilon_N$)。不同谱线的自然宽度不同,它与原子发生能级跃迁时激发态的平均寿命有关,寿命长则谱带宽度窄。自然变宽的影响比其他变宽因素影响要小得多,其大小一般在 10^{-5} nm 数量级。

其他影响谱线轮廓变宽的因素主要有多普勒(Doppler)变宽($\Delta \upsilon_D$)和压力变宽。压力变宽又可分为洛仑兹(Lorentz)变宽($\Delta \upsilon_L$)和赫鲁兹马克(Holtsmark)变宽($\Delta \upsilon_H$)。

2. **多普勒变宽**　多普勒变宽是由于原子在空间做有规则热运动引起的,也叫热变宽。当运动波源(运动着的原子发出的光)"背向"检测器运动时,被检测到的频率较静止波源所发出的频率低,称为波长"红移";当运动波源"向着"检测器运动时,被检测到的频率较静止波源所发出的频率高,称为波长"紫移",即多普勒效应。原子量小的元素多普勒线宽较宽,温度越高,线宽越宽。通常 $\Delta \upsilon_D$ 为 10^{-3} nm 数量级。

3. **压力变宽**　压力变宽是由于产生吸收的原子与蒸气中的原子或分子相互碰撞引起的谱线变宽,所以又称为碰撞变宽。

(1)洛仑兹变宽。它是产生吸收的原子与其他粒子(如外来气体的原子、离子或分子)碰撞引起的变宽。其大小随局外气体压力的增加而增大,也随局外气体性质的不同而不同。在通常的原子吸收分光光度法测定条件下,它与多普勒变宽的数值具有相同的数量级。洛仑兹变宽效应对气体中所有原子是相同的,是均匀变宽,是按一定比例引起吸收值减小的固定因素,只降低分析灵敏度,不破坏吸收值与浓度间的线性关系。

(2) 赫鲁兹马克变宽。它是同种原子之间发生碰撞而引起的变宽,又称为共振变宽。一般在浓度较大时出现,随试样原子蒸气浓度增加而增加。随着谱线变宽,吸光度相应地减少,这种减少不是浓度的线性函数,其结果导致校正曲线弯向浓度坐标轴。在通常原子吸收分光光度法测定条件下,金属原子蒸气压在 133.3 Pa 以下时,共振变宽可忽略不计。

(三) 原子吸收值与原子浓度的关系

在正常情况下,原子是以它的最低能态,即基态形式存在的。在常用原子化实验条件、温度范围内,温度变化对原子的最低能态的影响不是很大,基态原子数约占总数的 99%,这样就可以根据光源辐射强度的变化与基态原子吸收的情况来得出元素的含量。

1. 锐线光源　所谓锐线光源,是指能发射出谱线半宽度很窄($\Delta\nu$ 为 0.000 5～0.002 0 nm)的共振线的光源。

2. 峰值吸收　由于原子吸收线很窄,宽度只有约 0.002 nm,要在如此小的轮廓准确积分,要求单色器的分辨本领达 50 万以上,这是一般光谱仪所不能达到的。1955 年,瓦尔什从理论上证明,在吸收池内元素的原子浓度和温度不太高且变化不大的条件下,峰值吸收系数 K_0 与待测基态原子浓度存在线性关系,可以用测定峰值吸收系数 K_0 来代替积分吸收系数的测定,而 K_0 的测定,只要使用锐线光源,而不必要使用高分辨率的单色器就能做到。

在实际工作中,通常不是测定峰值吸收 K_0 的大小得出物质的浓度,而是通过测定基态原子吸光度的大小并根据吸收定律来进行定量的,即:

$$A = -\lg \frac{I_v}{I_0} = KNL$$

在实际工作中通常要求测定被测试样中的某组分浓度,而当试样中被测组分浓度 c 与蒸气相中原子总数 N 之间保持某种稳定的比例关系时:

$$N = \alpha c$$

式中:α 是比例系数。令 $K' = KL\alpha$,则得原子吸收分光光度法常用的定量公式:

$$A = K'c$$

即吸光度与试样中被测组分的浓度呈线性关系。

想一想

1. 原子吸收分析的光源应当符合哪些条件? 为什么空心阴极灯能发射半宽度很窄的谱线?

2. 有哪几种主要因素可使谱线变宽?

三、定量分析方法

原子吸收分光光度法通常只用于定量分析。其定量分析常用的方法有标准曲线法、标准加入法和内标法。

（一）标准曲线法

原子吸收分光光度法的标准曲线法与分析吸收分光光度法的标准曲线相似。配制一组浓度合适的待测元素的标准溶液，由低浓度到高浓度依次喷入火焰，分别测定其吸光度 A，以 A 为纵坐标，被测元素浓度（或含量）c 为横坐标，绘制 $A \sim c$ 标准曲线。然后根据待测样品的吸光度，从标准曲线上查得其浓度即可求出被测元素含量。

在相同条件下，同样的方法测定被测样品的吸光度，由标准曲线上内插法求得样品中被测元素的浓度或含量。为了保证测定结果的准确度，标准溶液的组成应尽可能接近实际样品的组成；每次测定样品之前应用标准溶液对标准曲线进行检查和校验；校正曲线的浓度范围应使产生的吸光度位于 $0.2 \sim 0.8$ 之间。

标准曲线的优点就是大批量样品测定非常方便。但不足之处是对个别样品测定仍需配制标准系列，手续比较麻烦，特别是对组分复杂的样品测定，标准样的组成难以与其接近，基体效应差别较大，测定的准确度欠佳。

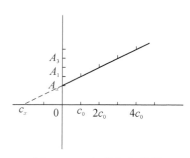

图 3-15　标准加入曲线

（二）标准加入法

当样品基体影响较大，又没有纯净的基体空白或测定纯物质中极微量元素时，可以采用标准加入法，具体做法如下：取 n 份等量的被测样品，其中一份不加入被测元素，其余各份分别加入不同已知量 c_1，c_2，$c_3 \cdots$，c_n 的被测元素，然后分别测定它们的吸光度，绘制吸光度对加入被测元素量的校正曲线，如图 3-15 所示。

如果样品中不含有被测元素，在正确扣除背景之后，校正曲线应通过原点；如果校正曲线不通过原点，说明未知样品中含有被测元素。校正曲线在纵坐标轴上的截距所相应的吸光度正是未知样品中被测元素所引起的效应。如果外延校正曲线与横坐标轴相交，与由原点至交点的距离相当的浓度或含量，即为所求的被测元素的含量。

（三）内标法

内标法是在标准溶液和样品溶液中分别加入一定量的样品中不存在的内标元素，测定分析线与内标线的强度比，并以吸光度之比值对被测元素的含量绘制校正曲线。内标元素应与被测元素在原子化过程中具有相似的特性。内标法可消除在原子化过程中由于实验条件（如气体流量、火焰状态、石墨炉温度等）变化而引起的误差。

做一做

1. 组分较复杂且被测组分含量较低时，为了简便准确地进行分析，一般选择的方法是（　　　）

A. 标准曲线法　　　B. 内标法　　　C. 标准加入法　　　D. 外标法

2. 使用 285.2 nm 共振线，测定 Mg 标准溶液得到下列数据：

Mg 的浓度($\mu g \cdot ml^{-1}$)	0	0.2	0.4	0.6	0.8	1.0
吸光度	0.000	0.089	0.161	0.236	0.318	0.398

取血清 2 ml 用纯水稀释 50 倍，与测定标准溶液同样的条件测定，吸光度为 0.213，求血清中 Mg 的浓度。

四、原子吸收分光光度计的基本构成及主要部件

原子吸收分光光度计与普通的紫外-可见分光光度计的结构基本相同，只是光源用空心阴极灯光源代替连续光源，用原子化器代替了吸收池。所以，原子吸收分光光度计主要由五个部分组成：光源、原子化器、单色器和检测系统及记录显示系统（图 3－16）。

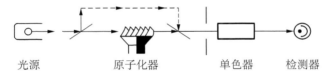

图 3－16　原子吸收分光光度计组成

（一）光源

光源的功能是发射被测元素基态原子所吸收的特征共振辐射。

对光源的基本要求是：①发射辐射的波长半宽度要明显小于被测元素吸收线的半宽度；②辐射强度足够大、背景大，以保证足够的信噪比，提高灵敏度；③辐射光稳定性好，使用寿命长等。

空心阴极灯是符合上述要求的理想光源，应用最广，其他的还有蒸汽放电灯、高频无极放电灯等，空心阴极灯的结构如图 3－17 所示。

空心阴极灯有一个由被测元素材料制成的空腔形阴极和一个钨制阳极。阴极内径约为 2 mm，放电集中在较小的空间内，可得到高辐射强度。阴极和阳极密封在带有光学窗口的玻璃管内，内充惰性气体，根据所需透过辐射波长，光学窗口在 370 nm 以下用石英，370 nm 以上用普通光学玻璃。

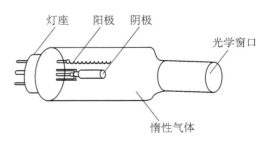

图 3－17　空心阴极灯结构

空心阴极灯是一种特殊辉光放电装置，放电主要集中在阴极腔内，当在两极上加上 200～500 V 电压时，阴极发出的电子在电场作用下被加速，在飞向阳极的过程中，与载气的

原子碰撞并使之电离。荷正电的载气离子又从电位差获得动能,轰击阴极表面,将阴极材料的原子从晶格中溅射出来。溅射出来的原子再与电子、原子、离子等碰撞而被激发,发出被测元素特征的共振线。在这个过程中,同时还有载气的谱线产生。灯内填充气压较低,一般为 399.9～798.9 Pa,阴极溅射的金属蒸气密度相对于大气压下气体放电而言,也是很低的,因此,谱线的碰撞变宽被限制到了很小程度。灯的工作电流较小,一般为几毫安至 20 mA,因此,阴极温度和气体放电温度都不很高,谱线的多普勒变宽可控制得很小。所以,空心阴极灯是一种实用的锐线光源;缺点是测一种元素换一个灯,使用不便。

多元素空心阴极灯是在阴极内含有两种或两种以上不同元素,点燃时,阴极负辉区能同时辐射出两种或多种元素的共振线,只要更换波长,就能在一个灯上同时进行几种元素的测定。缺点是辐射强度、灵敏度、寿命都不如单元素灯,组合越多,光谱特性越差,谱线干扰也越大。

(二) 原子化器

原子化器的功能是将试样转化为所需的基态原子。被测元素由试样溶液中转入气相,并解离为基态原子的过程,称为原子化过程。

实现原子化的方法有两种:火焰原子化法和无火焰原子化法。

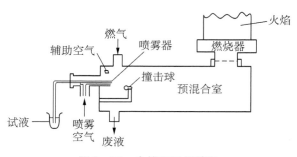
图 3 - 18　火焰原子化装置

1. 火焰原子化法　实现火焰原子化的原子化器有两种,即全消耗型和预混合型。全消耗型原子化器系将试液直接喷入火焰;预混合型原子化器(图 3 - 18)包括雾化器、雾化室和燃烧器三部分,雾化器将试液雾化并使雾滴均匀化,然后再喷入火焰中。一般仪器多采用预混合型。

雾化器的作用是使试液雾化。目前普遍采用同心型雾化器,多用特种不锈钢或聚四氟乙烯塑料制成,其中的毛细管多用贵金属的合金制成,能耐腐蚀。当高压载气(助燃气)以高速通过时,在毛细管外壁与喷嘴口构成的环形间隙中形成负压区,从而将试液沿毛细管吸入,并被高速气流分散成雾滴,经节流管碰在撞击球上,进一步被分散成细雾。未被细微化的雾滴在雾化室内凝结为液珠,沿排泄管排出;细雾则在室内与燃气充分混合并进入燃烧器。燃烧器的功用是形成火焰,使进入火焰的微粒原子化,常用的燃烧器是单缝型喷灯,缝长有 5 cm 和 10 cm 两种。预混合型原子化器的优点是,进入火焰的微粒均匀且细微,在火焰中可瞬时原子化,形成的火焰稳定性好,有效吸收光程长;缺点是试样利用效率较低,一般约为 10%,试液浓度高时,试样在雾化室壁有沉积,产生"记忆"效应。

试样雾滴在火焰中,经蒸发、干燥、离解(还原)等过程产生大量基态原子。火焰燃烧的速度影响火焰稳定性和操作安全,而火焰温度会影响化合物的蒸发和分解。火焰温度越高,产生的热激发态原子越多,但同时也可能会产生干扰。因此,在保证待测元素充分离解为基态原子的前提下,尽量采用低温火焰。

火焰温度取决于燃气与助燃气类型,根据燃气与助燃气的比例可分为 3 种类型:①化学计量火焰(中性火焰),温度高,干扰少,火焰稳定,背景低,实验中常用;②贫燃火焰(氧化性火焰),助燃气多,火焰温度低,氧化性气氛,适用于碱金属测定;③富燃火焰(还原性火焰),燃气多,燃烧不完全,适合测定较易形成难熔氧化物的元素(Mo,Cr,稀土等)的测定。

空气-乙炔火焰最为常用,最高温度为2 600 K,能测35种元素。乙炔-氧化亚氮火焰也较为常用。不同火焰的温度如表3-13所示。

表3-13　不同火焰温度

火　焰	发火温度(℃)	燃烧速度(cm·s⁻¹)	火焰温度(℃)
煤气-空气	560	55	1 840
煤气-氧	450		2 730
丙烷-空气	510	82	1 935
丙烷-氧	490		2 850
氢气-空气	530	320	2 050
氢气-氧	450	900	2 700
乙炔-空气	350	160	2 300
乙炔-氧	335	1 130	3 060
乙炔-氧化亚氮	400	180	2 955
乙炔-氧化氮	—	90	3 095
氰-空气	—	20	2 330
氰-氧	—	140	4 640
氧氮(50%)-乙炔	—	640	2 815

2. 无火焰原子化法　在无火焰原子化法中,有石墨炉法、冷蒸气发生原子化法及氢化物发生原子化法等。应用最广的原子化器是管式石墨炉原子化器。管式石墨炉原子化器结构如图3-19所示。本质上,它是一个电加热器,由电热石墨炉及电源等部件组成。其功能是利用电能加热盛放试样的石墨容器,使之达到高温,将供试品溶液干燥、灰化,再通过高温原子化阶段使待测元素形成基态原子。石墨炉是外径为6 mm、内径为4 mm、长度为53 mm的石墨管,管两端用铜电极夹住。样品用微量注射器直接由进样孔注入石墨管中,通过铜电极向石墨管供电。石墨管作为电阻发热体,通电后可达到2 000～3 000℃高温,以蒸发试样和使试样原子化。铜电极周围用水箱冷却。盖板盖上后,构成保护室,室内通以惰性气体氩气或氮气,以保护原子化了的原子不再被氧化,同时也可延长石墨管的使用寿命。

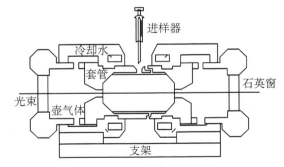

图3-19　石墨炉原子化器

原子化过程分为干燥、灰化(去除基体)、原子化、净化(去除残渣)4个阶段,待测元素在高温下生成基态原子。

与火焰原子化法相比,石墨炉原子化的特点是,原子化在充有惰性保护气的气室内,于强还原性石墨介质中进行,有利于难熔氧化物的分解;取样量小,通常固体样品为0.1～10 mg,液体样品为1～50 μl,试样全部蒸发,原子在测定区的有效停留时间长,几乎全部样品参与吸收,绝对灵敏度高;排除了化学火焰中常常产生的被测组分与火焰组分之间的相互作用,减小了化学干扰;固体试样与液体试样均可直接应用。由于取样量小,试样组成的不均匀性影响较大,测定精度不如火焰原子化法好;有强的背景;设备比较复杂,费用较高。

氢化物发生原子化器由氢化物发生器和原子吸收池组成,可用于砷、硒、锡、锑等元素的测定,其功能是将待测元素在酸性介质中还原成低沸点、易受热分解的氢化物,再由载气导入由石英管、加热器等组成的原子吸收池,在吸收池中氢化物被加热分解,并形成基态原子。

冷蒸气发生原子化器由汞蒸气发生器和原子吸收池组成,专门用于汞的测定。其功能是将供试品溶液中的汞离子还原成汞蒸气,再由载气导入石英原子吸收池进行测定。

非火焰原子化法的优点是灵敏度高,取样量少,甚至可不经过前处理直接进行分析。但基体的影响比火焰法大,测定的精密度(5%～10%)比火焰法(1%)差。

3. 光学系统　光学系统可分为两部分:外光路系统(照明系统)和分光系统(单色器)。

外光路系统的作用是使空心阴极灯发出的共振线正确地通过原子蒸气,并投射到单色器入射狭缝上。

分光系统(单色器)的作用是将所需的共振吸收线分离出来,由于原子吸收分光光度计采用锐线光源,吸收值测量采用瓦尔什提出的峰值吸收系数测定方法,吸收光谱本身也比较简单,因此对单色器分辨率的要求不是很高。单色器中的关键部件是色散元件,现多用光栅。为了阻止来自原子吸收池的所有辐射不加选择地都进入检测器,单色器通常配置在原子化器以后的光路中。

4. 检测系统　检测系统主要由检测器、放大器、对数变换器和显示装置所组成。检测器多为光电倍增管和稳定度达 0.01% 的负高压电源组成,工作波段大多在 190～900 nm 之间。放大器是将光电倍增管输出的电信号进行放大,再经对数转换器变换,提供给显示装置。

五、AA－6300 型岛津原子吸收分光光度计的基本操作

(一) 开机

(1) 开启计算机,打开 AA－6300 主机的电源,如果使用自动进样器,打开自动进样器的电源,如果使用石墨炉,打开石墨炉的电源。

(2) 打开乙炔气瓶的主阀门,启动空气压缩机。

如果只使用火焰法,就不用开启氩气瓶主阀门,如果同时使用火焰法和石墨炉法,则需要开启氩气瓶主阀门,打开冷却水系统。如果只使用石墨炉,第二步可以忽略。

(3) 双击操作屏幕上的原子吸收系统【WizAArd】图标,屏幕显示如下图所示,点击【操作】功能,进入系统登录画面。

WizAArd 登入

wizAArd

登入账户: admin　　　　确认

密码: 　　　　　　　　取消

（4）在【登入账户】项输入"ADMIN"，【密码】项空着，点击确认按钮，进入系统，显示如下图，选择【元素选择】，进入选择元素的画面，开始进行具体的元素测定的画面。

（二）火焰法的参数设置

（1）选择待测元素：选择【元素选择】，如下图显示，可以通过直接输入元素符号，也可以通过元素周期表进行元素的选择。选择好元素以后，同时设置好测定元素的测试方式，选择元素灯的类型，是否使用自动进样器等。可以同时选择多个测量元素，并通过画面左边的按钮对已经选择的元素进行添加和删除管理。

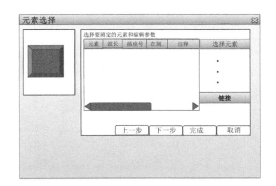
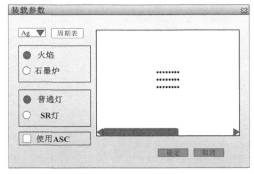

（2）管理已经选择好的待测元素，确定当前待测元素，此时可以联机，也可以在后面必要的时候再进行联机操作，按下一步进行进一步的操作。

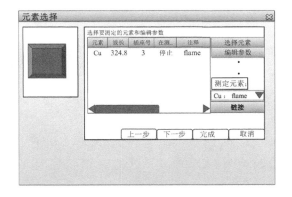

（3）设置测定样品的参数。

（4）进行标准曲线的设置,选择测试重复次数,对空白、标样、样品和斜率校正进行设置。

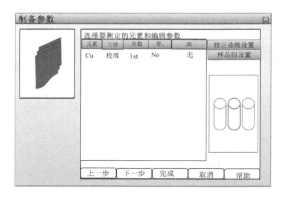 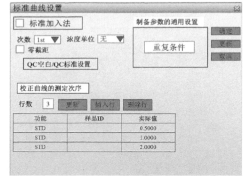

（5）对未知样品进行群组编辑。

（6）工作曲线样品和测试样品参数设置好以后,按下一步按钮,系统显示如下图,按联机按钮进行联机或按下一步按钮系统自动要求联机操作。

（7）确认联机操作后,点击下一步,确认光学参数。

（8）点击下一步,确认设置气体流量、燃烧器高度。

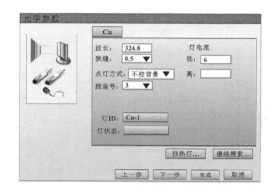 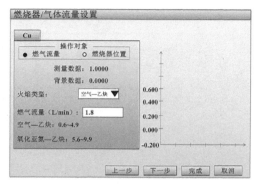

（9）点击完成,完成火焰测试的参数设置。

（三）样品测试

点火前确认 C_2H_2 气已供给、空气已供给、排风机电源已打开。同时按住 AA 主机上的黑、白按钮,等待火焰点燃。火焰点燃后,吸引纯净水,观测火焰是否正常。吸引纯净水,火焰预热 15 min 后开始样品测试。

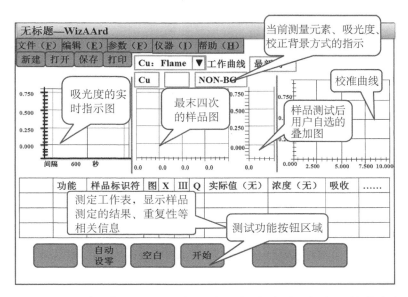

（1）根据工作表的顺序,依次吸引相应浓度的标准溶液,点击开始执行标准样品的测试,所有标准溶液测试结束后软件会自动绘出校准曲线,并给出标准方程与相关系数。判定校准曲线是否满足测定要求,若满足测定要求,即可继续测定未知样品。否则,检查仪器状态,重新测定标准样品。

（2）吸引样品的空白溶液,点击空白。

（3）吸引待测样品溶液,点击开始,依次测定未知样品得到结果。

（4）测试完成后,吸引纯净水 10 min 后,选择仪器菜单下的余气燃烧,将管路中剩余的气体烧尽。

（四）关机

（1）关闭空压机电源,将空压机气缸中的剩余气体放空。如果在放气过程中发现有水随着气体喷出,请将空压机气缸充满气后,重新放气,并重复操作,直到将气缸中的水排净为止。

（2）关闭排风机电源。

（3）退出软件、关闭 PC 电源。

（4）关闭 AA 主机电源。

六、原子吸收分光光度计的维护与保养

原子吸收分光光度计的维护与保养可以从光源、原子化系统、光学系统、气路系统等方面进行。

1. **光源**　空心阴极灯应在最大允许工作电流以下范围内使用。不用时不要点灯,否则会缩短灯的使用寿命;但长期不用的元素灯则需每隔1~2个月在额定工作电流下点燃15~60 min,以免性能下降。光源调整机构的运动部件要定期加油润滑,防止锈蚀甚至卡死,以保持运动灵活自如。

2. **原子化系统**　每次分析操作完毕,特别是分析过高浓度或强酸样品后,要立即喷约数分钟的蒸馏水,以防止雾化筒和燃烧头被玷污或锈蚀。点火后,燃烧器的整个缝隙上方应是一片燃烧均匀呈带状的蓝色火焰。若带状火焰中间出现缺口,呈锯齿状,说明燃烧头缝隙上方有污物或滴液,这时需要清洗,清洗的方法是接通空气,关闭乙炔的条件下,用滤纸插入燃烧缝隙中仔细擦拭;若效果不佳可取下燃烧头用软毛刷刷洗;如已形成熔珠,可用细的金相砂纸或刀片轻轻磨刮以去除沉积物。应注意不能将缝隙刮毛,雾化器应经常清洗,以避免雾化器的毛细管发生局部堵塞。若堵塞一旦发生,会造成溶液提升量下降,吸光度值减小。若仪器暂时不用,应用硬纸片遮盖住燃烧器缝口,以免积灰。对原子化系统的相关运动部件要进行经常润滑,以保证升降灵活。空气压缩机一定要经常放水、放油,分水器要经常清洗。

3. **光学系统**　外光路的光学元件应经常保持干净,一般每年至少清洗一次。如果光学元件上有灰尘沉积,可用擦镜纸擦净;如果光学元件上沾有油污或在测定样品溶液时溅上污物,可用预先浸在乙醇与乙醚的混合液(1∶1)中洗涤过并干燥了的纱布去擦拭,然后用蒸馏水冲掉皂液,再用洗耳球吹去水珠。清洁过程中,禁用手去擦及金属硬物或触及镜面。

单色器应始终保持干燥。要经常更换单色器内的干燥剂,以防止光学元件受潮,一般每半月要更换一次干燥器。单色器箱体盖板不要打开,严禁用手触摸光栅、准直镜等光学元件的表面。

4. **气路系统**　由于气体通路采用聚乙烯塑料管,时间长了容易老化,因此要经常对气体进行检漏,特别是乙炔气渗漏可能造成事故。严禁在乙炔气路管道中使用紫铜、H62铜及银制零件,并要禁油,测试高浓度铜或银溶液时,应经常用去离子水中喷洗。要经常放掉空气压缩机气水分离器的积水,防止水进入助燃器流量计。当仪器测定完毕后,应先关乙炔钢瓶输出阀门,等燃烧器上火焰熄灭后再关仪器上的燃气阀,最后再关空气压缩机,以确保安全。

实训3-6　维生素C原料药中铜、铁的检查——标准加入法

一、工作目标

(1)学会原子吸收法测定铜及铁含量的方法。
(2)学会标准加入法在药物杂质检查中应用。

二、工作前准备

1. **工作环境准备**
(1)药物检测实训室、天平室。
(2)温度:18~26℃。
(3)相对湿度:不大于75%。
2. **试剂及规格**　维生素C原料药、硝酸、硫酸铜、硫酸铁铵、纯化水。

3. 仪器及规格　原子吸收分光光度计及相关配件、电子天平、容量瓶(25，100，1 000 ml)、移液管(1，10 ml)

三、工作依据

药物中杂质的检查通常采用限量检查法,对于用原子吸收法检查维生素 C 中的铁和铜杂质采用标准加入的限量检查法。但用于杂质限量检查的标准加入法与测定元素具体含量的标准加入法稍有不同。也就是说,用于杂质检查时只需配制 1 份样品溶液和 1 份加入相应标准的样品溶液(对照液),加入标准的量根据待测杂质的限量确定。如果样品溶液测定的吸收值小于对照液与样品溶液的吸收值差则结果合格,否则不合格。

四、工作步骤

1. 标准铁、铜溶液的配制　精密称取硫酸铁铵 863 mg,置于 1 000 ml 容量瓶中,加入 1 mol·L^{-1} 硫酸溶液 25 ml,加水稀释至刻度,摇匀,再精密量取 10 ml 于 100 ml 容量瓶中,加水稀释至刻度,摇匀。

精密称取硫酸铜 393 mg,置于 1 000 ml 容量瓶中,加水稀释至刻度,摇匀,再精密量取 10 ml 于 100 ml 容量瓶中,加水稀释至刻度,摇匀。

2. 维生素 C 中铁的检查　取维生素 C 5.0 g 两份,分别置于 25 ml 容量瓶中,一份中加入 0.1 mol·L^{-1} 硝酸溶液溶解并稀释至刻度,摇匀,作为供试品溶液。另一份加标准铁溶液 1.0 ml,加 0.1 mol·L^{-1} 硝酸溶液溶解并稀释至刻度,摇匀,作为对照溶液。

在 248.3 nm 波长处,以 0.1 mol·L^{-1} 硝酸溶液作为空白,分别测定供试品及对照品溶液的吸光度值。

3. 维生素 C 中铜的检查　取维生素 C 2.0 g 两份,分别置于 25 ml 容量瓶中,一份中加入 0.1 mol·L^{-1} 硝酸溶液溶解并稀释至刻度,摇匀,作为供试品溶液。另一份加标准铜溶液 1.0 ml,加 0.1 mol·L^{-1} 硝酸溶液溶解并稀释至刻度,摇匀,作为对照溶液。

在 324.8 nm 波长处,以 0.1 mol·L^{-1} 硝酸溶液作为空白,分别测定供试品及对照品溶液的吸光度值。

4. 关机　样品测定完毕,依次关闭仪器:石墨炉加热开关、石墨炉电源开关、冷却循环水装置、氩气钢瓶主阀、原子吸收仪器主机电源。

五、实验数据处理

设对照品溶液的读数为 a,供试品溶液的读数为 b,若 b 值小于 $(a-b)$,则样品符合规定,否则不符合规定。

六、实验讨论

(1) 标准加入法与标准曲线法的不同点在哪些方面? 有何优点?

(2) 如何利用标准加入法测定维生素 C 的含量?

(3) 请查阅相关资料,药用辅料明胶中的含铬量如何测定?

项目五 红外吸收光谱技术

学习目标

1. 能说出红外光谱法的表示方法及常用术语。
2. 能说出红外吸收的基本原理。
3. 能说出红外吸收光谱法的应用。

红外吸收光谱是一种分子吸收光谱,与分子的结构密切相关,是研究表征分子结构的一种有效手段。与其他方法相比较,红外光谱由于对样品没有任何限制(纯度有要求)是公认的一种重要分析工具。分子中的某些基团或化学键在不同化合物中所对应的谱带波数基本上是固定的或只在小波段范围内变化,因此许多有机官能团,如羰基、羟基、氨基等在红外光谱中都有特征吸收。通过红外光谱测定,人们就可以判断未知样品中存在哪些有机官能团,这为最终确定未知物的分子结构奠定了基础。

在电磁波谱中,波长长于可见光(最长波长是红色光)而短于微波的电磁波称为红外光,波长在 $0.75 \sim 1\,000\ \mu m$ 之间。习惯上将红外光区分为 3 个区域,即近红外光区、中红外光区和远红外光区。每一个光区的大致范围及主要应用如表 3-14 所示。

表 3-14　红外光谱区的划分及主要应用

范　围	波长范围 $\lambda(\mu m)$	波数范围 $\sigma(cm^{-1})$	振动类型	测定 类型	分析类型	试样类型
近红外	0.75～2.5	13 333～ 4 000	O—H，N—H， C—H 倍频 吸收	漫反射	定量分析	蛋白质、水分、淀粉、油、类脂、农产品中的纤维素等
				吸收	定量分析	气体混合物
中红外	2.5～50	4 000～ 200	化学键 振动基频	吸收	定性分析 定量分析	纯气体、液体或固体物质 复杂的气体、液体或固体混合物
				反射	与色谱联用	复杂的气体、液体或固体混合物
				发射	定性分析	纯固体或液体混合物大气试样
远红外	50～1 000	200～10	骨架振动,转动	吸收	定性分析	纯无机或金属有机化合物

绝大多数有机化合物的红外吸收带出现在中红外区,而且在该区域红外光谱吸收最强,因此一般的红外吸收光谱主要指中红外区,波数在 $400 \sim 4\,000\ cm^{-1}$ 之间。

一、红外光谱的表示方法与特点

1. **红外光谱的表示法**　连续改变辐射物质的红外光的波数(或波长),记录红外光的透光率(T)，就得到了物质的红外吸收光谱。红外吸收光谱一般用 T-λ 曲线或 T-σ（波数）曲线表示（图3-20）。纵坐标为百分透射比 $T\%$（这点与紫外-可见光谱不同），因而吸收峰向下，向上则为谷；横坐标是波长(λ)（单位为 μm），或波数(σ)（单位为 cm^{-1}）。

波长 λ 与波数 σ 之间的关系为：

$$\sigma(cm^{-1}) = 1/\lambda(cm^{-1}) = (10^4/\lambda)(\mu m^{-1})$$

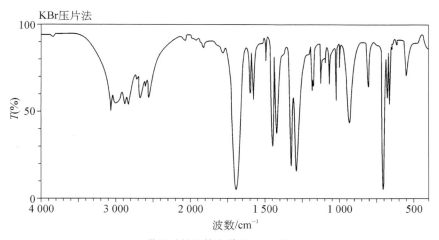

a. 苯甲酸的红外光谱图（T-σ 曲线）

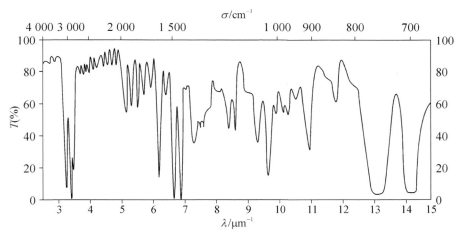

b. 聚苯乙烯薄膜红外光谱图（T-λ 曲线）

图 3-20　红外光图谱

2. 红外光谱法的应用特点　红外光谱法在药物质量检验中用来鉴别药物的真伪，在《中国药典》中收载的几乎所有原料药和部分制剂要采用红外光谱技术鉴别。其应用的主要特点包括：

（1）应用范围广，提供信息多且具有特征性。除单原子分子及单核分子外，几乎所有的有机物均有红外吸收。根据分子红外吸收光谱的吸收峰位置、吸收峰强度及数目，可以鉴定化合物的分子结构或确定其基团；也可以根据标准谱图的对比确定是否为检测物。依据吸收峰的强度与分子或某化学基团的定量关系，可进行纯度检定和定量分析。

（2）不受样品物态的影响，气体、液体、固体样品都可直接测定；也不受熔点、沸点、蒸气压的影响。

（3）样品用量少，不破坏样品，有时可以回收样品，分析速度快，操作方便。

（4）现已积累了大量标准红外谱图（如 Sadtler 标准红外光谱集等），可供查阅。

（5）红外光谱技术也有其局限性，即对不能产生红外光谱的物质、有些旋光异构体、不同相对分子质量的同一种高聚物就不能鉴别。红外吸收光谱技术在定量分析上其准确度、灵敏度不及紫外-可见分光光度技术高。另外，红外光谱技术要求分析样品有足够的纯度。

二、红外吸收的基本原理

（一）分子吸收红外光的条件

物质分子吸收红外光必须满足两个条件。

（1）红外光辐射的能量应恰好能满足振动能级跃迁所需要的能量。只有当红外光辐射频率与分子中某基团的振动频率相同时，分子才能吸收红外光辐射的能量，产生红外吸收光谱。

（2）在振动过程中，分子必须有偶极矩的改变，并非所有的振动都会产生红外吸收，只有发生偶极矩变化（$\Delta\mu \neq 0$）的振动才能引起可观测的红外吸收光谱，该分子称之为红外活性的；$\Delta\mu \equiv 0$ 的分子振动不能产生红外振动吸收，该分子称为非红外活性的，如 N_2，O_2，Cl_2 等对称分子。

（二）分子的振动形式

分子中的原子以平衡点为中心，以非常小的振幅（与原子核之间的距离相比）做周期性的振动，引起连接原子或原子团的化学键发生键长或键角的变化。分子的振动是它的各原子及原子团的振动的总和，它的振动可分解为许多简单的基本振动形式。红外光谱图中吸收谱带的位置与强弱，是由分子中基团的振动形式决定的。

1. **双原子分子的振动**　将双原子看成质量为 m_1 与 m_2 的两个小球，把连接它们的化学键看作质量可以忽略的弹簧，那么原子在平衡位置附近的伸缩振动，可以近似看成一个简谐振动。

在通常情况下，分子大都处于基态振动，一般极性分子吸收红外光主要属于基态（$\upsilon = 0$）到第 1 激发态（$\upsilon = 1$）之间的跃迁，即 $\Delta\upsilon = 1$。

非极性的同核双原子分子在振动过程中，偶极矩不发生变化，$\Delta\upsilon = 0$，$\Delta E_{振} = 0$，故无振动吸收，为非红外活性。

2. **多原子分子的振动**　对多原子分子来说，由于组成原子数目增多，加之分子中原子排布情况的不同，即组成分子的键或基团和空间结构的不同，其振动形式远比双原子复杂得多。

（1）振动的基本类型。多原子分子的振动，不仅包括双原子分子沿其核—核的伸缩振动，还有键角参入的各种可能的变形振动。因此，一般将振动形式分为两类：伸缩振动和变形振动。

伸缩振动（stretching vibration）是化学键两端的原子沿着键轴方向做有规律的伸缩运动，即键长变化，而键角无变化，用 υ 表示。伸缩振动又分为对称伸缩振动（symmetrical stretching vibration，υ^s）及不对称伸缩振动（asymmetrical stretching vibraton，υ^{as}）。双原

子分子只有一种振动形式,即伸缩振动。下面以亚甲基为例说明不同的振动形式(图3-21):亚甲基的对称伸缩振动,表示为$\upsilon_{CH_2}^s$,是亚甲基上的两个碳氢键同时伸长或缩短。亚甲基的不对称伸缩振动表示为$\upsilon_{CH_2}^{as}$是亚甲基上的两个碳氢键同一时间一个伸长、一个缩短。对于同一基团而言,不对称伸缩振动频率要稍高于伸缩振动频率。

变形振动(deformation vibration)是键角发生规律性变化的振动,又称为弯曲振动(bending vibration)。分为面内变形(δ)和面外变形振动(γ)两种(图3-21)。面内变形振动又分为剪式振动(以δ'表示)和平面摇摆振动(以ρ表示)。面外变形振动又分为非平面摇摆(以ω表示)和扭曲振动(以τ表示)。由于变形振动的力常数比伸缩振动小,因此,同一基团的变形振动都在伸缩振动的低频端出现。变形振动对环境变化较为敏感。通常由于环境结构的改变,同一振动可以在较宽的波段范围内出现。

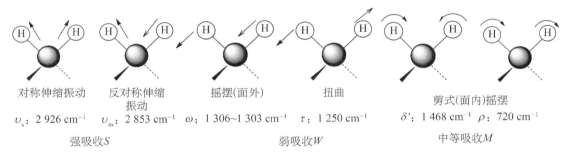

对称伸缩振动	反对称伸缩振动	摇摆(面外)	扭曲	剪式(面内)摇摆
υ_s: 2 926 cm^{-1}	υ_{as}: 2 853 cm^{-1}	ω: 1 306~1 303 cm^{-1}	τ: 1 250 cm^{-1}	δ': 1 468 cm^{-1} ρ: 720 cm^{-1}
强吸收S		弱吸收W		中等吸收M

图3-21 亚甲基的振动形式

δ'—剪式振动;ρ—平面摇摆振动;ω—非平面摇摆;τ—扭曲振动

(2)基本振动的理论数。多原子分子在红外光谱图上,可以出现1个以上的基频吸收带。基频吸收带的数目等于分子的振动自由度,而分子的总自由度又等于确定分子中各原子在空间的位置所需坐标的总数。很明显,在空间确定1个原子的位置,需要3个坐标(x,y和z)。当分子由N个原子组成时,则自由度(或坐标)的总数应该等于平动、转动和振动自由度的总和,即:$3N=$平动自由度+转动自由度+振动自由度。分子的质心可以沿x,y和z3个坐标方向平移,所以分子的平动自由度等于3。转动自由度是由原子围绕着一个通过其质心的轴转动引起的。只有原子在空间的位置发生改变的转动,才能形成1个自由度。不能用平动和转动计算的其他所有的自由度,就是振动自由度。这样:振动自由度=$3N-$(平动自由度+转动自由度)。

线性分子围绕y和z轴的转动,引起原子的位置改变,因此各形成1个转动自由度。绕x轴的转动,原子的位置没有改变,不能形成转动自由度。这样,线性分子的振动自由度$3N-(3+2)=3N-5$。

非线性分子绕x,y和z轴转动,均改变了原子的位置,都能形成转动自由度。因此,非线性分子的振动自由度为$3N-6$。理论上计算的1个振动自由度,在红外光谱上相应产生1个基频吸收带。例如,3个原子的非线性分子H_2O,有3个振动自由度。红外光谱图中对应出现3个吸收峰,分别为3 650 cm^{-1},1 595 cm^{-1},3 750 cm^{-1}。同样,苯在红外光谱上应出现$3\times12-6=30$个峰。实际上,绝大多数化合物在红外光谱图上出现的峰数,远小于理论上计算的振动数,这是由如下原因引起的:①没有偶极矩变化的振动,不产生红外吸收,即非红外活性;②相同频率的振动吸收重叠,即简并;③仪器不能区别那些频率十分相近的振动,或因吸收带很弱,仪器检测不出;④有些吸收带落在仪器检测范围之外。

例如,线性分子CO_2,理论上计算其基本振动数为:$3N-5=4$。其具体振动形式如图3-22所示。

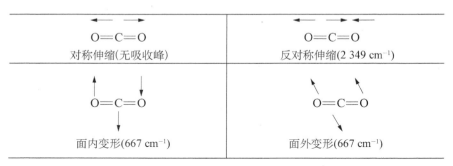

图3-22　线性分子CO_2的具体振动形式

但在红外图谱上,只出现667 cm^{-1}和2 349 cm^{-1}两个基频吸收峰,是因为对称伸缩振动偶极矩变化为零,不产生吸收。而面内变形和面外变形振动的吸收频率完全一样,发生简并。

三、吸收峰的种类

(一)基频峰和泛频峰

1. **基频峰**　基频峰是分子或基团的基本振动频率,是分子吸收一定频率的红外辐射,由振动能级的基态($V=0$)跃迁至第1激发态($V=1$)时所产生的吸收峰。基频峰的强度一般都较大,其峰位的规律性也较强,所以在红外光谱上最容易识别。

2. **泛频峰**　在红外吸收光谱上除基频峰外,振动能级由基态($V=0$)跃迁至第2激发态($V=2$)、第3激发态($V=3$)……所产生的吸收峰称为倍频峰。由$V=0$跃迁至$V=2$时,$\Delta V=2$,则$n_L=2n$,产生的吸收峰称为2倍频峰。由$V=0$跃迁至$V=3$时,$\Delta V=3$,产生的吸收峰称为3倍频峰。其他类推。在倍频峰中,2倍频峰还比较强。3倍频峰以上,因跃迁概率很小,一般都很弱,常常不能测到。

除此之外,有些弱吸收峰是由两个或多个基频峰频率的和或差产生,将这些吸收峰称为合频峰或差频峰。这些峰多数很弱,一般不容易辨认。将倍频峰、合频峰和差频峰统称为泛频峰。泛频峰的存在增加了红外光谱的复杂性,但也增加了特征性。

(二)特征峰和相关峰

物质的红外光谱是其分子结构的客观反映,谱图中的吸收峰对应分子中各基团的振动形式。同一基团的振动频率总是出现在一定的区域。例如,分子中含有C=O基,则在1 870~1 540 cm^{-1}出现强吸收峰。反过来,在一个红外谱图上,如果在1 870~1 540 cm^{-1}区间出现强吸收峰,一般可以判定为是羰基伸缩振动($\upsilon_{C=O}$)峰,进而可以认为化合物的结构中存在羰基。所以,在1 870~1 540 cm^{-1}区间出现强吸收峰,是羰基的特征峰。把能用于鉴别基团存在的吸收峰,称为特征吸收峰,简称特征峰或特征频率。

相关吸收峰是由于一个基团产生的一组互相依存关系的吸收峰,简称相关峰。用一组相关峰来确定一个基团的存在,是红外光谱解析的一条重要原则。有时,由于峰与峰的重叠或峰强度太弱,并非所有相关峰都能被观测到,但必须找到主要的相关峰才能认定该基团的存在。而一般来说,用光谱中不存在某基团的特征峰来否定某些基团的存在,也是红外光谱解析中常用的方法。例如,在 $1\,870\sim1\,540\ cm^{-1}$ 区间出现强吸收峰,说明有羰基存在,但是要说明是醛的话,还需要与醛氢的峰来相互佐证,假设有醛氢的峰,可以说是醛羰基,反之,就不是。

（三）特征区和指纹区

1. 特征区　按照基团所对应的吸收峰,在中红外光谱区,习惯上把 $4\,000\sim1\,300\ cm^{-1}$ 称为特征区(或称为基团频率区、官能团区)。在该区域的光谱有个明显的特点,即每个吸收峰都与一定的基团相对应,而且有机化合物分子中的主要基团的特征吸收峰都发生在这个区域内。该区域的光谱峰比较稀疏,容易辨认,常用于鉴定官能团。区内的峰主要是由各含氢单键伸缩振动峰、各种三键、双键的伸缩振动峰,以及部分含氢单键的面内弯曲振动峰产生的吸收带。

特征区在光谱解析中的作用是通过该区域内查找特征峰存在与否,来确定或否定基团的存在,以确定化合物的类别和结构。

2. 指纹区　在 $1\,300\sim400\ cm^{-1}$ 区域内吸收峰密集、多变、复杂。除单键的伸缩振动外,还有因变形振动产生的谱带。这种振动与整个分子的结构有关,当分子结构稍有不同时,该区的吸收就有细微的差异,并显示出分子特征。这种情况就像人的指纹一样,因此称为指纹区。指纹区对于指认结构类似的化合物很有帮助,而且可以作为化合物存在某种基团的旁证。

指纹区在光谱解析中的作用,首先查找相关的吸收峰,以进一步确定基团的存在。其次,确定化合物较细微的结构。依据这些大量密集多变的吸收峰的整体状态,分析有机化合物分子的具体特征。

（四）主要基团的特征吸收峰

在红外光谱中,每种红外活性的振动都相应产生 1 个吸收峰,情况十分复杂。因此,用红外光谱来确定化合物是否存在某种官能团时,首先应该注意该官能团的特征峰是否存在,同时也应找到它的相关峰作为旁证。表 3-15 列出了主要官能团特征吸收峰的范围。

表 3-15　主要官能团特征吸收峰的范围

官能团	吸收波数(cm^{-1})	化合物类型
O—H	$3\,700\sim3\,100$	醇、酸
NH—H	$3\,500\sim3\,300$	胺、酰胺
$\equiv$C—H	$3\,500\sim3\,300$	炔
=C—H， —C=C—H	$3\,100\sim3\,000$	烯、不饱和键
C—H， C—H	$3\,000\sim2\,800$	烷基
—CO—H	$2\,800\sim2\,700$	醛
—C$\equiv$N	$2\,400\sim2\,000$	腈

官能团	吸收波数(cm^{-1})	化合物类型
—C≡C—	2 400～2 000	炔
C=O	1 870～1 650	醛、酮、酸、羧酸衍生物
>C=C<	1 650～1 550	烯
⬡	1 600～1 450	芳烃
>C=N—	1 650～1 550	亚胺
C—CH₃，C—C(H₂)	1 550～1 200	烃
C—N	1 360～1 030	胺、酰胺
C—O—C，C—OH	1 300～1 000	醚、醇
C—F	1 300～1 000	氟代物
=C—H	1 000～650	烯
—NH₂	1 000～650	胺
C—Cl，C—Br	800～650	卤代物

（五）影响峰位变化的因素

化学键的振动频率不仅与其本身的键的性质有关,还受分子的内部结构和外部因素影响。相同基团的特征吸收并不总在一个固定频率上,而是出现在一定范围内。

1. 分子内部结构因素

（1）电子效应:由化学键的电子分布不均匀引起的,包括诱导效应和共轭效应。

$$R—C\overset{\overset{\ddot{O}:}{\|}}{} →X \longleftrightarrow R—C\overset{\overset{+\delta\ddot{O}}{\|}}{}-----X^{-\delta}$$

1）诱导效应:吸电子基团的诱导效应(—I)使吸收峰向高频方向移动(蓝移)。例如,不同基团连接的羰基的伸缩振动频率如表3-16所示。

表3-16　不同基团相连的羰基的振动频率

含羰基的有机物	羰基的伸缩振动峰	含羰基的有机物	羰基的伸缩振动峰
R—COR	$v_{C=O}$ 1 715 cm^{-1}	R—COF	$v_{C=O}$ 1 870 cm^{-1}
R—COH	$v_{C=O}$ 1 730 cm^{-1}	F—COF	$v_{C=O}$ 1 928 cm^{-1}
R—COOR′	$v_{C=O}$ 1 735 cm^{-1}	R—CONH₂	$v_{C=O}$ 1 650 cm^{-1}
R—COCl	$v_{C=O}$ 1 800 cm^{-1}		

2）共轭效应:2个或2个以上双键(三键)以单键相连接时所发生的电子离位作用。通常将共轭体系中给出 π 电子的原子或原子团所显示的共轭效应称为+C效应。共轭效应常使吸收峰向低频方向移动。

$$H_3C \overset{\displaystyle O}{\underset{\displaystyle \|}{C}} CH_3$$

1 715 cm^{-1} 1 685 cm^{-1} 1 685 cm^{-1} 1 660 cm^{-1}

以上述的几个酮类有机物为例,由于羰基与苯环或环烯的双键共轭,其 π 电子的离域增大(共轭体系越大,增大越多),使羰基的双键性减弱,伸缩性力常数减小,故羰基伸缩振动频率降低,其吸收峰向低波数方向移动,共轭体系越大,移动越多。

在一个化合物中,诱导效应与共轭效应经常同时存在,所以吸收峰的移动方向要由占主导地位的那一种效应决定。

(2)空间效应:

1)环张力(键角效应):当环有张力时,环外双键、环上羰基随着环张力的增加,波数增加;环内双键随着环张力的增加,波数降低。

1 576 cm^{-1} 1 611 cm^{-1} 1 644 cm^{-1}

1 781 cm^{-1} 1 678 cm^{-1} 1 657 cm^{-1} 1 651 cm^{-1}

2)空间位阻(空间障碍):使共轭体系受到影响或破坏,吸收频率将移向较高的波数。

(3)氢键效应:氢键的形成使电子云密度平均化,从而使伸缩振动频率降低,吸收强度增强、峰变宽。分子内氢键对谱带位置有极明显的影响,但其不受浓度影响。分子间氢键受浓度影响较大,随浓度的变化吸收峰位置改变。

游离羧酸的 C=O 键频率出现在 1 760 cm^{-1} 左右,在固体或液体中,由于羧酸形成二聚体,C=O 键频率出现在 1 700 cm^{-1}。

(4)Fermi 共振:当一振动的倍频与另一振动的基频接近时,由于发生相互作用而产生很强的吸收峰或发生裂分,这种现象称为 Fermi 共振。

2. 外部因素的影响

(1)溶剂的影响。在溶液中测定光谱时,由于溶剂的种类、溶剂的浓度和测定时的温度不同,同一种物质所测得的光谱也不同。通常在极性溶剂中,溶质分子的极性基团的伸缩振动频率随溶剂极性的增加而向低波数方向移动,并且强度增大。因此,在红外光谱测定中,应尽量在非极性的稀溶剂中测定。

极性基团的伸缩振动频率通常随溶剂极性增加而降低。如羧酸中的羰基(C=O)伸缩振动峰:气态时:$\upsilon_{C=O}$, 1 780 cm^{-1};非极性溶剂:$\upsilon_{C=O}$, 1 760 cm^{-1};乙醚溶剂:$\upsilon_{C=O}$, 1 735 cm^{-1};乙醇溶剂:$\upsilon_{C=O}$, 1 720 cm^{-1}。

(2)物质的状态。同一物质的不同状态,由于分子间相互作用力不同,所得到光谱往往不同。分子在气态时,其相互作用力很弱,此时可以观察到伴随振动光谱的转动精细结构。液态和固态分子间作用力较强,在有极性基团存在时,可能发生分子间的缔合或形成氢键,导致特征吸收带频率、强度和形状有较大的改变。例如,丙酮在气态时的 υ_{C-H} 为

$1\,742\ cm^{-1}$,而在液态时为 $1\,718\ cm^{-1}$。

想一想

如何用特征峰与相关峰区别酮、醛、酯、酰胺、酰氯和醋酐等类化合物？羰基峰位由大到小的顺序如何？

四、红外光谱技术的应用

红外光谱技术广泛应用于物质的定性检测、结构分析和定量分析中,但在药物质量检测中定量应用较少。

(一)定性分析

1. 已知物的鉴定　红外光谱技术常应用于已知物的鉴定,尤其在药物的质量检测中应用很多。绘制待鉴定物的谱图,与标准谱图进行对照,或者与文献上的谱图进行对照,或者与对照品同时绘制谱图对照。如果两张谱图各吸收峰的位置和形状完全相同,峰的相对强度一样,就可以认为样品是该种标准物。如果两张谱图不一样,或峰位不一致,则说明两者不为同一化合物,或样品有杂质。如用计算机谱图检索,则采用相似度来判别。使用文献上的谱图应当注意试样的物态、结晶状态、溶剂、测定条件及所用仪器类型均应与标准谱图相同。

2. 抉择性鉴定　在被测物可能是某几个已知化合物时,仅需用红外光谱法予以肯定。若无标准图谱,必须先对红外谱图进行官能团定性分析,根据分析结果,推断最可能的化合物。

3. 红外标准图谱集　进行定性分析时,对于能获得相应纯品的化合物,一般通过待鉴定物和纯品的图谱对照即可。对于没有已知纯品的化合物,则需要与标准图谱进行对照。最常用的标准图谱有 3 种:萨特勒(Sadtler)标准红外光谱集;分子光谱文献(documentation of molecular spectroscopy, DMS)穿孔卡片和"API"红外光谱资料。"API"红外光谱资料由美国石油研究所(API)编制。该图谱集主要是烃类化合物的光谱。分子光谱文献"DMS"由英国和西德联合编制。卡片有 3 种类型:桃红色卡片为有机化合物,淡蓝色卡片为无机化合物,淡黄色卡片为文摘卡片。卡片正面是化合物的许多重要数据,反面则是红外光谱图。应用最多的是萨特勒(Sadtler)标准红外光谱集,由美国 Sadtler Research Laboratonies 编辑出版。"萨特勒"收集的图谱最多,现已有约 23 万张谱图。另外,它有各种索引,使用甚为方便。

药物的鉴别使用的红外光谱主要是《中国药典》现行版配套使用的药品红外光谱集。

(二)未知物结构分析

测定未知物的结构,是红外光谱法定性分析的一个重要用途。如果未知物不是新化合物,可以通过两种方式利用标准谱图进行查对。

(1)查阅标准谱图的谱带索引,与寻找试样光谱吸收带相同的标准谱图。

(2)进行光谱解析,判断试样的可能结构,然后由化学分类索引查找标准谱图对照核实。

(3)未知物结构分析一般步骤:

1)准备工作:收集待测化合物的信息。在进行未知物光谱解析之前,必须对样品有透彻的了解,例如样品的来源、外观,根据样品存在的形态,选择适当的制样方法;注意视察样品的颜色、气味等,它们往往是判断未知物结构的佐证。还应注意样品的纯度以及样品的元素分析及其他物理常数的测定结果。元素分析是推断未知样品结构的另一依据。样品的相对分子质量、沸点、熔点、折光率、旋光率等物理常数，可作为光谱解释的旁证，并有助于缩小化合物的范围。

2) 计算分子的不饱和度：由元素分析结果可求出化合物的经验式，由相对分子质量可求出其化学式，并求出不饱和度。从不饱和度可推出化合物可能的范围。

定义：不饱和度是指有机分子中碳原子的不饱和程度，是分子结构中碳原子达到饱和所缺一价元素的"对"数。例如，乙烯变成饱和烷烃需要两个氢原子，不饱和度为 1。若分子中仅含一、二、三、四价元素（H，O，N，C），则可按下式进行不饱和度的计算：

$$\Omega = 1 + n_4 + \frac{n_3 - n_1}{2}$$

式中：n_4，n_3，n_1 分别为分子中所含的四价、三价和一价元素原子的数目。二价原子，如 S，O 等不参加计算。

当 $\Omega = 0$ 时，表示分子是饱和的，为链状烃及其不含双键的衍生物；当 $\Omega = 1$ 时，可能有一个双键或酯环；当 $\Omega = 2$ 时，可能有两个双键和酯环，也可能有一个叁键；当 $\Omega = 4$ 时，可能有一个苯环等。

3) 进行官能团分析：查找基团频率，推测分子可能的官能团（基团）。根据官能团的初步分析可以排除一部分结构的可能性，肯定某些可能存在的结构，并初步可以推测化合物的类别。

4) 图谱解析：图谱的解析主要是靠长期的实践、经验的积累，至今仍没有一个特定的办法。一般程序是先官能团区，后指纹区；先强峰后弱峰；先否定后肯定。

首先在官能团区（在 4 000～1 300 cm^{-1}）搜寻官能团的特征伸缩振动，再根据指纹区的吸收情况，通过相关峰进一步确认该基团的存在及与其他基团的结合方式。如果是芳香族化合物，应定出苯环取代基个数及位置。然后再结合样品的其他分析资料，综合判断分析结果，提出最可能的结构式。最后与已知样品或标准图谱对照，核对判断的结果是否正确。

5) 通过其他定性方法进一步确证：如果样品为新化合物，则需要结合紫外、质谱、磁共振等数据，才能决定所提的结构是否正确。

在用标准谱图（或纯物质谱图）对照鉴定化合物时，须注意下列几点：①样品纯度须大于 98%。如样品不纯，需采取各种分离提纯法，如萃取、重结晶、蒸馏、色谱分离等。测定时需调节好样品的浓度和厚度，使各峰有清晰的位置和形状，并使大部分吸收峰的透光率在 20%～70% 范围内。②尽可能用与绘制标准谱图的光谱仪有相同的分辨率和精度的仪器绘制试样光谱，否则谱图形状、峰数会有差异。③在比较谱图时，必须有相同的测量条件。同一化合物，不同的测量条件所测得的光谱会有所不同。例如，当测量溶液样品时，应注意溶剂效应和溶液浓度对谱图形状和峰位的影响。测固体试样时，应注意不同形状的结晶会产生不同的光谱。④应避免"杂质峰"的出现。例如，大气中的 CO_2 会在 2 350 cm^{-1} 和 667 cm^{-1} 处出现吸收峰。大气中水蒸气在 2 450～2 000 cm^{-1} 出现吸收带。因此，应该用干燥氮气将仪器内的空气排出，以消除大气中的 CO_2 和水蒸气的吸收干扰。又例如，当采用溴化钾压片法测定固体样品时，因 KBr 吸水而在 3 410～3 300 cm^{-1} 和 1 640 cm^{-1} 附近出现水的吸收峰。

（三）定量分析

红外光谱定量分析是通过对特征谱带强度的测量来求出组分的含量。其理论依据是朗伯-比尔定律。

由于红外光谱的谱带较多,选择的余地大,因此能方便地对某一组分和多组分进行定量分析。此外,该法不受样品状态的限制,能定量测定气体、液体和固体样品。因此,红外定量分析应用广泛。但红外光谱技术灵敏度较低,尚不适用于微量组分的测定。

红外定量分析方法与紫外分析方法基本相同,但其在选择吸收带时要注意以下几点。

（1）必须是被测物质的特征吸收带。例如,分析酸、酯、醛、酮时,必须选择羰基的振动有关的特征吸收带。

（2）选择的吸收带的吸收强度应与被测物的浓度有线性关系。

（3）选择的吸收带应有较大的吸收系数且周围尽可能没有其他吸收带存在,以免干扰。

做一做

某一纯化合物分子式为 $C_8H_{10}O$,测得红外吸收光谱如图 3-23 所示,试推断该化合物的结构。

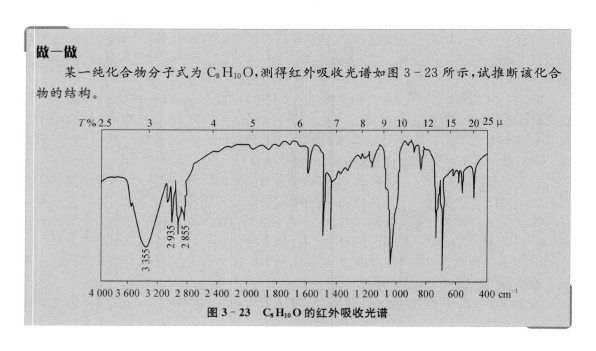

图 3-23　$C_8H_{10}O$ 的红外吸收光谱

五、红外光谱仪的类型与特点

目前较普遍使用的红外光谱仪有色散型红外分光光度计和傅里叶变换红外光谱仪(Fou-transform infrared spectrometer,FTIR)。近年来,因傅里叶变换红外光谱仪体积小、操作稳定、易行,已在很大程度上取代了色散型红外光谱仪。

（一）色散型红外分光光度计

色散型红外分光光度计的组成部件与紫外-分光光度计相似,也是由光源、单色器、吸收池、检测器和记录仪等组成,但每一个部件的结构、所用材料及性能与紫外-可见分光光度计不同。它们的排列顺序也略有不同,红外分光光度计的样品是放在光源和单色器之间,而紫外-可见分光光度计是放在单色器之后。试样被置于单色器之前,一来是因为红外辐射没有足够的能量引起试样的光化学分解;二来是可使抵达检测器的杂散辐射量(来自试样和吸收池)减至最小。

由于红外光谱非常复杂,大多数色散型红外分光光度计一般都是采用双光束,这样可以消除 CO_2 和 H_2O 等大气气体引起的背景吸收。色散型双光束红外分光光度计结构如图 3-24 所示。自光源发出的光对称分为两束,一束为试样光束,透过试样池;另一束为参比光束,透过参比池后与透过样品的光束汇合于斩光器,它使参比光束和样品光束交替进入单色器,经过棱镜或光栅色散后两光束交替投射到检测器。随着斩光器的转动,检测器交替接受样品光束和参比光束的信号,经放大器后进行记录,即得到一张红外吸收谱图。

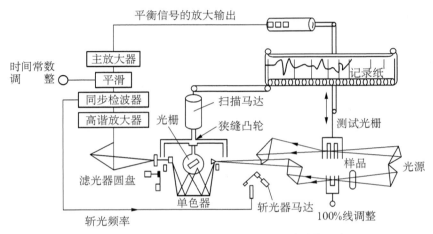

图 3-24　色散型双光束红外分光光度计结构示意

1. 光源　红外光谱仪中常用的光源是硅碳棒或能斯特灯。硅碳棒是由碳化硅烧结而成,工作温度在 1 200～1 500℃。硅碳棒发光面积大、价格便宜、操作方便,使用波长范围较能斯特灯宽。

能斯特灯主要由混合的稀土金属(锆、钍、铈)氧化物制成,工作温度约为 1 700℃,它的特点是发射强度高,使用寿命长,稳定性较好。缺点是价格较硅碳棒贵,机械强度差,操作不如硅碳棒方便。

2. 吸收池　因玻璃、石英等材料不能透过红外光,红外吸收池要用可透过红外光的 NaCl,KBr,CsI 等材料制成窗片。用 NaCl,KBr,CsI 等材料制成的窗片需注意防潮。固体试样常与纯 KBr 混匀压片,然后直接进行测定。

3. 单色器　单色器由色散元件、准直镜和狭缝构成。色散元件常用复制的闪耀光栅。由于闪耀光栅存在次级光谱的干扰,因此需将光栅和用来分离次光谱的滤光器或前置棱镜结合起来使用。

4. 检测器　常用的红外检测器有真空热电偶、辐射热测量计、热电检测器等。真空热电偶是利用不同导体构成回路时的温差电现象,将温差转变为电位差,真空热电偶和辐射热测量计主要用于色散型分光光度计中。热电检测器是利用硫酸三苷肽的单晶片作为检测元件,其特点是响应速度快、噪声影响小、能实现高速扫描,主要用于中红外傅里叶变换光谱仪中。

(二)傅里叶变换红外光谱仪的基本结构及主要部件

傅里叶变换红外光谱仪(FTIR)主要由光学探测部分和计算机部分组成(图 3-25)。光学探测部分由干涉仪、光源和探测器3部分组成。与传统色散型光谱仪相比,傅里叶变换红外光谱仪的核心部分是一台干涉仪(如迈克尔逊干涉仪)。干涉仪由分束器、定镜和动镜组成。分束器将红外光分成两束,一束到达定镜,另一束到达动镜,两者再回到分束器。当动镜移动时,经过干涉仪的两束相干光间的光程差(x)就改变,探测器所测得的光强也随之变化,从而得到干涉图。可以证明,入射光的功率谱与干涉图信号之间是一个傅里叶变换对。因此,通过傅里叶变换,就可以从干涉图导出样品的红外光谱。这种方法可以理解为以某种数学方式对光谱信息进行编码的摄谱仪,它能同时测量、记录所有光谱元的信号,并以更高的效率采集来自光源的辐射能量,从而使其具有比传统光谱仪高得多的信噪比和分辨率。干涉仪将来自光源的信号以干涉图的形式送到计算机进行傅里叶变换的数学处理,将干涉光束分裂器图还原成光谱图。干涉图包含着光源的全部频率和强度按频率分布的信息。因此,如将一个有红外吸收的样品放在干涉仪后面的光路中,由于样品吸收掉某些频率的能量,所得到的干涉图曲线就相应地产生某些变化,相应的光谱图也发生变化。20世纪60年代以来,由于快速傅里叶变换算法的出现和计算机技术的日益完善,使得通过对干涉图进行傅里叶变换从而求取样品的红外光谱的技术成为可能,第一台商品化傅里叶变换红外光谱仪在70年代中期出现。目前已发展了各种类型的中红外、近红外和远红外光谱仪,并已生产了如半导体、燃油、遥控测量、主业过程控制等专用仪器。

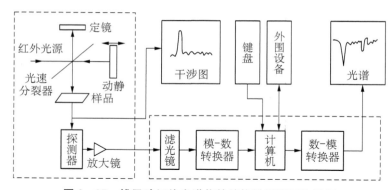

图3-25　傅里叶红外光谱仪的结构排列及工作图示

傅里叶变换红外光谱仪的主要优点是:①同时测量所有光谱元信号,测量速度快,可多次叠加,信噪比高;②没有入射和出射狭缝限制,因而光通量高,提高了仪器的灵敏度;③以氦、氖激光波长为标准,波数值的精确度可达 0.01 cm^{-1};④动镜移动的距离增加就可提高光谱分辨率(最佳已达 0.000 8 cm^{-1});⑤工作波段可从可见区延伸到毫米区(已达 50 000～4 cm^{-1}),使远红外光谱的测定得以实现;⑥使用调制音频测量,检测器仅对调制的音频信号有反应,杂散光(包括样品自身的红外辐射)不影响检测;⑦样品置于分束器后测量,大量辐射由分束器阻挡,样品仅接受调制波,热效应极小;⑧扫描速度最快已达 117 张光谱图/秒,可用于动力学研究,并可实现与气相、液相等色谱仪联机检测。

六、红外光谱分析的实验技术

要获得一张高质量的红外光谱图,除了仪器本身的因素外,还必须有合适的试样制备方法。

（一）红外光谱法对试样的要求

红外光谱的试样可以是液体、固体或气体，一般应要求：

（1）试样应该是单一组分的纯物质，纯度应＞98％或符合商业规格才便于与纯物质的标准光谱进行对照。多组分试样应在测定前尽量预先用分馏、萃取、重结晶或色谱法进行分离提纯，否则各组分光谱相互重叠，难以判断。

（2）试样中不应含有游离水。水本身有红外吸收，会严重干扰样品谱图，而且会侵蚀吸收池的盐窗。

（3）试样的浓度和测试厚度应选择适当，以使光谱图中的大多数吸收峰的透射比处于10％～80％范围内。

（二）样品制备的方法

1. 气体试样　气态样品可在气体吸收池中进行测定。先将气体吸收池抽真空，再将试样注入。

2. 液体试样

（1）液体池法。沸点较低，挥发性较大的试样，可注入封闭液体池中。液体池构造如图3-26所示，由后框架、窗片框架、垫片、后窗片、间隔片、前窗片和前框架7个部分组成。一般后框架和前框架由金属材料制成，前窗片和后窗片为氯化钠、溴化钾等晶体薄片，间隔片常由铝箔和聚四氟乙烯等材料制成，起着固定液体样品的作用，厚度为0.01～2 mm。

液体池的装样操作：将吸收池倾30°，用注射器（不带针头）吸取待测的样品，由下孔注入直到上孔看到样品溢出为止，用聚四氟乙烯塞子塞住上、下注射孔，用高质量的纸巾擦去溢出的液体后，便可进行测试。

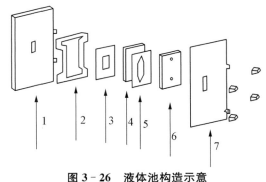

图3-26　液体池构造示意

1—后框架；2—窗片框架；3—垫片；4—后窗片；
5—间隔片；6—前窗片；7—前框架

在液体池装样操作过程中，应注意以下几点：①灌样时要防止气泡；②样品要充分溶解，不应有不溶物进入液体池内；③装样品时不要将样品溶液外溢到窗片上。

液体池的清洗操作：测试完毕，取出塞子，用注射器吸出样品，由下孔注入溶剂，冲洗2～3次。冲洗后，用吸耳球吸取红外灯附近的干燥空气吹入液体池内以除去残留的溶剂，然后放在红外灯下烘烤至干，最后将液体池存放在干燥器中。注意：液体池在清洗过程中或清洗完毕时，不要因溶剂挥发而致使窗片受潮。

（2）液膜法。液膜法在可拆池两窗之间，滴上1～2滴液体试样，使之形成一薄的液膜。液膜厚度可借助于池架上的固紧螺丝做微小调节。该法操作简便，适用于对高沸点及不易清洗的试样进行定性分析。

对于一些吸收很强的液体，当用调整厚度的方法仍然得不到满意的谱图时，可用适当的溶剂配成稀溶液进行测定。一些固体也可以溶液的形式进行测定。常用的红外光谱溶剂应在所测光谱区内本身没有强烈的吸收、不侵蚀盐窗、对试样没有强烈的溶剂化效应等，常用的溶剂为二硫化碳、四氯化碳、三氯甲烷、环己烷等。

（3）溶液法。将液体（或固体）试样溶在适当的红外光谱溶剂中,如 CS_2,CCl_4,$CHCl_3$ 等,然后注入固定池中进行测定,该法特别适于定量分析。

3. 固体试样　固体试样的制备,除前面介绍的溶液法外,还有粉末法、糊状法、压片法、薄膜法等,其中尤以压片法最为常用。

（1）压片法。该法是固体样品红外光谱测定的标准方法,适用于可以研细的固体样品。溴化钾压片法具体操作如下。

1）研磨:取 1 mg 左右固体样品和 150 mg 光谱纯 KBr 在玛瑙研钵中研磨。样品和 KBr 都应经干燥处理,研磨到粒度小于 2 μm,以免散射光影响。样品量多少视其自身性质而定,一般能保持其光谱的最强吸收峰吸光度在 0.5～1.4 之间比较合适。溴化钾用量不需要称量,大约 150 mg 即可。

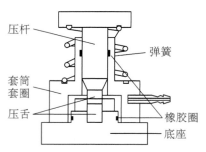

图 3-27　压片机的构造示意

2）装模:压片机的构造如图 3-27 所示。压片机由压杆、上下压舌、底座、套筒、套圈、弹簧和橡胶圈等组成。两个压舌的直径为 13 mm,压舌的表面光洁度很高,以保证压出的薄片表面光滑。因此,使用时要注意样品的粒度、湿度和硬度,以免损伤压舌表面的光洁度。

组装压模时,将其中一个压舌光洁面朝上放在底座上,并装上压片套圈,加入研磨后的样品,再将另一压舌光洁面朝下压在样品下,轻轻转动以保证样品面平整,最后顺序放入压片套筒、弹簧和压杆。

3）压片:将压片模具整体放到压片机上,施加 8～10 t 的压力,制成厚约 1 mm、直径约为 10 mm 的透明或半透明薄片,然后进行测定。

（2）糊状法。该法是将固体样品研成细末,滴入几滴糊剂（液体石蜡油）,继续研磨成糊状,然后夹在两窗片之间进行测定。用石蜡做糊剂不能用来测定饱和碳氢键的吸收情况,可以采用六氯丁二烯代替石蜡油做糊剂。

（3）薄膜法。把固体样品制成薄膜来测定,主要用于高分子化合物的测定。薄膜的制备有两种:一种是直接将样品放在盐窗上加热,熔融样品涂成薄膜;另一种是先把样品溶于挥发性溶剂中制成溶液,然后滴在盐片上,待溶剂挥发后,样品遗留在盐片上而形成薄膜。制成的膜直接插入光路即可进行测定。

在国家药典委员会编写的《药品红外光谱集》第 1、第 2 卷共收载的 893 种光谱图中有 8 个品种用糊状法,有 20 种用薄膜法,其余均用压片法。

七、傅里叶变换红外光谱仪的基本操作

1. 开机　开启电源稳压器,打开电脑、打印机及仪器电源。在操作仪器采集谱图前,先让仪器稳定 20 min 以上。

2. 仪器自检　在电脑桌面上双击【OMNIC】打开软件后,仪器将自动检测并在右上角"【状态】"出现绿色,表示电脑和仪器通讯正常。如不正常（显示红叉）,通过下拉菜单【采集】→【实验设置】→【诊断】或【采集】→【Advanced Diagnostics…】查找原因或调整仪器。

3. 软件操作

（1）参数设置：点击【采集】→【实验设置】→【采集】对采集参数包括扫描次数、分辨率、Y 轴格式、谱图修正、文件管理、背景处理、实验标题、实验描述等进行设定，可点击【光学台】，检查干涉图是否正常，有问题时点击【诊断】进行检查、调整，保存实验参数。

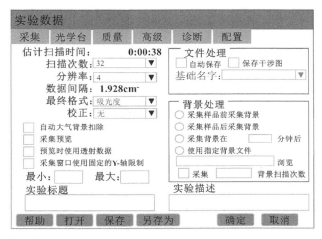

1）扫描次数通常选择 32。

2）分辨率指的是数据间隔，通常固体、液体样品选 4，气体样品选择 2。

3）校正选项中可选择交互 K－K 校正，消除刀切峰。

4）采集预览相当于预扫。

5）文件处理中的基础名字可以添加字母，以防保存的数据覆盖之前保存的数据。

6）可以选择不同的背景处理方式：采样前或者后采集背景；采集一个背景后，在之后的一段时间内均采用同一个背景；选择之前保存过的一个背景。

7）光学台选项中，范围在 6～7 为正常。

（2）采集背景光谱：将背景样品放入样品仓或以空气为背景，按【采集背景】按钮，出现提示"背景　请准备背景采集"，点击【确定】，开始采集背景光谱（背景采集的顺序要同采集参数中"背景处理"一致）。

（3）采集样品光谱：制备样品压片，点击图标【采集样品】按钮，出现对话框，输入谱图标题，点【确定】，出现提示"样品　请准备样品采集"，插入样品压片，点击【确定】，开始采集样品光谱。

4. 文件保存　点击菜单【文件】→【保存】（或【另存为】），选择保持的路径、文件类型、文件名，保存，可存成 SPA 格式（OMNIC 软件识别格式）和 CSV 格式（Excel 可以打开）。

5. 光谱图的显示与处理

（1）使用菜单【显示】项中的有关命令，可以查看比较多个光谱图：可以分层显示，满刻度显示，同一刻度显示，可以隐藏光谱图。

（2）使用菜单【编辑】中的剪切、拷贝、粘贴命令可对谱图在不同窗口之间进行复制、粘贴等，以及对工具栏进行编辑。

（3）点击菜单【窗口】可建立新窗口，选中某窗口，平铺或层叠窗口。

（4）使用菜单【数据处理】中有关命令，可对谱图进行各种处理，如将％透过率图转化为

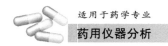
吸收度图,或将吸收度图转化为％透过率图,其他转换、自动基线校正、高级 ATR 校正、差谱、平滑、导数谱图等。

（5）使用菜单【谱图分析】的有关命令,可对谱图进行标峰、谱图检索、谱库管理、加谱图入库、定量分析等。

6. 打印　可以对选中的光谱图直接打印,点击按钮【打印】或菜单【文件】→【打印】。也可以按照报告模板打印,点击菜单【报告】→【报告模板】,可选择已有的报告模板,也可新建报告模板,可生成报告集或加入报告集,显示报告集,打印报告。

7. 关机　点击关闭按钮或点击菜单【文件】→【退出】,退出 OMNIC 软件。关闭红外光谱仪电源。如果想防止仪器受潮,要 24 h 通电,就打开【采集】下面【实验设置】中的【光学台】,再打开右侧【光源】选项,选择【关】,这样可以关闭红外光源,延长光源寿命,然后【确定】,最后退出 OMNIC 软件。

八、红外光谱仪的日常维护

1. 仪器的校正和检定　《中国药典》规定,无论使用色散型红外分光光度计还是傅里叶变换红外光谱仪,必须对仪器进行校正,以确保测定波数的准确性和仪器的分辨率符合要求。具体方法根据中华人民共和国国家计量检定规程"JJG681－9 色散型红外分光光度计"和《中国药典》附录规定,并参考仪器说明书,对仪器定期进行校正检定。目前国家尚未颁布傅里叶变换红外光谱仪的计量检定规程,但这类仪器可参照色散型红外分光光度计的有关检定规程和有关药典规定进行检定。一般校正的方法和要求如下。

（1）波数的准确性:波数的准确性的校正方法是以聚苯乙烯薄膜(厚度约 0.04 mm)为测试样品,绘制其红外光谱图,用 $3\,027\ cm^{-1}$, $2\,851\ cm^{-1}$, $1\,601\ cm^{-1}$, $1\,028\ cm^{-1}$, $907\ cm^{-1}$ 处的吸收峰对仪器的波数进行校正。《中国药典》要求,傅里叶变换红外光谱仪在 $3\,000\ cm^{-1}$ 附近的波数误差应不大于 $\pm5\ cm^{-1}$,在 $1\,000\ cm^{-1}$ 附近的波数误差应不大于 $\pm1\ cm^{-1}$

（2）分辨率:用以上聚苯乙烯薄膜的红外光谱图对仪器的分辨率进行检查,要求在 $3\,110\sim2\,850\ cm^{-1}$ 范围内应能清楚地分辨出 7 个峰,峰 $2\,851\ cm^{-1}$ 与谷 $2\,870\ cm^{-1}$ 之间的分辨深度不小于 18％透光率,峰 $1\,583\ cm^{-1}$ 与谷 $1\,589\ cm^{-1}$ 之间的分辨率深度不小于 12％透光率;仪器的标称分辨率,除另有规定外,应不低于 $2\ cm^{-1}$。

2. 仪器的维护

（1）仪器操作间内的温度最好控制在 20～25℃,如果温度太高或太低时,仪器不能正常工作。

（2）为了防止仪器受潮而影响使用寿命,红外实验室应经常保持干燥,仪器操作间的相对湿度最好维持在 50％左右,即使仪器不用,也应每周开机至少两次,每次半天,同时开除湿机除湿。

（3）仪器操作间的窗户最好安装双层玻璃。平时仪器间的窗户应关严,若需要开窗通风,通风后应尽快将窗户关上,注意防尘。

（4）注意定期检查光学密封台中及样品仓中干燥剂状态,失效时及时更换,换下的干燥剂放入烘箱里,100℃下烘烤 7 h 左右后放入干燥器皿中冷却至室温,再放入光学密封台或样品仓中。

（5）光学台中的平面反射镜和聚焦用的抛物镜，如果上面附有灰尘，只能用洗耳球将灰尘吹掉，吹不掉的灰尘不能用有机溶剂冲洗，更不能用镜头纸擦掉。否则会降低镜面的反射率。

（6）压片用模具用后应立即把各部分擦干净，必要时用水清洗干净并擦干，置干燥器中保存，以免锈蚀。

（7）红外光谱仪在使用每2～3年应自检1次，不管仪器是否参与计量认证或计量认可，都应对仪器的性能进行检测，以保证出具的分析测试数据的可靠性。

（8）当测试的样品数达到一定数量时，应将光谱数据刻录在光盘上或将数据复制在移动硬盘上作为备份，以防计算机遭病毒攻击时，或计算机出现故障不能启动时丢失光谱数据。

（9）有关的红外软件如果刻录有效，应将红外软件刻录在新的光盘上，留有备份。

（10）如果使用红外附件测试样品，在调用红外附件测试参数之后，将上述有关数据记录备案。这样做的目的是在以后使用相同的红外附件时或在相同的测试条件下，检查仪器的工作状态是否和以前记录的相同，是否达到最佳工作状态。

3. 仪器使用的注意事项

（1）红外光谱测定最常用的试样制备方法是溴化钾（KBr）压片法（药典收载品种90%以上用此法），因此为减少对测定的影响，所用KBr最好应为光学试剂级，至少也要分析纯级。使用前应适当研细（2.5 μm以下），并在120℃以上烘4 h以上后置干燥器中备用。如发现结块，则应重新干燥。制备好的空KBr片应透明，与空气相比，透光率应在75%以上。

（2）压片时，应先取供试品研细后再加入KBr再次研细研匀，这样比较容易混匀。研磨所用的应为玛瑙研钵，因玻璃研钵内表面比较粗糙，易粘附样品。研磨时应按同一方向（顺时针或逆时针）均匀用力，如不按同一方向研磨，有可能在研磨过程中使供试品产生转晶，从而影响测定结果。研磨力度不用太大，研磨到试样中不再有肉眼可见的小粒子即可。另外，如压好的片子上出现不透明的小白点，则说明研好的试样中有未研细的小粒子，应重新压片。

（3）压片法时取用的供试品量一般为1～2 mg，因不可能用天平称量后加入，并且每种样品的对红外光的吸收程度不一致，故常凭经验取用。一般要求所测得的光谱图中绝大多数吸收峰处于10%～80%透光率范围内。最强吸收峰的透光率如太大（如大于30%），则说明取样量太少；相反，如最强吸收峰的透光率为接近0%，且为平头峰，则说明取样量太多，此时均应调整取样量后重新测定。

（4）压片时KBr的取用量一般为200 mg左右（也是凭经验），应根据制片后的片子厚度来控制KBr的量，一般片子厚度应在0.5 mm以下，厚度大于0.5 mm时，常可在光谱上观察到干涉条纹，对供试品光谱产生干扰。

（5）测试样品时尽量减少室内人数，无关人员最好不要进入，还要注意适当的通风换气，使二氧化碳降低到最低限度以保证图谱质量。

实训 3-7　阿司匹林的红外光谱绘制

一、工作目标

（1）学会一般固体样品的制样方法及压片机的使用方法。

（2）学会傅里叶变换红外光谱仪的基本操作。

二、工作前准备

1. 工作环境准备

（1）药物检测实训室。

（2）温度：15～30℃。

（3）相对湿度：不大于60%。

2. 试剂及规格　阿司匹林原料药、KBr粉末（光谱纯）、无水乙醇（AR）、纯化水。

3. 仪器及规格　傅立叶变换红外光谱仪、压片机、压片模具、不锈钢药匙、玛瑙研钵、红外干燥灯。

4. 注意事项

（1）测定时实验室的温度应在15～30℃，相对湿度应在60%以下（H_2O的存在会使谱图在3 400 cm^{-1}，1 640 cm^{-1}，650 cm^{-1}处有干扰吸收峰出现）。

（2）所用的溴化钾应检查质量，在4 000～400 cm^{-1}内应无明显的干扰吸收。

（3）溴化钾黏留在磨框上会使金属生锈，因此压片后应用乙醇将冲模、片框及筛网洗净，并用擦镜纸擦干放置在干燥器中保存。

（4）所有操作应迅速，宜在红外灯下进行，以免吸水影响压片质量（片子不透明）。

（5）红外光谱仪宜放在通风处，以免室内CO_2聚集过多，干扰测定。

三、工作依据

红外光谱分析是研究分子振动和转动信息的分子光谱，它反映了分子化学键的特征吸收频率，可用于化合物的结构分析和定量测定。当化合物受到红外光照射，化合物中某个化学键的振动或转动频率与红外频率相当时，就会吸收光能，并引起分子偶极矩的变化，产生分子震动和转动能级从基态到激发态的跃迁，使相应频率的投射光强度减弱。分子中不同化学键振动频率不同，会吸收不同频率的红外光，检测并记录透过光强与波数或波长的特征曲线，就可得到红外光谱。

红外光谱法应用面非常广，提供的信息多且具有特征性，故把红外光谱通称为"分子指纹"。它最广泛的应用还在于对物质的化学组成进行分析。用红外光谱法可以根据光谱中吸收峰的位置和形状来推断未知物的结构，依照特征吸收峰的强度来测定混合物中各组分的含量。其次，它不受样品相态的限制，无论是固态、液态以及气态都能直接测定，甚至对一些表面涂层和不溶、不熔融的弹性体（如橡胶）也可直接获得其光谱。它也不受熔点、沸点和蒸气压的限制，样品用量少且可回收，是属于非破坏分析。

傅里叶变换红外光谱仪主要由红外光源、迈克尔逊（Michelson）干涉仪、检测器、计算机等系统组成。光源发散的红外光经干涉仪处理后照射到样品上，透射过样品的光信号被检测器检测到后以干涉信号的形式传送到计算机，由计算机进行傅里叶变换的数学处理后得到样品红外光谱图。

根据《中国药典》要求鉴别样品是否符合规定：将得到的阿司匹林红外光谱图，判别和注明的各个官能团的归属，并与《药品红外光谱集》标准图谱对比，查看峰型、主要峰位、峰数、峰强等是否相同，来鉴别样品是否符合规定。

四、工作步骤

1. 固体样品的制备

（1）用无水乙醇清洗玛瑙研钵，用擦镜纸擦干后，再用红外灯烘干。

（2）取光谱纯溴化钾，用玛瑙研钵研磨细，过 200 目筛，于 120℃烘 4 h，贮于干燥瓶内备用。

（3）取 1～2 mg 阿司匹林放入玛瑙研钵中，研磨细，加干燥溴化钾 200 mg，研磨 1～2 min，用干净的药勺将混合物收集在一张合适大小的硫酸称量纸中，包好，放入干燥器中备用。将干净的片剂成型器边框和上下冲模取出，将下冲模放入底座，光面向上，小心倒入研磨好的待测混合物，轻轻撞击模具，使混合物均匀分散在冲模上。

（4）插入冲头，旋转几次，使样品混合物铺平，取出冲头，将上冲模光面向下放入，施加 10～12 kg 压力，轻轻加压，保持压力 2～3 min，取出待测样品片。

（5）同法，制取不含样品的溴化钾空白片，备用。

2. 红外光谱的测定

（1）打开红外光谱仪开关，预热 30 min，选择相应的程序（透光率、吸光度），设定好仪器参数。

（2）将空白溴化钾样品置于红外光谱仪样品池中，进行背景扫描，作为背景图谱。

（3）将阿司匹林样品置于红外光谱仪样品池中，测定阿司匹林的红外光谱。

（4）采用常规图谱处理功能，对所测图谱进行基线校正及适当的平滑处理，标出主要吸收峰的波数值，储存数据并打印图谱。

3. 关机　样品测定完毕，先关闭软件，再关闭计算机，最后关闭仪器电源。填写仪器使用记录，清理工作台及器皿，罩上防尘罩。

五、实验数据处理

（1）采用常规图谱处理功能，对所测图谱进行基线校正及适当的平滑处理，标出主要吸收峰的波数值，储存数据并打印图谱。

（2）根据得到的图谱判别和注明的各个官能团的归属。

（3）利用软件进行图谱检索，并将样品图谱与标准图谱对比。

（4）根据《中国药典》现行版要求鉴别样品是否复合规定：对比所绘制的红外光谱与《药品红外光谱集》，查看峰位、峰数、峰强等是否相同，得出结论。

六、实验讨论

（1）为什么红外样品及分散剂要求干燥？为什么要在红外灯下操作？

（2）用压片法制备样品时，常用的固体分散介质有哪些？

模块四

色谱分析技术

药·用·仪·器·分·析

 项目一 色谱分析技术基础

学习目标

1. 能说出色谱分析技术的分类。
2. 能说出色谱分析技术的常用术语。
3. 能描述色谱分析技术的应用。

色谱分析法又称"色谱法"、"层析法",是根据混合组分在固定相和流动相之间的溶解、吸附或其他亲和作用的差异来实现分离分析的一种方法。当流动相中携带的混合物流经固定相时,其与固定相发生相互作用。由于混合物中各组分在性质和结构上存在差异,它们在固定相中的溶解和解析或吸附和脱附能力也有差异,因此在色谱柱中的滞留时间也就不同,即它们在色谱柱中的运行速度不同。随着流动相的不断流过,各组分在柱中两相间经过反复多次的分配与平衡过程,当运行一定的柱长以后,样品中的各组分得到分离。

色谱的名称最早来源于茨维特实验。1906年,俄国植物学家茨维特(W. S. Tswett)为了分离植物色素,其将植物叶子用石油醚浸泡,然后将石油醚浸取液倒入装有碳酸钙粉末的玻璃管中,并用石油醚自上而下淋洗,随着淋洗的进行,浸取液颜色逐渐变化,在玻璃管中的碳酸钙出现不同颜色的色带。继续淋洗,就得到不同颜色的溶液,可供进一步分析。茨维特将这种分离方法命名为色谱法(chromatography),把装有碳酸钙的玻璃管叫做"色谱柱",把碳酸钙叫做"固定相",把纯净的石油醚叫做"流动相"。随着色谱法的不断发展,不仅可用于有色物质的分离,而且大量用于无色物质的分离。进入21世纪,色谱科学正在医药、生命科学等领域发挥不可替代的重要作用,已成为各国药典及其他标准的法定方法。

一、色谱技术的特点

色谱法与光谱法的主要不同,在于色谱法具有分离及分析两种功能,而光谱法不具备分离功能。色谱法是先将混合物中各组分分离,而后逐个分析,因此它是分析混合物最有力的手段,这种方法还具有如下特点。

（1）分离效率高。几十种甚至上百种性质类似的化合物可在同一根色谱柱上得到分离,能解决许多其他分析方法无能为力的复杂样品分析。

（2）分析速度快。一般而言,色谱法可在几分钟至几十分钟的时间内完成一个复杂样品的分析。

（3）检测灵敏度高。随着信号处理和检测技术的进步,不经过浓缩可以直接检测 10^{-9} g 级的微量物质。若采用预浓缩技术,检测下限可以达到 10^{-12} g 数量级。

（4）样品用量小。一次分析通常只需数微升的溶液样品。

（5）选择性好。通过选择合适的分离模式和检测方法,可以只分离有需要的部分物质。

（6）多组分同时分析。在很短的时间内,选择合适的检测器,可以实现几十种组分的同时分离与定量。

（7）易于自动化。现在的色谱仪器可以实现从进样到数据处理的全自动化操作。

（8）定性能力较差。为克服这一缺点,已经发展起来了色谱法与其他多种具有定性能力的分析技术联用,如色谱和红外、色谱和质谱的联用等。

二、色谱法的分类

色谱法的分类方法较多,从不同角度有不同的分类方法,常用的主要有以下几种。

（一）按两相的物理状态（物态）分类

根据流动相分子的聚集状态,色谱法可分为气相色谱法（GC）和液相色谱法（LC）。根据固定相分子的聚集状态,气相色谱法可分为气-固色谱法（GSC）和气-液色谱法（GLC）;液相色谱法分为液-固色谱法（LSC）和液-液色谱法（LLC）（表4-1）。此外还有超临界流体色谱法（SFC）,它以超临界流体（界于气体和液体之间的一种物相）为流动相（常用 CO_2）,因其扩散系数大,能很快达到平衡,故分析时间短,特别适用于手性化合物的拆分。气相色谱法适用于分离挥发性化合物。液相色谱法适用于分离低挥发性或非挥发性、热稳定性差的物质。

表4-1　按流动相物态分类的色谱类型

色谱类型		流动相	固定相
气相色谱（GC）	气-固色谱（GSC）	气体	固体
	气-液色谱（GLC）		液体
液相色谱（LC）	液-固色谱（LSC）	液体	固体
	液-液色谱（LLC）		液体

（二）按操作形式分类

按操作形式可分为平面色谱法、柱色谱法和电泳法。其中平面色谱法又可分为纸色谱法（PC）和薄层色谱法（TLC）及薄膜色谱法等;柱色谱法可分为填充柱色谱法和开管柱色谱法（亦称为毛细管柱色谱法）,电泳法有时又单独列为一种方法（表4-2）。

表 4-2　按固定相操作方式分类的色谱类型

名　称	柱色谱		平面色谱	
	填充柱色谱	开口(管)柱色谱	纸色谱	薄层色谱
固定相形式	填充了固定吸附剂（或涂渍了固定液的惰性载体）的玻璃或不锈钢柱	弹性石英或熔融玻璃毛细管（内壁附有吸附剂薄层或涂渍固定液）	多空和强渗透能力的滤纸或纤维素薄膜上的水分或其他负载物	涂布在玻璃等薄板上的硅胶、氧化铝等固定相薄层
操作方式	液体或气体流动相从柱头向柱尾连续不断地流动		液体的流动相从平面的一端向另一端扩散	

(三) 按分离原理分类

按原理可分为吸附色谱法（AC）、分配色谱法（DC）、离子交换色谱法（IEC）及分子排阻色谱法（EC）。

1. **吸附色谱法**　固定相为固体（吸附剂）的色谱法称为吸附色谱法，系利用被分离组分在吸附剂上吸附力大小不同，用溶剂或气体洗脱而使组分分离。吸附分离过程是一个吸附、解吸附的平衡过程，如气-固色谱法、液-固色谱法等。吸附色谱法在薄层色谱法中应用广泛，在高效液相色谱法（HPLC）和气相色谱法中也应用较多。

2. **分配色谱法**　固定相为液体的色谱法称为分配色谱法，系利用被分离组分在两相间的溶解度差别所造成的分配系数的不同而被分离。分离过程是一个分配平衡过程。如气-液色谱法（GLC）和液-液色谱法（LLC）等。分配色谱法是 HPLC 及 GC 中应用最多的色谱法。

3. **离子交换色谱法**　固定相为离子交换树脂的色谱法称为离子交换色谱法，系利用被分离组分在离子交换树脂上交换能力的不同而使组分分离。常用的树脂有不同强度的阳离子交换树脂、阴离子交换树脂〔树脂常用苯乙烯与二乙烯苯交联形成的聚合物骨架，在表面末端芳环上接上羧基、磺酸基（称阳离子交换树脂）或季铵基（阴离子交换树脂）〕，流动相为水或含有机溶剂的缓冲溶液。离子交换树脂色谱法适用于离子型有机物或无机物的分离，药物和生物方面主要用于分析有机酸、氨基酸、多肽及核酸。

4. **分子排阻色谱法**　固定相为有一定孔径的多孔性填料（称为凝胶）的色谱法称为分子排阻色谱法，又称为空间排阻色谱法或凝胶色谱法，有时也称为分子筛、凝胶过滤色谱法（GFC）、凝胶渗透色谱法（GPC）等。根据流动相的不同分为两类：以水为流动相的称为凝胶过滤色谱法；以有机溶剂为流动相的称为凝胶渗透色谱法。本法系利用被分离组分分子大小的不同导致在填料上渗透程度的不同使组分分离。分子排阻色谱法适用于高分子物质的分离分析，如青霉素聚合物的检查。

想一想

1. 色谱法分离的原理是什么？

2. 色谱法作为分析方法的最大特点是什么？

3. 吸附色谱、分配色谱、离子交换色谱、分子排阻色谱的分离原理有何异同？

三、常用术语

（一）色谱图和相关参数

1. **色谱图**（chromatogram）　又称色谱流出曲线（elution profile），是样品流经色谱柱后进入检测器，检测器的相应信号对进样时间所得出的曲线，如图4-1所示。色谱流出曲线对色谱分析非常重要，所有的定性、定量分析都以其为基础。在流出曲线上有色谱峰及描述峰位置、峰好坏等的相关参数。

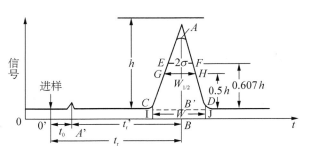

图4-1　色谱图和色谱峰及相关参数示意

2. **色谱峰**（peak）　组分流经检测器时响应的连续信号产生的曲线，即流出曲线上的突起部分。一个组分的色谱峰可用三项参数即峰高或峰面积（用于定量）、峰位（用保留值表示，用于定性）及峰宽（用于衡量柱效）说明（图4-1）。正常色谱峰近似于对称形正态分布曲线（高斯 Gauss 曲线）。不对称色谱峰有两种：前延峰（leading peak）和拖尾峰（tailing peak），前者少见。

3. **峰底**　基线上峰的起点至终点的距离。

4. **峰高**（peak height，h）　峰的最高点至峰底的距离。

5. **峰宽**（peak width，W）　通过色谱峰两侧拐点处所作两条切线与基线的两个交点间的距离。（在基线上的截距）$W = 4\sigma$ 或 $W = 1.699W_{1/2}$。

6. **半峰宽**（peak width at half-height，$W_{1/2}$）　峰高一半处的峰宽，$W_{1/2} = 2.355\sigma$。

7. **标准偏差**（standard deviation，σ）　σ 为色谱峰（正态分布曲线）上的拐点（峰高的0.607倍处）至峰高与时间轴的垂线间的距离，即正态色谱峰两拐点间距离的一半。标准偏差的大小说明组分在流出色谱柱过程中的分散程度。σ小，分散程度小、极点浓度高、峰形瘦、柱效高；反之，σ大，峰形胖、柱效低。

8. **峰面积**（peak area，A）　是峰与峰底所包围的面积。

9. **拖尾因子**（tailing factor，T）　是用以衡量色谱峰的对称性，也称为对称因子（symmetry factor）或不对称因子（asymmetry factor）。《中国药典》规定 T 应为 $0.95\sim1.05$。$T < 0.95$ 为前延峰，$T > 1.05$ 为拖尾峰。拖尾因子计算公式如下，符号含义如图4-2所示。计算公式如下：

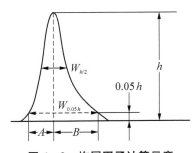

图4-2　拖尾因子计算示意

$$T = \frac{W_{0.05h}}{2A} = \frac{(A+B)}{2A}$$

10. **基线**（base line）　经流动相冲洗，柱与流动相达到平衡后，在色谱分离过程中，没有组分流出时的流出曲线，反映色谱系统（主要是检测器）的噪声水平。基线一般应平行于时间轴。

11. **噪声**（noise）　基线信号的波动。通常因电源接触不良或瞬时过载、检测器不稳定、流动相含有气泡或色谱柱被污染所致。

12. 漂移(drift)　基线随时间在纵向缓缓变化。主要由于操作条件,如电压、温度、流动相及流量的不稳定所引起,柱内的污染物或固定相不断被洗脱下来也会产生漂移。

（二）保留值

保留值又称定性参数,有以下几个。

1. 死时间(dead time, t_0)　不保留组分的保留时间,即流动相(溶剂)通过色谱柱的时间。在反相 HPLC 中可用苯磺酸钠来测定死时间。

2. 死体积(dead volume, V_0)　由进样器进样口到检测器流动池未被固定相所占据的空间。它包括 4 部分:进样器至色谱柱管路体积;柱内固定相颗粒间隙(被流动相占据, V_m);柱出口管路体积;检测器流动池体积。其中,只有 V_m 参与色谱平衡过程,其他 3 部分只起峰扩展作用。为防止峰扩展,这 3 部分体积应尽量减小。计算公式为:

$$V_0 = F \times t_0 (F 为流速)$$

3. 保留时间(retention time, t_R)　从进样开始到某个组分在柱后出现浓度极大值的时间。保留时间是色谱法的基本定性参数,主要用于定距洗脱(定距展开)色谱。所谓定距洗脱,是使所有组分都被洗脱通过一定长度的色谱柱或色谱板,记录各组分所需要的时间,如 GC, HPLC 及旋转薄层色谱法应用这种洗脱方式。如果记录组分在同一展开时间内的迁移距离,则称为定时洗脱(定时展开),这种展开方式多用于薄层色谱法。

4. 保留体积(retention volume, V_R)　从进样开始到某组分在柱后出现浓度极大值时流出溶剂的体积,又称洗脱体积。计算公式为:

$$V_R = F \times t_R$$

5. 调整保留时间(adjusted retention time, t'_R)　扣除死时间后的保留时间,也称折合保留时间(reduced retention time)。在实验条件(温度、固定相等)一定时, t'_R 只决定于组分的性质,因此, t'_R (或 t_R)可用于定性。调整保留时间与保留时间和死时间有如下关系:

$$t'_R = t_R - t_0$$

组分在色谱柱中的保留时间包括了组分在流动相中并随之通过色谱柱所需的时间和在固定相中滞留的时间, t'_R 是其在固定相中滞留的时间。

6. 调整保留体积(adjusted retention volume, V'_R)　扣除死体积后的保留体积,是常用的定性参数之一。

（三）柱效参数

1. 理论塔板数(theoretical plate number, n)　用于定量表示色谱柱的分离效率(简称柱效)。n 取决于固定相的种类、性质(粒度、粒径分布等)、填充状况、柱长、流动相的种类和流速及测定柱效所用物质的性质。在一张多组分色谱图上,如果各组分含量相当,则后洗脱的峰比前面的峰要逐渐加宽,峰高则逐渐降低。

用半峰宽计算理论塔板数比用峰宽计算更为方便和常用,因为半峰宽更易准确测定,尤其是对稍有拖尾的峰。n 与柱长成正比,柱越长,n 越大。用 n 表示柱效时应注明柱长,如果未注明,则表示柱长为 1 m 时的理论塔板数(一般 HPLC 柱的 n 在 1 000 以上)。若用调整保留时间(t'_R)计算理论塔板数,所得值称为有效理论塔板数($n_{有效}$ 或 n_{eff})。计算公式为:

$$n = 16 \times \left(\frac{t_{\mathrm{R}}}{W}\right)^2$$

$$n = 5.54 \times \left(\frac{t_{\mathrm{R}}}{W_{h/2}}\right)^2$$

将保留时间做调整保留时间,可得到有效塔板数:

$$n_{有效} = 5.54 \times \left(\frac{t'_{\mathrm{R}}}{W_{h/2}}\right)^2$$

$$n_{有效} = 16 \times \left(\frac{t'_{\mathrm{R}}}{W}\right)^2$$

有效塔板数更能反映柱分离的实际效果,因为其排除了死体积的因素。

2. 理论塔板高度(theoretical plate height,H)　每单位柱长的方差。实际应用时往往用柱长(L)和理论塔板数(n)计算:

$$H = \frac{L}{n}$$

色谱柱的理论塔板数越多,柱效越高;同样长度的色谱柱中板高越小,理论塔板数越多,柱效越高。

(四) 相平衡参数

1. 分配系数(distribution coefficient,K)　为在一定温度下,化合物在两相间达到分配平衡时,化合物在固定相与流动相中的浓度之比。计算公式为:

$$K = c_{\mathrm{S}}/c_{\mathrm{M}}$$

分配系数与组分、流动相和固定相的热力学性质有关,也与温度、压力有关。在不同的色谱分离机制中,K 有不同的概念:吸附色谱法为吸附系数;离子交换色谱法为选择性系数(或称交换系数);凝胶色谱法为渗透参数。但一般情况可用分配系数来表示。

在条件(流动相、固定相、温度和压力等)一定,样品浓度很低时(c_{S},c_{M} 很小)时,K 只取决于组分的性质,而与浓度无关。这只是理想状态下的色谱条件,在这种条件下,得到的色谱峰为正常峰;在许多情况下,随着浓度的增大,K 减小,这时色谱峰为拖尾峰;而有时随着溶质浓度的增大,K 也增大,这时色谱峰为前延峰。因此,只有尽可能减少进样量,使组分在柱内浓度降低,K 恒定时,才能获得正常峰。

在同一色谱条件下,样品中 K 值大的组分在固定相中滞留时间长,后流出色谱柱;K 值小的组分则滞留时间短,先流出色谱柱。混合物中各组分的分配系数相差越大,越容易分离。混合物中各组分的分配系数不同是色谱分离的前提。

在 HPLC 中,固定相确定后,K 主要受流动相性质的影响。实践中主要靠调整流动相的组成配比及 pH 值,以获得组分间的分配系数差异及适宜的保留时间,达到分离的目的。

2. 容量因子(capacity factor,k)　化合物在两相间达到分配平衡时,在固定相与流动相中的量之比。因此容量因子也称质量分配系数。计算公式为:

$$k = m_{\mathrm{S}}/m_{\mathrm{M}}$$

容量因子的物理意义:表示一个组分在固定相中停留的时间(t'_{R})是不保留组分保留时

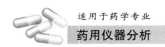

间(t_0)的几倍。当 $k = 0$ 时,化合物全部存在于流动相中,在固定相中不保留,$t'_R = 0$;k 越大,说明固定相对此组分的容量越大,出柱慢,保留时间越长。

容量因子与分配系数的不同点是:K 取决于组分、流动相、固定相的性质及温度,而与体积 V_s,V_m 无关;k 除了与性质及温度有关外,还与 V_s,V_m 有关。由于 t'_R,t_0 较 V_s,V_m 易于测定,所以容量因子比分配系数应用更广泛。

3. 选择性因子(selectivity factor,α) 相邻两组分的分配系数或容量因子之比。α 又称为相对保留时间(《美国药典》)。

要使两组分得到分离,必须使 $\alpha \neq 1$。α 与化合物在固定相和流动相中的分配性质、柱温有关,与柱尺寸、流速、填充情况无关。从本质上来说,α 的大小表示两组分在两相间的平衡分配热力学性质的差异,即分子间相互作用力的差异。

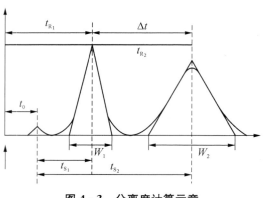

图 4-3 分离度计算示意

(五) 分离参数

1. 分离度(resolution,R) 相邻两峰的保留时间之差与平均峰宽的比值(图 4-3):

$$R = \frac{2(t_{R_2} - t_{R_1})}{W_1 + W_2}$$

分离度也叫分辨率,表示相邻两峰的分离程度。当 $W_1 = W_2$ 时,称为 4σ 分离,两峰基本分离,裸露峰面积为 95.4%,内侧峰基重叠约 2%。当 $R = 1.5$ 时,称为 6σ 分离,裸露峰面积为 99.7%。$R \geqslant 1.5$ 称为完全分离。《中国药典》(2010 年版)规定 R 应不小于 1.5。

做一做

已知物质 A 和 B 在 1 根 30.0 cm 色谱柱上的保留时间分别是 16.40 和 17.63 min,不被保留的组分通过该柱的时间为 1.30 min,峰宽为 1.11 和 1.21 min,试求出:化合物 A 与 B 的分离度、理论塔板数及实现 A 与 B 分离时所需的色谱柱长度。

四、色谱分析法的应用

色谱法是分离复杂混合物的重要方法,同时还能将分离后的物质直接进行定性和定量分析。

(一) 定性分析

色谱定性分析的任务是确定色谱图上每个峰所代表的物质。在色谱条件一定时,任何一种物质都有确定的保留时间。因此,在相同色谱条件下,通过比较已知物和未知物的保留值或在固定相上的位置,即可确定未知物是何种物质。但是,不同的物质在同一色谱条件下,可能具有相似或相同的保留值,即保留值并非专属的。一般来说,色谱法是分离复杂混合物的有效工具,如果将色谱与质谱或其他光谱法联用,则是目前解决复杂混合物中未知物定性分析的最有效的技术。

(二)定量分析

在一定的色谱条件下,组分 i 的质量(m_i)或其在流动相中的浓度,与检测器响应信号(峰面积 A_i 或峰高 h_i)呈正比:

$$m_i = f_i^A A_i$$
$$m_i = f_i^h h_i$$

上述两个式子是定量分析的依据。式中 f_i^A 和 f_i^h 分别为峰面积和峰高的校正因子。

1. **响应信号的测量** 色谱峰的峰高是其峰顶与基线之间的距离,测量比较简单,特别是较窄的色谱峰。测量峰面积的方法分为手工测量和自动测量两大类。现代色谱仪一般都带有数据处理系统,可进行自动积分求出峰面积。很多色谱仪也配备了化学工作站系统,其峰面积由化学工作站自动计算,通常情况下,已不再需要手工计算。如果没有积分装置,可用于工测量,再用有关公式计算峰面积。对于对称的峰,近似计算公式为:

$$A_i = 1.065 h_i W_{1/2}$$

不对称峰的近似计算公式为:

$$A_i = \frac{1}{2} h_i (W_{0.15} + W_{0.85})$$

式中:$W_{0.15}$ 和 $W_{0.85}$ 分别是峰高 0.15 和 0.85 处的峰宽值。

峰面积的大小不易受操作条件如柱温、流动相的流速、进样速度等的影响,从这一点来看,峰面积更适于作为定量分析的参数。

2. **定量校正因子**

(1) 绝对校正因子。定量分析是基于峰面积与组分的量成正比关系。但同一检测器对不同的物质有不同的响应值,两种物质即使含量相同,得到的色谱峰面积却不同,所以不能用峰面积来直接计算组分的含量,为使峰面积能够准确地反映组分的量,在定量分析时需要对峰面积进行校正,因此引入定量校正因子,在计算时乘上定量校正因子,使组分的面积转换成相应的组分的量:

$$m_i = f_i' A_i$$

f_i' 为将峰面积换算为组分的量的换算系数,即绝对校正因子,它可表示为:

$$f_i' = \frac{m_i}{A_i}$$

绝对校正因子是指某组分 i 通过检测器的量与检测器对该组分的响应信号之比,亦即单位峰面积所代表的物质的量。m_i 的单位用克、摩尔或体积表示时相应的校正因子,分别称为质量校正因子(f_m),摩尔校正因子(f_M)和体积校正因子(f_V)。

很明显,在定量测定时,由于精确测定绝对进样量比较困难,因此要精确求出 f_i' 值往往是比较困难的,故其应用受到限制。在实际定量分析中,一般常采用相对校正因子 f_i。

(2) 相对校正因子。相对校正因子是指组分 i 与基准组分 s 的绝对校正因子之比:

$$f_i = \frac{f_i'}{f_s'} = \frac{A_s m_i}{A_i m_s}$$

式中：f_i 为组分 i 的相对校正因子；f'_s 为基准组分 s 的绝对校正因子。由于绝对校正因子很少使用，因此，一般文献上提到的校正因子，就是相对校正因子。相对校正因子只与检测器类型有关，而与色谱操作条件、柱温、载气流速和固定液的性质等无关。

如果某些物质的校正因子查不到，需要自己测定，方法是：准确称量被测组分和标准物质，混合后，在实验条件下进样分析（进样量应在线性范围内），分别测定相应的峰面积，由相应的公式计算校正因子。

3. 定量方法 色谱法一般采用外标法、内标法和归一化法进行定量分析。

（1）外标法。外标法是所有定量分析中最通用的一种方法，也叫标准曲线法。

测定方法为：把待测组分的纯物质配成不同浓度的标准系列，在一定操作条件下分别向色谱柱中注入相同体积的标准样品，测得各峰的峰面积或峰高，绘制 $A-c$ 或 $h-c$ 的标准曲线。在完全相同的条件下注入相同体积的待测样品，根据所得的峰面积或峰高从曲线上查得含量。

在已知组分标准曲线呈线性的情况下，可不必绘制标准曲线，而用单点校正法测定。即配制一个与被测组分含量相近的标准物，在同一条件下先后对被测组分和标准物进行测定，被测组分的质量分数为：

$$含量（\%）= \frac{c_s \times \dfrac{A_i}{A_s}}{c_i} \times 100\%$$

式中：A_i 和 A_s 分别为被测组分和标准物的峰面积；c_i 和 c_s 分别为被测组分和标准物的浓度，也可以用峰高代替峰面积进行计算。

【例 4-1】 氢化可的松的含量测定

精密称取本品 50.45 mg，加甲醇溶解并定量稀释成 100 ml 溶液；另取氢化可的松对照品 40.39 mg，加甲醇溶解并定量稀释成 100 ml 溶液；各取 10 μl 注入液相色谱仪，记录色谱图，数据如下所示，计算氢化可的松含量。

物 质	$w(g)$	A	进样体积	含量(%)
样品	50.45	102.44	10 μl	97.3
对照品	40.39	84.27	10 μl	

$$氢化可的松（\%）= \frac{c_R \times \dfrac{A_i}{A_s}}{c_i} \times 100\% = \frac{\dfrac{40.39}{100} \times \dfrac{102.44}{84.27}}{\dfrac{50.45}{100}} \times 100\% = 97.3\%$$

外标法的优点是操作简便，不需要校正因子，但进样量要求十分准确，操作条件也需严格控制，适于日常控制分析和大量同类样品分析。其结果的准确度取决于进样量的重现性和操作条件的稳定性。

（2）内标法。当只需测定样品中某几个组分，或样品中所有组分不可能全部出峰时，可采用内标法。具体做法是：准确称取样品，加入一定量某种纯物质作为内标物，然后进行色谱分析，再由被测物和内标物在色谱图上相应的峰面积和相对校正因子，求出某组分的含量。根据内标法的校正原理，可写出下式：

$$\frac{A_i}{A_s} = \frac{f_s}{f_i} \cdot \frac{m_i}{m_s}$$

$$则：m_i = \frac{A_i f_i}{A_s f_s} m_s$$

$$所以：w_i = \frac{m_i}{m} \times 100\% = \frac{A_i f_i}{A_s f_s} \cdot \frac{m_s}{m} \times 100\%$$

式中：m_s，m 分别为内标物质量和样品质量（注意：m 不包括 m_s），A_i，A_s 分别为被测组分和内标物的峰面积，f_i，f_s 分别为被测组分和内标物的相对质量校正因子。

在实际工作中，一般以内标物作为基准物质，即 $f_s = 1$，此时含量计算式可简化为：

$$w_i = \frac{A_i}{A_s} \cdot \frac{m_s}{m} \cdot f_i \times 100\%$$

内标法中内标物的选择至关重要，需要满足以下条件：第一，应是样品中不存在的稳定易得的纯物质；第二，内标峰应在各待测组分之间或与之相近；第三，能与样品互溶但无化学反应；第四，内标物浓度应恰当，其峰面积与待测组分相差不大。色谱法采用内标法定量时，因在样品中增加了 1 个内标物，常常给分离造成一定的困难。

【例 4 - 2】 维生素 E 的含量测定

取正三十二烷适量，加正己烷溶解并稀释成每毫升中含 1.0 mg 的溶液，摇匀，作为内标溶液。另取维生素 E 对照品适量，精密称定，置棕色具塞锥形瓶中，精密加入内标液 10 ml，密塞，振摇溶解；取 1 μl 注入气相色谱仪，具体数据如下。

称取维生素 E 对照品的量为 20.14 mg，配制内标溶液的浓度为 1.012 mg · ml^{-1}，对照品峰面积为 48.45，内标物的峰面积为 23.59。

称取维生素 E 供试品的量为 22.68 mg，供试品峰面积为 52.75，内标物的峰面积为 23.82，计算供试品中维生素 E 的含量。

按内标法计算公式可得：

$$f = \frac{A_S/c_S}{A_R/c_R} = \frac{23.59/1.012}{48.45/2.014} = 0.969$$

$$维生素 E(\%) = \frac{f \times \dfrac{A_i}{A'_S} \times c'_s}{c_i} \times 100\% = \frac{f \times \dfrac{A_i}{A'_S} \times m'_s}{m_i} \times 100\%$$

$$= \frac{0.969 \times \dfrac{52.75}{23.82} \times 10.12}{22.68} \times 100\% = 95.8\%$$

(3) 归一化法。归一化法也是色谱法中常用的定量方法。它是将样品中所有组分的含量之和按 100% 计算，以它们相应的色谱峰面积或峰高为定量参数，通过下列公式计算各组分的质量分数：

$$w_i = \frac{A_i f_i}{\sum\limits_{i=1}^{n} A_i f_i} \times 100\%$$

对于较狭窄的色谱峰或峰宽基本相同的色谱峰，可用峰高代替面积进行归一化定量。这种方法简便易行，但此时 f_i 应是峰高校正因子。例如：

$$f_i = \frac{h_S \times m_i}{h_i \times m_S}$$

必须先行测定。当各组分的 f_i 相同时，上述计算式可简化为：

$$w_i = \frac{A_i}{\sum\limits_{i=1}^{n} A_i} \times 100\%$$

从以上公式可见，只有当样品中所有组分经过色谱分离后均能产生可以测量的色谱峰时才能采用归一化法定量。归一化法简单准确，不必称量和准确进样，操作条件如进样量、载气流速等变化时对结果影响较小，该法不适于痕量分析。

【例 4-3】 用归一化法分析苯、甲苯、乙苯和二甲苯混合物中各组分的含量，在一定色谱条件下得到色谱图，测得各组分的峰高及峰高校正因子如下所示，试计算样品中各组分的含量。

组 分	苯	甲 苯	乙 苯	二甲苯
h(mm)	103.8	119.1	66.8	44.0
峰高校正因子 f_i	1.00	1.99	4.16	5.21

解：利用峰高代替峰面积，用峰高归一化法定量：

$$w_i = \frac{h_i f_i}{\sum\limits_{i=1}^{n} h_i f_i} \times 100\%$$

$$w_{苯} = \frac{103.8 \times 1.00}{103.8 \times 1.00 + 119.1 \times 1.99 + 66.8 \times 4.16 + 44.0 \times 5.21} \times 100\%$$

$$= \frac{103.8}{848} \times 100\% = 12.2\%$$

$$w_{甲苯} = \frac{119.1 \times 1.99}{848} \times 100\% = 27.0\%$$

$$w_{乙苯} = \frac{66.8 \times 4.16}{848} \times 100\% = 32.8\%$$

$$w_{二甲苯} = \frac{44.0 \times 5.21}{848} \times 100\% = 27.0\%$$

项目二 薄层色谱技术

学习目标

1. 能说出薄层色谱法的基本原理。
2. 能描述薄层色谱法常用固定相和展开剂。
3. 能描述薄层色谱法的常用定性分析方法。

薄层色谱法(thin layer chromatography，TLC)是把固定相均匀地涂布在玻璃板、塑料板或铝箔上形成厚薄均匀的薄层，在此薄层上进行混合物分离分析的色谱法。通常是将供试品溶液点样于涂布有固定相的薄层板上，在密闭的容器中用适当的溶剂(展开剂)展开、检视后所得的色谱图(斑点)，与适宜的对照物按同法操作所得的色谱图(斑点)进行比较。薄层色谱法具有分析速度快、分离能力强、分析结果直观、分析预处理简单、上样量较大、仪器简单、操作方便等特点。在药物质量控制中，薄层色谱法主要用于药品的鉴别和杂质的检查，也用于含量测定。在一些国家的药典和药品规范中，将 TLC 与气相色谱法、高效液相色谱法并列为 3 种最常用的色谱分析方法。

一、基本原理

(一) 分离原理

根据固定相性质及其分离原理的不同，薄层色谱法主要分为吸附色谱法、分配色谱法和分子排阻色谱法等。本项目主要讨论在药品的鉴别和杂质检查中最为常用的吸附薄层色谱法。

固定相为吸附剂的薄层色谱法称为吸附薄层色谱法。其分离原理为：在吸附薄层色谱法中，将含有 A，B 两组分的混合物点样于薄层板的一端，在密闭的容器中用适当的流动相(展开剂)展开，在展开过程中，A，B 不断被固定相的吸附剂所吸附，又被展开剂所溶解(解吸附)，且随展开剂向前移动，遇到新的吸附剂又被吸附，又被流动相溶解，如此反复。由于吸附剂对 A 和 B 两组分具有不同的吸附能力，展开剂也对 A 和 B 两组分具有不同的解吸附能力，即吸附系数不同($K_A \neq K_B$)，因此当展开剂向前移动、不断展开时，A，B 在吸附剂和展开剂之间发生连续不断的吸附和解吸附，从而产生差速迁移得到分离。组分的吸附系数(K 值)越大，随展开剂移动的速度越慢，如图 4-4 中的 A，其 R_f 越小；反之，组分的吸附系数(K 值)越小，随展开剂移动的速度越快，如图 4-4 中的 B，其 R_f 越大。在吸附色谱法中，极性大的组分 R_f 小，极性小的组分 R_f 大。

吸附色谱的展开规律可以概括为：待展开物质和展开剂对固定相硅胶上极性位点的抢吸附。对于 2 种待展开物质来说，极性大的 R_f 小；对于同 1 个待展开物质来说，提高展开剂极性，增大斑点的 R_f 值。

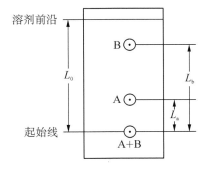

图 4-4　A，B 两组分的薄层展开示意

(二) 定性参数

1. 比移值　比移值(R_f)系指在一定条件下，从点样基线至展开斑点中心(质量中心)的距离(L)与基线至展开剂前沿的距离(L_0)的比值(图 4-4)。计算公式如下：

$$R_f = \frac{\text{从基线到展开斑点中心的距离}}{\text{基线到展开剂前沿的距离}} = \frac{L}{L_0}$$

R_f 是薄层色谱法的基本参数。可用供试品溶液的主斑点与对照溶液的主斑点的 R_f 值进行比较，或用 R_f 来说明主斑点的位置或杂质斑点的位置。实践中，R_f 值的取值范围为 0～1，最

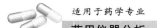

佳范围为 0.3~0.5,可用范围是 0.2~0.8。影响 R_f 值的因素主要有以下几个方面。

(1) 被分离物质的性质。在硅胶薄层板上的吸附色谱法中,一般来说,极性较强的组分 R_f 值较小。

(2) 薄层板的性质。固定相的粒度、薄层的厚度等都影响组分的 R_f 值。吸附色谱法中吸附剂活性越强,其吸附作用就越强,组分的 R_f 越小。

(3) 展开剂的性质。展开剂的极性和组成对组分的溶解能力及其与固定相作用的强弱等都影响到组分的 R_f 值。在吸附色谱法中,极性越强的展开剂与吸附剂的作用越强,使组分与吸附剂的作用相对减弱,R_f 值越大。

(4) 展开蒸汽的饱和程度。展开缸内的展开剂蒸汽饱和程度对 R_f 值也有较大影响。展开缸内展开剂蒸汽饱和程度不够时,在展开过程中薄层板上的展开剂中挥发性强的组分(通常极性相对较弱)易挥发,导致组分 R_f 值增大。展开蒸汽饱和程度不足或者薄层板未有充分饱和,是造成展开剂的边缘效应的重要原因。

因此,R_f 值受被分离组分的结构和性质、固定相和流动相的种类和性质、展开容器内胆饱和度及温度等多因素的影响,同一化合物 R_f 值就可能出现不同。为了消除一些难以控制的实验条件的影响,建议采用相对比移值 R_r。

2. 相对比移值 相对比移值(R_r)是指在一定条件下,被测组分的比移值与参考物质比移值之比(见图 4-4)。计算公式如下:

$$R_r = \frac{原点到样品斑点中心的距离}{原点到参考物质斑点的距离} = \frac{L_a}{L_b}$$

由此可见,R_r 值可以大于 1 或者小于 1。参考物质可以另外加入的物质,也可以直接以样品中的另一组分为参考物进行比较。

3. 分离效能 分离效能以分离度表示。分离度(R)系指两个相邻的斑点中心距离与两斑点的平均宽度(直径)的比值。

$$R = \frac{2d}{W_1 + W_2}$$

式中:d 为两斑点中心的距;W_1 为斑点 A 的宽度;W_2 为斑点 B 的宽度。

应用于鉴别时,在对照品与结构相似药物的对照品制成的混合对照溶液的色谱图中,应显示两个清晰分离的斑点;应用于杂质检查时,在杂质对照品用供试品自身稀释对照溶液或同品种对照溶液制成混合对照溶液的色谱图中,应显示两个清晰分离的斑点,或待测成分与相邻的杂质斑点应清晰分离。

二、吸附薄层色谱法常用的固定相和流动相

(一)固定相(吸附剂)

吸附薄层色谱法的固定相为吸附剂,最常用的吸附剂是硅胶,其次有硅藻土、氧化铝、微晶纤维素等,另外,亦有少量使用聚酰胺薄膜。一般要求吸附剂的粒径为 5~40 μm。这些固定相,涂布在玻璃板上或铝基片上,就是薄层色谱法使用的薄层板。

1. 硅胶 硅胶是薄层色谱法应用最多的固定相,通常用 $SiO_2 \cdot xH_2O$ 表示,是具有硅

氧交联结构、表面有许多硅醇基的多孔性微粒。硅醇基是使硅胶具有吸附力的活性基团,其通过与极性基团形成氢键表现吸附性能,不同组分的极性基团与硅醇基形成氢键的能力不同,使其可以在硅胶作为固定相的薄板上分离。水能与硅胶表面的硅醇基结合而使其失去活性。所以硅胶的含水量越高,其活性越低,吸附力越弱。在 105~110℃加热 30 min,使硅胶吸附力增强,这一过程称为"活化"。如果将硅胶加热至 500℃左右,由于硅胶结构内的水(结构水)不可逆地失去,硅醇基结构变成硅氧烷结构,则吸附能力显著下降。硅胶的吸附能力与其含水量有关,其活度(吸附能力)与含水量的关系如表 4-3 所示。含水量越多,级数越高,活性越低,吸附能力越弱,同一组分在该硅胶上的比移值(R_f)越大;含水量越少,级数越低,活性越高,吸附能力越强,同一组分在该硅胶上的比移值(R_f)越小。

表 4-3 硅胶、氧化铝的活性与含水量的关系

硅胶含水量(%)	氧化铝含水量(%)	活性级别活性	活 性	一般活化方法
0	0	I	高 ↓ 低	硅胶:110℃,30 min 氧化铝:110℃,45 min
5	3	II		
15	6	III		
25	10	IV		
38	15	V		

硅胶的分离效能还与其粒度、孔径及比表面积等几何形状有关。其粒度越小、越均匀,比表面积越大、孔径越多,其分离效能越高。

硅胶表面呈弱酸性(pH≈5),一般适合酸性和中性物质的分离,如有机酸、酚和醛类等。碱性物质(如生物碱)与硅胶发生酸碱反应,分离时出现拖尾,严重时停留在原点,不随流动相展开,即 $R_f = 0$。

薄层色谱法常用的硅胶有硅胶 G、硅胶 GF$_{254}$、硅胶 H、硅胶 HF$_{254}$等。其中,硅胶 G 系指含有黏合剂(煅石膏,12%~14%)的硅胶;硅胶 H 系不含黏合剂的硅胶;硅胶 HF$_{254}$系指不含黏合剂但有荧光剂的硅胶,而硅胶 GF$_{254}$则是同时含有黏合剂和荧光剂的硅胶,荧光剂在 254 nm 的紫外光下呈强烈的黄绿色荧光背景。

2. 氧化铝 色谱用氧化铝有碱性(pH 9.0)、中性(pH 7.5)和酸性(pH 4.0)3 种。一般碱性氧化铝适用于分离中性及碱性化合物;中性氧化铝用来分离酸性及对碱不稳定的化合物;酸性氧化铝可用于酸性化合物的分离,其中,中性氧化铝使用最多。氧化铝的活性也与含水量有关(表 4-3),含水量高,活性低,吸附力弱。氧化铝和硅胶类似,有氧化铝和氧化铝 G 等。

3. 聚酰胺 聚酰胺是一种有机薄层材料,常用的有聚己内酰胺和聚十一酰胺等。聚酰胺表面有酰胺基,可和酚、羧基、氨基酸等形成氢键,对这一类物质的选择性特别高。选择固定相时主要根据样品的性质如溶解度、酸碱性及极性。硅胶微带酸性,适用于酸性及中性物质的分离;而一般碱性氧化铝适用于碱性物质和中性物质的分离。在实际工作中一般都先选用这两种吸附剂,只有在不适合时再选用别的吸附剂活改用分配色谱法、离子交换色谱法等。

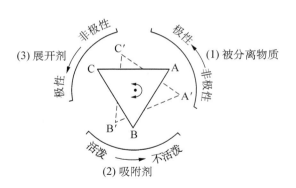

图4-5 化合物的极性、吸附剂活性和展开剂极性间的关系图示

(二)展开剂

薄层色谱法的流动相又称为展开剂(developing solvent;developer)。展开剂选择是影响薄层色谱分离结果优劣的重要步骤之一。在吸附薄层色谱法中,选择展开剂的一般原则和吸附柱色谱选择流动相的原则相似,主要是根据被分离物质的极性、吸附剂的活度和展开剂的极性三者的相对关系进行选择。通过组分分子与展开剂分子争夺吸附剂表面活性中心而达到分离。Stahl 设计了选择吸附薄层色谱条件的三者关系示意图(图4-5),图中 A,B,C 三角形的三个角分别表示被分离的物质、吸附剂和展开剂。由图可见,图中的三角形 A 角指向一定的位置,相应的吸附剂和展开剂就相对变化。可根据这个三角形来选择薄层色谱的条件。

薄层色谱法中常用的溶剂按极性由强到弱的顺序为:水>酸>吡啶>甲醇>乙醇>正丙醇>丙酮>乙酸乙酯>乙醚>氯仿>二氯甲烷>甲苯>苯>三氯乙烷>四氯化碳>环己烷>石油醚。

其中水、甲醇、乙醇和丙酮之间可以任意比例混溶,所以甲醇、乙醇和丙酮被称为亲水性有机溶剂。

在薄层色谱中,通常根据被分离组分的极性,首先选择单一溶剂展开,由分离效果进一步考虑改变展开剂的极性或选择混合展开剂。例如,在实际工作中,某物质用氯仿作展开剂,有一比移值(R_f),如果想改变比移值的大小,可以通过改变展开剂的极性来进行。如果想使比移值增大,则可以选择比氯仿极性大的溶剂或者往氯仿溶液中加入一定比例的比氯仿极性大的溶剂(如乙醇、丙酮等);反之,如果想比移值变小,则可以选择比氯仿极性小的溶剂或者往氯仿溶液中加入一定比例的比氯仿极性小的溶剂(如环己烷、石油醚等)。要想找到合适的展开剂,有时需要进行多次实验,有时需要两种以上溶剂的混合。常用的薄层色谱混合展开剂如表4-4所示。

表4-4 常见薄层色谱的混合展开剂

样品类型	展开剂组成和配比	备 注
亲水性样品	正丁醇＋乙醇＋水(4+1+5) 异丙醇＋氨水＋水(9+1+2) 苯酚＋水(4+5)	3种溶剂按比例混合,用分液漏斗充分振摇混合后,取有机层
中强度的亲水样品	三氯甲烷＋甲酰胺 三氯甲烷＋甲醇 乙酸乙酯＋甲醇	混合溶剂的配比按样品极性而定

配比根据实际实验的情况,适当进行调整,以达到分离及定性、定量分析的要求。

想一想

1. 利用相对比移值R_r定性有什么优点？

2. 影响薄层色谱比移值和相对比移值的因素有哪些？

3. 薄层色谱板中固定相的类型有哪些，它们有何异同点？

三、薄层色谱法的应用

在药品质量控制过程中，TLC可用于化学药品的鉴别和纯度检查，对药品中存在的已知或未知杂质进行限度检查试验；还可以用于中药的鉴别和含量测定；有时也可用于小量化合物的精制；在生产上可用于判断反应的终点，监视反应过程。

（一）定性鉴别

薄层色谱的定性鉴别基本是利用其定性参数（R_f）值来完成，具体鉴别方法如下。

1. **与对照品比较R_f值** 将同浓度的供试品溶液与对照品溶液在同一块薄层板上点样、展开与检视，供试品溶液所显示主斑点的位置（R_f）应与对照溶液的主斑点一致，而且两主斑点的大小与颜色（或荧光）的深浅也应大致相同；或将两溶液等体积混合后，点样、展开与检视，应显示单一、紧密的斑点。

2. **与结构相似的物质比较R_f值** 选用与供试品化学结构相似的药物对照品与供试品的主斑点比较，两者的R_f值应不同，或将上述两种溶液等体积混合应显示两个清晰分离的斑点。

（二）定量检测

1. **洗脱法** 样品经过薄层色谱分离后，采用适当的方法将待测组分洗脱或溶解出来，然后采用适当的方法测定含量。

2. **目视比较法** 将一系列已知浓度的对照品（或标准物质）溶液与试样溶液在同一薄层板上进行点样、展开并显色后，以目视法直接比较样品与对照品斑点的颜色及大小，求出样品中待测组分的近似含量，该方法误差较大，精密度约为±10％，通常作为半定量方法。

3. **薄层扫描法** 用薄层扫描仪对薄层板上的斑点进行分析，精密度可达±5％。薄层扫描的方法主要有透射法和反射法，利用薄层扫描仪（常用的是双波长薄层扫描仪）以一定强度波长的光照射薄层板上被分离组分的斑点，测定斑点对光吸收的强度或发出荧光的强度，进行定量分析的方法。

薄层扫描的定量分析法主要采用外标法，即先用被测组分对照品浓度系列作校正曲线，得到线性范围，进行含量测定。在实际工作中常采用外标一点法和外标两点法。

（三）药物的杂质检查

1. **杂质对照品法** 制备一定浓度的供试品溶液和相应的（浓度符合限度规定的）杂质对照品溶液或系列杂质对照品溶液，点样、展开、检视并比较。供试品溶液色谱图中除主斑点外的其他斑点（杂质斑点）与相应的杂质对照品溶液或系列杂质对照品溶液色谱图中的主斑点比较，颜色不得更深。

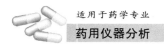

2. 自身稀释对照法　制备一定浓度的供试品溶液；取一定量供试品溶液，按照限度规定，稀释成另一份低浓度的溶液或系列溶液，作为对照溶液，点样、展开、检测并比较。供试品溶液色谱图中除主斑点外的其他斑点（杂质斑点）与相应的自身稀释对照溶液或系列自身稀释对照溶液色谱图中的主斑点比较，颜色不得更深。

四、薄层色谱法的实验操作技术

薄层色谱法的操作程序主要有薄板的制备、点样、展开及斑点的检视。

（一）薄层板的制备

薄层板可分为无黏合剂的软板和含黏合剂的硬板两种。软板制备简便，但表面松散，很易吹散、脱落，现已不常用。下面介绍含黏合剂硬板的制备方法。

1. 基片的选择　根据需要，选用 5 cm×20 cm，10 cm×20 cm 或 20 cm×20 cm 规格的玻璃板、塑料板或铝箔，要求表面光滑、平整、洗净后不附水珠，晾干。

2. 薄层板的涂布　在固定相中加一定量的黏合剂，常用 10％～15％煅石膏（$CaSO_4 \cdot 2H_2O$ 在 140℃加热 4 h，硅胶 G 板），混匀后加水适量使用，或用羧甲基纤维素钠水溶液（0.2％～0.5％，硅胶 H 板）适量调成糊状，再去除表面的气泡后，均匀涂布于玻璃板上，置于水平台上于室温下晾干。

3. 薄层板的活化　除自制的薄层板外，还可以购买市售薄层板，如硅胶薄层板、硅胶 G 薄层板、聚酰胺薄膜和铝基片薄层板等。薄层板在临用前，一般应在 110℃条件下活化 30 min，即置于有干燥剂的干燥箱中备用，而聚酰胺薄膜不需要活化。使用前还需检查薄层板的均匀度（可通过反射光和透射光检视）。

（二）点样

点样是薄层色谱分析的重要步骤。点样的工具一般采用微量注射器或点样毛细管。点样方法：①选择合适的溶剂，将试样配制成浓度为 0.01％～0.1％的溶液。溶剂一般选用乙醇、甲醇等易挥发性的溶剂，避免使用水，因为水溶液斑点易扩散，且不易挥发除去。②在洁净干燥的环境下，用点样器点样于薄层板上，一般原点直径以 2～4 mm 为宜，采用多次点样，点样量一般以几微升为宜，每次点样需自然干燥或用电吹风干燥后，才能二次点样，以免斑点扩散。③点样基线距底边距 2.0 cm，点间距离可视斑点扩散情况以不影响检出为宜，一般为 1.0～2.0 cm。④点样形状可以是点状，也可以是带状，点样时必须注意勿损伤薄层板表面。

（三）展开

点好样的薄层板要进行展开，展开的容器应使用适合薄层板大小的薄层色谱专用展开缸，并有严密的盖子，底部应平整光滑，或有双槽。将点好样品的薄层板放入层析缸的展开剂中，浸入展开剂的深度为距薄层底边 0.5～1.0 cm（勿将样品点浸入展开剂中），密封顶盖，待展开至规定距离（一般为 10～15 cm）后，取出薄层板，标记好前沿，晾干。

在展开之前，薄层板置于盛有展开剂的色谱缸内预饱和 15～30 min，此时薄层板不与展开剂直接接触。待缸内的展开剂蒸汽、薄层、缸内大气达到动态平衡时，体系达到饱和，再将薄层板浸入展开剂中。预饱和可以避免边缘效应。边缘效应是指同一组分在同一薄层板上处于边缘斑点的 R_f 值比处于中心的 R_f 值大的现象。产生边缘效应的原因是由于展开剂的蒸发速度从薄层板中央到两边边缘逐渐增加,即处于边缘的溶剂挥发速度较快。在相同条件下,致使同一组分在边缘的迁移距离大于在中心的迁移距离。

　　薄层展开的方式可以单向展开,即向一个方向进行;也可以双向展开,即先向一个方向展开,取出,待展开剂完全挥发后,将薄层板转动 90°,再用原来展开剂或另一种展开剂进行展开亦可多次展开。

(四) 显色与检视

　　显色装置喷雾显色可使用玻璃喷雾瓶或专用喷雾器,要求用压缩气体使显色剂呈均匀细雾状喷出;浸渍显色可用专用玻璃器皿或适宜的玻璃缸代替;碘蒸气熏碘显色可用双槽玻璃缸或适宜大小的干燥器代替。

　　检视装置为装有紫外光(254 nm 或 365 nm)、可见光光源及相应滤光片的暗箱,可附加摄像设备供拍摄色谱图用,暗箱内光源应有足够的光照。

　　1. 普通薄层板　有色物质,可在日光灯下直接检视。无色物质可用物理和化学方法检视。物理方法是在紫外光(254 nm 或 365 nm)灯下或用其他仪器检出斑点的荧光颜色和强度;化学方法一般用化学试剂显色后,立即覆盖同样大小的玻板,在日光或紫外光灯下检视。

　　2. 荧光薄层板　可用荧光淬灭法,即在紫外光(254 nm)灯下,掺入少量荧光物质的薄层板呈黄绿色,被测组分在荧光薄层板上猝灭荧光而产生暗斑,可检视暗斑的位置与强度。

　　3. 显色剂　有通用型和专用型两种。通用型显色剂有碘、硫酸溶液、荧光黄溶液等,可使许多物质显色,如碘可使生物碱、氨基酸衍生物、肽类、脂类及皂苷等显色;专用显色剂可使某个或某类化合物显色,如茚三酮可使氨基酸显色。显色方法有直接喷雾法、浸渍法和压板法等。

做一做

　　1. 在薄层色谱中,以硅胶为固定相,有机溶剂为流动相,迁移速度快的组分是(　　)

　　A. 极性大的组分　　　　　　　　B. 极性小的组分

　　C. 挥发性大的组分　　　　　　　D. 挥发性小的组分

　　2. 用硅胶作吸附剂,正丁醇作展开剂,薄层色谱分析某弱极性物质时,其 R_f 值太大,为减小 R_f 值可采用的方法是(　　)

　　A. 增大吸附剂的含水量　　　　　B. 用乙酸乙酯作展开剂

　　C. 在正丁醇中加入一定量的乙醇　　D. 减少点样量

　　3. 在薄层板上分离 A,B 两组分的混合物,当原点至溶剂前沿距离为 15.0 cm 时,两斑点质量重心至原点的距离分别为 6.9 cm 和 5.6 cm,斑点直径分别为 0.83 cm 和 0.57 cm,求两组分的分离度及 R_f 值。

　　4. 薄层板上分离 A,B 两组分,A 斑点距原点 3.5 cm 时,B 斑点距 A 斑点 2.5 cm,展开剂前沿距 B 斑点 6.0 cm,计算两组分各自的比移值及 B 对 A 的相对比移值?

五、自动薄层点样仪的基本操作

1. 装载薄层板　这里的薄层板指 20 cm×10 cm 或 20 cm×20 cm 的板。薄层板装载台的结构如图 4-6 所示。

（1）把板装载台右边的板平台控制杆往后拨，使板装载台降低。

（2）把前段压杆向前翻开。

（3）放入薄层板，并使之贴近平台固定边和定位销。

（4）把前段压杆向后翻回原来位置，并把板平台控制杆向前拨，使板装载台升高并压紧薄层板。

2. 装载样品瓶　把装载了样品的瓶放入样品架上，位置编号如图 4-7 所示。

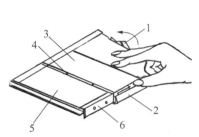

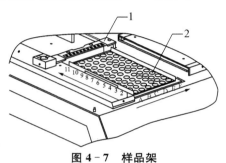

图 4-6　薄层板装载台

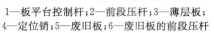

1—板平台控制杆；2—前段压杆；3—薄层板；
4—定位销；5—废旧板；6—废旧板的前段压杆

图 4-7　样品架

3. 软件操作

（1）运行【winCATS】工作站。

（2）选择创建分析文件【Method】（＊.cme）或【Analysis】方法文件（＊.cna）。

（3）输入创建方法的文件名称，或不输入由软件自动生成以日期命名的文件，如20140120.cme。

（4）点击 OK 打开新建立的文件窗口。左窗口：参数引导页（主菜单），有 3 个标签页；右窗口：具体参数设置页。

（5）点击左面主菜单【Method】项，然后在右面选择需要控制的仪器，选择【Sample application】项下 ATS4 薄层点样仪，进入 ATS4 参数设置主菜单。

（6）点击左边【Stationary-phase】（固定相）菜单，然后在右窗口设置薄层板的尺寸等参数。选择薄层板的尺寸必须与实际应用相符，如使用较小尺寸薄层板，例如 5 ＊ 10 cm，注意点样间距须采用手动定义，此时这尺寸设置没有意义。

（7）点击【Sample application-ATS4】菜单，右窗口出现 3 个标签页，如下所示。

　　　　　【ATS4-General】　　　　【Sequence】　　　　【Layout】
　　　　　（总的设置）　　　　（点样顺序设置）　　　（点样预览）

（8）点击【ATS-4 General】标签页进入仪器总的设置页。

【Application volume】预设每个轨道的点样量；范围 0.1～1 000 μl，薄层定量建议最小点样量 0.1 μl，此处设置 2～5 μl 是合理的。

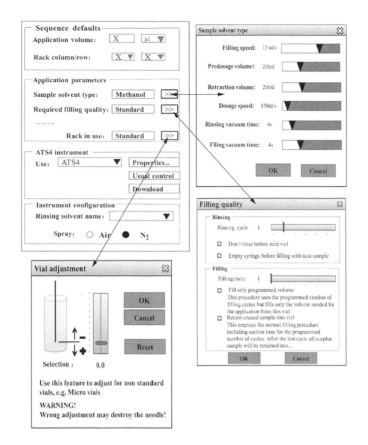

【Solution type】选择与点样溶剂物化性质（挥发性、黏度等）相似的溶剂类型，软件自动配置合适点样速度；或点击【≫】进入【User define】模式，自定义：

Fill speed——样品进样速度。（速度太快可能产生气泡）。

predosage volume——（前排空量）0～5 μl（一般情况下选择 1 μl）。

Retraction volume——溶剂蒸发补偿量。

Dosage speed——点样速度 0.1～2.5 μl/s（较慢的点样速度有利于减少溶剂扩散，挥发性好的溶剂可用较高的点样速度）。

Rinsing Vacuum time——真空清洗时间（浓度，黏度大的溶剂需要较长的时间）。

Filling Vacuum time——真空抽取样品时间（浓度，黏度大的溶剂需要较长的时间）。

【**Required filling quality**】取样质量，或点击【≫】进入【User define】模式，自定义：

Rinsing——点样前用清洗液冲洗次数。

□Don't rinse before next vial——抽取不同样品前不清洗。

□Empty syringe before filling with next sample——抽取下一个样品前排空针管。

Filling——针管使用样品冲洗次数。

□Fill only programmed volume——取样量：仅抽取样品总体积量。

□Return unused sample into vial——返回多余样品回瓶子。

【**Rack in use**】样品瓶架规格：标准 66（Standard）or 96（Titer plate）瓶。点击【≫】进入瓶深度调整（如上图所示），使用非标准瓶子可用此调整点样针与瓶底距离。

注意:错误调整会将导致点样针损坏。

【Instrument configuration】选择喷雾点样所用气体。一般为氮气,压力 2～5 Bar,流速 1 L/min,气体不能含有油及灰尘。

用氮气有两种用途:①用做吹针头尖上的溶剂滴;②保护溶剂在没完全挥发掉前被氧化。

【Download】将目前应用的方法下传到点样仪内存(必须在连机状态)后,可在脱离计算机时使用,最多可以存储 6 个方法文件或分析文件(下载前先把所有的参数设置好)。

(9) 点击【sequence】标签页进入点样位置参数设置页。

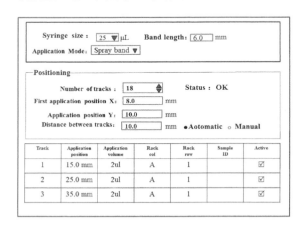

在【syringe】项选择取样针管规格(syringe volume)25 μl,50 μl 或 100 μl。

在【Application mode】项下选择需要的点样模式:

Contact——接触式点样(使用接触式点样针)。

Spray band——喷雾式条带点样(使用喷雾式点样针)。

Spray area——喷雾式面积点样(使用喷雾式点样针)。

【Band length】根据点样量设置条带点样宽度。

【Number of tracks】根据需要设置条带数目。

【First application position X】第 1 根条带在 X 轴上距离板边缘的位置(建议值为15～25 mm,用于减小边缘效应)。

【Application position Y】条带的点样高度(距离底边边缘)。

【Distance between tracks】条带之间的间距(可自动或手动调整)。

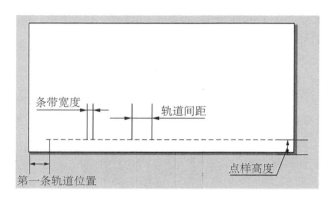

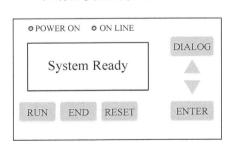

每个轨道点样体积　　体积单位　瓶子位置　　　　　轨道是否要求点样

	Appl. position (mm)	Appl. volume	Units	Rack column	Rack row	Sample ID	Active
1	15	5	µl	A	1		☑
2	25	5	µl	A	1		☑
3	35	5	µl	A	1		☑
4	45	5	µl	A	1		☑
5	55	5	µl	A	1		☑
6	65	5	µl	A	1		☑
7	75	5	µl	A	1		☑
8	85	5	µl	A	1		☑
9	95	5	µl	A	1		☑
10	105	5	µl	A	1		☑

特别注意：如果长度小于 10 cm 的薄层板，这里必须手动设置点样间距，因为软件默认的最小薄层板尺寸为 10 cm×10 cm。

不同样品来自不同的样品瓶，设置时需要在 Rack 栏根据实际应用设置。

（10）点击【layout】预览薄层板上点样位置。

（11）点击【Execute next step】开始分析，跳出保存文件对话框，点击保存或重命名后保存，仪器开始点样。应用注意，此时不要忘记打开气源调节输出压力 0.5～3 BAR。

4. 面板控制操作　自动薄层点样仪的操作面板如图 4-8 所示。

（1）脱离计算机操作。仪器可使用独立操作模式，多达 6 个方法文件或分析文件可以存储在仪器内存。步骤为：①按 RUN 键，显示最后一次操作方法，使用上下键可选择其他方法。②按 ENTER 键（或 RUN）开始点样工作。

（2）清洗注射器。注射器的清洗只在没有其他程序运行时使用。WinCATS 工作站内有同样的功能。步骤为：①按 END 键；②按上下键选择"RINSE SYRINGE"；③按 ENTER 键确定。

注射器使用清洗液进行 2 次清洗后，溶剂排除到废液瓶内。

○POWER ON　○ON LINE

System Ready

DIALOG
▲
▼
RUN　END　RESET　ENTER

图 4-8　自动薄层点样仪操作面板

（3）清洗点样系统。点样系统的清洗只在没有其他程序运行时使用。WinCATS 工作站内有同样的功能。步骤为：①按 END 键；②按上下键选择"CLEAN RINSE UNIT"；③按 ENTER 键确定。

（4）设置注射器体积型号和点样针型号，步骤为：①按"DIALOG"键；②按上下键选择注射器体积型号（25，50，100）和点样针型号（spray，contact）；③按"ENTER"键确定。

如果选择了错误的型号，会导致点样量错误。

六、自动薄层点样仪的维护

1. 打孔器维护　打孔器作用是用作在瓶盖上开孔，以使点样针顺利进入瓶内抽取样品，打孔器的损坏会间接引起点样针损坏，所以必须保证打孔器能正常工作，才能使用仪器点样。

（1）不要使用非标准瓶盖,以免碰弯打孔器。

（2）瓶盖避免长时间多次使用,以免溶剂渗漏到打孔器内,堵塞打孔器。

（3）仪器使用前可先检测打孔器是否堵塞,发现堵塞后可卸下打孔器,用超声浴清洗。并必须保证点样针和打孔器中心对准,点样针能非常顺利通过打孔器。

2. 喷头维护　喷头作用是引导气体围绕点样针喷出,使气体能把样品准确地吹扫到板上。

（1）瓶盖避免长时间多次使用,以免溶剂渗漏到打孔器内,堵塞喷头。

（2）定期检查喷头是否堵塞,发现堵塞后可卸下喷头,用超声浴清洗。

（3）仪器使用前可先检测喷头是否堵塞,并必须保证点样针和喷头中心对准,点样针能非常顺利通过喷头。

3. 点样针的维护　点样针作用是把样品准确地点到板上。

（1）使用前必须保证打孔器和喷头没有堵塞,点样针能顺利通过。

（2）尽量避免使用非标准的或橡胶垫片比较硬的瓶盖。

（3）瓶盖不要多次使用,否则橡胶垫片老化会把溶剂带上而堵塞喷头或打孔器。

（4）溶剂使用前先用滤纸过滤,以免堵塞点样针。

（5）软件的瓶底深度调整不要过大,否则引起点样针碰撞瓶底,使点样针弯曲。

（6）尽量避免用接触式点样,因为薄层材料硬度不够会把接触式点样针堵塞。

（7）必须严格按要求装载薄层板,保证薄层板平面和板装载台平行并水平,不能一边高一边低,否则把点样针碰坏。发现薄层板上有划痕时应马上停止点样,并通知厂家进行检测。

来自:薄层色谱全自动点样仪操作说明书,CAMAG 中国技术支持中心 www. CAMAG-China. com。

实训 4－1　盐酸普鲁卡因注射液中对氨基苯甲酸的检查

一、工作目标

（1）学会薄层色谱技术检查药物杂质的方法。

（2）学会自动薄层色谱点样仪的基本操作。

二、工作前准备

1. 工作环境准备

（1）药物检测实训室。

（2）温度:18～26℃。

（3）相对湿度:不大于 75％。

2. 试剂及规格　盐酸普鲁卡因注射液（市售）,对氨基苯甲酸(对照品)、苯(A. R),丙酮(A. R),冰醋酸(A. R),甲醇(A. R),无水乙醇(A. R),对二甲氨基苯甲醛(A. R)纯化水。

3. **仪器及规格** CAMAG 自动薄层点样仪,容量瓶(10 ml),点样毛细管,样品瓶、20 cm×10 cm 硅胶 H 薄层板

4. **注意事项**

(1) 薄层板应该在110℃活化 30 min,置于有干燥剂的干燥箱或干燥器中备用。

(2) 手动点样时,先用铅笔在薄层板底线距基线 1~2 cm 处画一横线,然后用毛细管吸取样液在横线上轻轻点样,如果要重新点样,一定要等前一次点样残余的溶剂挥发后再点样,以免点样斑点过大。一般斑点直径大于 2 mm,不宜超过 5 mm,点间距离为 1 cm 左右,样点与玻璃边缘距离至少 1 cm。薄层板上样品容积的负荷量极为有限,普通薄层板的点样量在 10 μl 以下为宜(少量多次)。

(3) 选择合适的量器把各组成溶剂移入分液漏斗,强烈振摇使混合液充分混匀,放置。绝对不允许把各组成溶液倒入展开缸,振摇展开缸来配制展开剂。混合不均匀和没有分液的展开剂,会造成层析的完全失败。让展开剂的蒸气充满展开缸,并使薄层板吸附蒸气达到饱和,防止边沿效应,饱和时间在 0.5 h 左右。展开距离不宜过长。除另有规定外,通常为10 cm 以下。薄层板放入展开缸时,展开剂不能没过样点。一般情况下,展开剂浸入薄层下端的高度不宜超过 0.5 cm。

(4) 展开后的薄层板经过干燥后,常用紫外光灯照射或用显色剂显色检出斑点。对于无色组分,在用显色剂时,显色剂喷洒要均匀,量要适度。紫外光灯的功率越大,暗室越暗,检出效果就越好。

三、工作依据

盐酸普鲁卡因注射液制备过程中受温度、溶液的 pH、贮藏时间及光线和金属离子等因素的影响,可发生水解反应,生成对氨基苯甲酸和二乙氨基乙醇。其中对氨基苯甲酸随贮藏时间的延长或高温加热,可进一步脱羧转化成苯胺,而苯胺又可被氧化成有色物,使注射剂变黄、疗效下降、毒性增加。所以,需要控制对氨基苯甲酸在盐酸普鲁卡因注射液中的含量。将试样溶液与对氨基苯甲酸溶液点在同一薄层板上,通过薄层色谱检查,以目视法直接比较试样中对氨基苯甲酸的斑点与对照品斑点的颜色深度或面积大小,估计出被测组分的近似含量。《中国药典》(2000 年版)规定,供试品溶液如显与对照品溶液相应的杂质斑点,其颜色与对照品溶液的主斑点比较,不得更深。

四、工作步骤

1. **薄层板的活化** 硅胶板一般在烘箱中渐渐升温,维持 105~110℃活化 30 min,活化后的薄层板放在干燥器内冷却,保存待用。

2. **样品溶液的制备** 精密量取盐酸普鲁卡因注射液适量,加乙醇稀释成每毫升中含盐酸普鲁卡因 2.5 mg 的溶液,作为供试品溶液。另取对氨基苯甲酸对照品,加乙醇制成每1 ml 中含 30 μg 的溶液,作为对照品溶液。

3. **点样** 编辑 winCATS 薄层点样方法,在同一块薄层板上分别点样,包括供试品溶液和对照品溶液,点样体积分别为 10 μl。

4. **展开** 薄层色谱的展开,需要在密闭容器中进行。在层析缸中加入配好的展开溶剂(苯:冰醋酸:丙酮:甲醇=14:1:1:4),使其高度不超过 1 cm。将点好的薄层板小心放

入层析缸中,点样一端朝下,让薄层板吸附蒸气达到饱和,防止边沿效应,饱和时间在 0.5 h 左右,再将薄层板浸入展开剂中开始展开。观察展开剂前沿上升到一定高度时取出,尽快在板上标上展开剂前沿位置,晾干。

5. 显色　用对二甲氨基苯甲醛溶液(2%对二甲氨基苯甲醛乙醇溶液 100 ml,加冰醋酸 5 ml 制成)喷雾显色。供试品溶液如显与对照品溶液相应的杂质斑点,其颜色与对照品溶液的主斑点比较,不得更深(1.2%)。

五、实验数据处理

比较供试品溶液与对照品溶液,如显与对照品溶液相应的杂质斑点,其颜色不得比对照品斑点颜色更深才合格。

六、实验讨论

(1) 对照品和供试品斑点大小不同的原因是什么？与手动点样相比,自动点样是如何提升样品分离效果的？

(2) 请查阅相关资料,引起边缘效应的因素的有哪些？如何克服薄层展开过程中的边缘效应？

项目三　气相色谱分析技术

学习目标

1. 能说出气相色谱法的基本原理。
2. 能说出气相色谱仪的组成及特点。
3. 能描述气相色谱法的应用。

气相色谱分析技术是利用气体作为流动相的一种色谱法,它可分为气液色谱法和气固色谱法。利用载气(是不与被测物作用,用来载送试样的惰性气体,如氢气、氮气等)载着欲分离的试样通过色谱柱中的固定相,使试样中各组分分离,然后分别检测。气相色谱法原理简单、操作方便,在全部的色谱分析对象中,20%的化合物可以使用气相色谱法进行分析。在药物分析领域,可以用于维生素 E、中药中挥发性成分、生物碱类成分的测定。气相色谱分析技术具有下列特点。

(1) 灵敏度高。用热导池检测器可检测出含量仅为百万分之十几的组分,氢火焰离子化检测器可检测出百万分之几的组分,电子捕获检测器与火焰光度检测器可检测出十亿分之几的组分。

(2) 高选择性。可有效地分离性质极为相近的组分,如恒沸混合物、沸点相近的物质、同位素、空间异构体、同分异构体和旋光异构体等。

(3) 速度快。一般常规样品分析只需几分钟即可完成,有利于指导和控制生产。

（4）高效能。可把组分复杂的样品分离成为单组分。

（5）应用范围广。可分析有一定蒸气压且热稳定性好的样品。不受组分的含量限制，可分析不同含量的气体和液体。一般可直接进样分析气体和易于挥发的有机化合物。

（6）样品用量少。一般气体样品用几毫升，液体样品用几微升或几十微升。

一、基本原理

气相色谱中起分离作用的是色谱柱中的固定相。进入色谱柱中的样品，由于各组分与固定相的相互作用力不同而得以分离。

气固色谱的固定相是多孔、具有较大表面积的吸附剂颗粒。试样由载气携带进入色谱柱后立即被其中的吸附剂吸附。载气不断地从色谱柱中流过，将吸附在吸附剂上的组分洗脱下来，这种现象称为脱附。脱附的组分随着载气继续前进时，又被前面的吸附剂所吸附。随着载气的流动，各组分在吸附剂表面进行反复的吸附、脱附。由于试样中各组分的性质不同，它们与吸附剂间的吸附力就不一样，较难被吸附的组分容易被脱附，较快地移向前面。容易被吸附的组分则不易被脱附，向前移动得慢些。经过一定时间，即一定量的载气通过色谱柱后，试样中的各个组分就彼此分离而先后流出色谱柱。

气液色谱固定相是涂布在载体表面的一层液膜，称为固定液。在气液色谱的分离原理与气固色谱分离相似，只不过试样中混合组分的分离是基于各组分在固定液中溶解度的不同。当载气携带被测物质进入色谱柱，和固定液接触时，气相中的被测组分溶解到固定液中去。载气连续进入色谱柱，溶解在固定液中的被测组分会从固定液中挥发到气相中去。随着载气的流动，挥发到气相中的被测组分分子又会溶解在前面的固定液中。这样反复多次溶解、挥发、再溶解、再挥发。由于各组分在固定液中溶解能力不同，溶解度大的组分就较难挥发，停留在柱中的时间长些，往前移动得就慢些。而溶解度小的组分，往前移动得快些，停留在柱中的时间就短些。经过一定时间后，各个组分就彼此分离。

因此，气相色谱分离的实质是样品组分在固定相和流动相之间反复多次的分配平衡，实际工作中常用分配系数 K 来描述这种分配。分配系数 K 是指在一定的温度下，组分在两相之间达到分配平衡时的浓度比。计算公式如下：

$$K = \frac{\text{组分在固定相中的浓度}}{\text{组分在流动相中的浓度}} = \frac{c_s}{c_m}$$

K 值主要取决于组分的性质和固定相的热力学性质，在同一固定相中，不同组分的 K 值不同；在不同的固定相中，同一组分的 K 值不同。当试样在色谱柱中达到分配平衡时，K 值越大的组分在固定相中的浓度越大，即其与固定相的作用力越大，被保留的时间较长，因此流出色谱柱的时间越迟，反之 K 值越小则越早流出色谱柱。可见，试样中的各组分具有不同的 K 值是分离的基础，两组分的 K 值相差越大，两者的色谱峰分离得越好；当组分的 $K = 0$ 时，即不被固定相保留，最先流出。K 值随柱温和柱压变化，与柱中的两相体积无关，选择适宜的固定相可改善分离效果。

在一定温度和压力下，组分在两相分配平衡时的质量比则称为分配比，用 k 表示。分配比与分配系数之间的关系如下式所示：

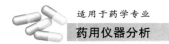

$$k = \frac{组分在固定相中的质量}{组分在流动相中的质量} = \frac{m_s}{m_m} = \frac{c_s V_s}{c_m V_m} = K \frac{V_s}{V_m}$$

对于一给定的色谱体系，k 值越大，组分在固定相中的量越大，即柱容量越大，因此分配比又称为容量比或容量因子，它反映了色谱柱对组分的保留能力。分配系数 K 与分配比 k 都是衡量色谱柱对组分保留能力的参数，数值越大，该组分的保留时间越长。

二、气相色谱法的应用

（一）定性分析

各物质在一定的色谱条件下均有确定不变的保留值，因此，保留值可以作为一种定性指标。常用的方法如下。

1. 已知物对照法　在一定的色谱条件下，一种物质只有一个确定的保留时间。因此，将已知纯物质在相同的色谱条件下的保留时间与未知物的保留时间进行比较，就可以定性鉴定未知物。若两者相同，则未知物可能是已知的纯物质；若两者不同，则未知物就不是该纯物质。该方法只适用于组分性质已经有所了解，组分比较简单，且有纯物质的未知物。

2. 相对保留值法　对于一些组分比较简单的已知范围的混合物或未知物时，可选定一基准物按文献报道的色谱条件进行实验，计算两组分的相对保留值。若 r_{i_s} 与文献值中报道相同，则可认为是同一物质，反之，亦然。计算公式如下：

$$r_{i_s} = \frac{t'_{R_i}}{t'_{R_s}}$$

式中：i 代表未知组分；s 代表基准物。

3. 保留指数法　保留指数是将正构烷烃作为基准物，把一个组分的保留行为换算成相当于含有几个碳的正构烷烃的保留行为来描述，是一种重现性较好的定性参数，是目前使用最广泛并被国际上公认的定性指标。该指数只与固定相的性质、柱温有关，与其他实验条件无关。

某物质的保留指数可由下式计算而得：

$$I = 100 \left(\frac{\lg x_I - \lg x_Z}{\lg x_{Z+1} - \lg x_Z} \right) + Z$$

式中：I 为待测组分的保留指数；Z 与 $Z+1$ 代表具有 Z 与 $Z+1$ 个碳原子数的正构烷烃。被测物质的 X 值应恰在这两个正构烷烃的 X 值之间，即 $X_Z < X_I < X_{Z+1}$。正构烷烃的保留指数则人为地定为它的碳数乘以 100，例如正戊烷、正己烷、正庚烷的保留指数分别为 500，600，700，其他类推。因此，欲求某物质的保留指数，只要与相邻的正构烷烃混合在一起，在给定条件下进行色谱实验，然后按公式计算其保留指数，再与文献值对照，即可定性。

4. 与其他方法结合的定性分析法　气相色谱具有非凡的分离能力，但它鉴定化合物的能力欠缺，而一些鉴定化合物能力很强的仪器却没有分离能力。如果把色谱和鉴定化合物能力很强的仪器联合使用,就可以取长补短。目前,气相色谱和光学仪器在线联用已成为对复杂混合物定性的主要方法,如 GC‑MS,GC‑IR,GC‑MS‑MS 等。

(二) 定量分析

1. 归一化法　如果试样中所有组分均能流出色谱柱,并在检测器上都有响应信号,都能出现色谱峰,可用此法计算各待测组分的含量,其计算公式如下:

$$w_i = \frac{A_i f_i}{\sum\limits_{i=1}^{n} A_i f_i} \times 100\%$$

归一化法简便、准确,进样量多少不影响定量的准确性,操作条件的变动对结果的影响也较小,尤其适用多组分的同时测定。但若试样中有的组分不能出峰,则不能采用此法。

2. 外标法　外标法又叫标准曲线法,把待测组分的纯物质配成一系列不同浓度的标准溶液,在一定操作条件下分别向色谱柱中注入相同体积的标准样品,测得各峰的峰面积或峰高,绘制 $A\text{-}c$ 或 $h\text{-}c$ 的标准曲线。在完全相同的条件下注入相同体积的待测样品,根据所得的峰面积或峰高从曲线上查得含量。

在已知组分标准曲线呈线性的情况下,可不必绘制标准曲线,而用单点校正法测定。即配制一个与被测组分浓度相近的标准物,在同一条件下先后对被测组分和标准物进行测定,被测组分的浓度为:

$$c_i = \frac{A_i}{A_s} c_s$$

式中:A_i 和 A_s 分别为被测组分和标准物的峰面积;c_s 为标准物的浓度。也可以用峰高代替峰面积进行计算。

外标法是最常用的定量方法。其优点是操作简便,不需要测定校正因子,计算简单。结果的准确性主要取决于进样的重现性和色谱操作条件的稳定性。

3. 内标法　内标法是在试样中加入一定量的某种纯物质作为内标物,然后进行色谱分析,再由被测物和内标物在色谱图上相应的峰面积和相对校正因子,求出某组分的含量。由下式计算待测组分的含量:

$$\frac{A_i}{A_s} = \frac{f_s}{f_i} \cdot \frac{m_i}{m_s}$$

$$则:m_i = \frac{A_i f_i}{A_s f_s} m_s$$

$$所以:w_i = \frac{A_i}{A_s} \cdot \frac{m_s}{m} \cdot f_i \times 100\%$$

在实际工作中,一般以内标物作为基准物质,即 $f_s = 1$。

内标法的优点是定量准确。因为该法是用待测组分和内标物的峰面积的相对值进行计算,所以不要求严格控制进样量和操作条件,试样中含有不出峰的组分时也能使用,但每次分析都要准确称取或量取试样和内标物的量,比较费时。

做一做

1. 气相色谱分析中,用于定性分析的参数是(　　)

A. 保留值　　　　　B. 峰面积　　　　　　C. 分离度　　　　　D. 半峰宽

2. 气相色谱中,某组分的保留值大小实际反映的分子间作用力是(　　)

A. 组分与流动相　　　　　　　　　B. 组分与固定相

C. 组分与流动相、固定相　　　　　D. 组分与组分

3. 色谱法定量分析时,要求混合物中每一个组分都出峰的是(　　)

A. 外标曲线法　　B. 外标两点法　　　C. 内标法　　　　D. 归一化法

4. 以内标法测定某样品中薄荷脑含量,以萘为内标物测得薄荷脑相对校正因子为1.33。精密称取样品0.5103 g,萘0.1068 g,置于10 ml容量瓶中,用乙醚稀释至刻度,进行色谱测定,测得薄荷脑峰面积为5.22,萘峰面积为54.36,计算样品中薄荷脑的百分含量。

三、气相色谱仪的基本构成及主要部件

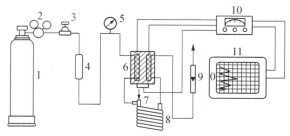

图 4-9　气相色谱仪流程示意

1—载气钢瓶;2—减压阀;3—调节阀;4—净化干燥管;5—压力表;
6—热导池;7—进样器;8—色谱柱;9—流量计;
10—测量电桥;11—记录仪

目前国内外生产的气相色谱仪的型号和种类很多,如国产 GC122 型和美国安捷伦 7890 型的气相色谱仪。但是无论是何种型号的气相色谱仪,其基本构造都是一样的,均由气路系统、进样系统、分离系统、温控系统、检测系统和记录系统六大部分组成。气相色谱基本分析流程如图 4-9 所示:由高压钢瓶供给的流动相载气,经过减压阀、净化器和流量计后,以稳定的压力、恒定的流速连续流过气化室、色谱柱和检测器,最后放空。气化室与进样口相接,它的作用是把从进样口注入的液体试样瞬间气化为蒸汽,以便随载气带入色谱柱中进行分离,分离后的样品随载气依次带入检测器,检测器将组分的浓度(或质量)转化为电信号,电信号经放大后,由记录仪记录下来,即得色谱图。

1. **气路系统**　气相色谱仪的气路系统是一个载气连续运行、管路密闭的系统,包括气源、减压阀、净化器、稳压阀、稳流阀、针型阀和流量计。在气相色谱分析中,载气不仅是柱分离的动力,而且参加组分在色谱柱中的分离过程和在检测器中的检出过程,因此,气路系统的作用是为气相色谱仪提供纯净的、流量准确且稳定的载气和辅助气。

(1) 气源:气源系统的作用是为气相色谱仪提供足够压力的载气和辅助气。常用的载气主要有 N_2, H_2, He 和 Ar,辅助气一般是空气,均储存于相应的高压钢瓶中,也可以由气体发生器产生。使用高压钢瓶时要用减压阀将压力降到 0.5 MPa 以下。载气的选择主要根据检测器类型和分析样品来决定,热导检测器(TCD)通常使用 He 或 H_2,氢火焰离子化检测器(FID)用 He 或 N_2,电子捕获检测器(ECD)多用 N_2 或 Ar(混以 5% 甲烷气)。另外,FID

和火焰光度检测器(FPD)还要用 H_2 作燃气、空气作助燃气。

(2)减压阀:由于气相色谱仪使用的各种气体压力为 0.2～0.4 MPa,因此需要通过减压阀使钢瓶气源的输出压力下降。

(3)净化器:净化器的作用是去除气体中水分、烃、O_2 等杂质。水分、烃、O_2 通常存在于气源管路及气瓶中,可导致噪声产生、额外峰和基线"毛刺",极端情况下还会破坏色谱柱。因此在进入气相色谱仪前,载气必须经过净化。净化在室温下进行,先用 5A 分子筛和变色硅胶,以吸附气源中的水分和低相对分子质量的杂质,再用活性炭脱除碳氢化合物,最后用脱氧剂脱除 H_2 或 N_2 中的微量 O_2,一般气体净化后纯度要达到 99.999% 以上(高纯氢气)方可使用。净化器的出口和入口应加上标志,出口应当用少量的纱布或脱脂棉轻轻塞上,严防净化剂粉尘流出净化器进入色谱仪。

(4)稳压稳流阀:载气流速的变化对柱分离效能及检测器灵敏度的影响非常明显,所以保证载气流速的稳定性对保证色谱定性定量结果可靠性极为重要。气路一般采用稳压阀、稳流阀串联组合来完成流速的调节和稳定,在检测过程必须保证有足够的压力以保证载气流速的稳定性,稳压稳流阀的进出口压力差不应低于 0.05 MPa。

现代气相色谱仪用电子流量控制柱前压,不同的厂家命名不同,例如安捷伦公司称为 EPC,即电子压力控制,岛津公司称为 AFC,即自动流量控制。其实它们的原理基本是相同的,就是用电子反馈来代替稳压阀和稳流阀的机械反馈过程,广泛应用于当代的气相色谱仪。电子流量控制元件控制气体流量精确、响应速度快,是气相色谱仪的核心部件,但是也有价格高、易堵塞、易损坏等缺点。

2. 进样系统　进样系统的作用是将样品(气体、液体或固体)直接或汽化后,通过载气携带样品快速而定量地进入色谱系统,完成分离、分析。进样系统主要包括进样器和汽化室。

(1)进样器:气体样品采用气体注射器、六通阀或顶空进样器进样。采用注射器(1～5 ml)进样,操作简单灵活,但定量误差大,重复性差,只适用于对分析要求不高的场合。采用六通阀(图 4-10)固定体积进样,具有较高的精密度,是目前比较理想的气体进样方式,具有寿命长、气密性好、死体积小等优点。顶空进样器是通过将密闭样品瓶加热一定时间,形成瓶内下部固体或液体样品与瓶内上部空气中样品浓度的分配平衡,通过测定空气中样品的浓度来反应固体或液体样品中的浓度。顶空进样器适宜于前处理困难、物性差或者脏的样品中物质含量的测定。

图 4-10a 中六通阀处于采样状态,此时样品充满定量管;b 为进样状态,载气携带定量管中的样品进入气谱柱。

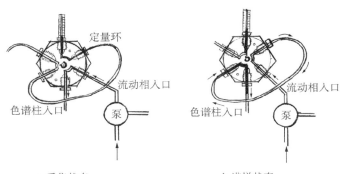

a 采集状态　　　　　　　　　　b 进样状态

图 4-10　六通阀进样原理示意

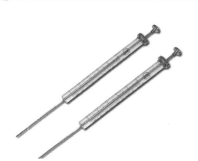

图 4-11　微量注射器

液体样品一般采用微量注射器(图 4-11)进样,常用规格有 1,5,10,25,50 μl 等,填充柱常用 10 μl,毛细管柱常用 1~5 μl。为了保证进样量的准确性,也可使用全自动液体进样器,可以实现自动化操作,降低人为的进样误差,减少人工操作成本,适用于批量样品的分析。

　　无论是气体还是液体样品,进样时间的长短、进样量的大小都会影响分析结果的准确性和重现性。进样必须注意每次的进样时间应该一致,操作迅速连贯,一般在 1 s 之内。进样时间过长,会增大峰宽,谱峰变形。一般液体进样量为 0.1~5 μl,气体 0.1~10 ml,进样太多,会使几个峰叠加,分离效果不好。

　　(2)进样方式:气相色谱分析中,要求样品进样量较少,进样准确快速并有较高的重现性。但在日常分析中,尤其在使用毛细管气相色谱分析时,由于柱容量较小,很难达到以上要求。因此,需要选择适当的进样方式,常见的进样方式有 4 种:分流进样、不分流进样、柱头进样和程序升温进样。

　　(3)汽化室:汽化室位于进样口的下端,出口连接色谱柱,作用是将液体或固体样品瞬间汽化,可控温范围一般在 50~400℃。气体、液体和固体样品均可使用汽化室进样,因此所有的气相色谱仪都配有汽化室。

　　为使样品瞬间汽化而不分解,对汽化室有如下要求:热容量要大;容积较小且内径要细,以利于提高载气在管中的线速度,防止样品汽化后扩散;内壁的光洁度高,具备化学惰性,与样品之间无吸附作用或发生其他反应;无死角或死体积,以尽量避免柱前谱峰变宽。

　　3. 分离系统　　分离系统的任务是使样品在加热的色谱柱内运行且同时得到分离,主要部件为柱温箱和色谱柱。

　　(1)柱温箱:分离系统的柱温箱相当于一个精密的恒温箱,其作用主要是安装色谱柱、维持色谱柱的温度。目前气相色谱仪的柱温箱体积一般不超过 15 L,操作温度范围一般在室温至 450℃,且一般带有多阶程序升温设计,能满足色谱优化分离的需要。

　　程序升温是指在一个周期内,色谱柱的温度按照组分的沸程设置的程序连续地随时间线性或非线性逐渐升高,使柱温与组分的沸点相互对应,以便低沸点和高沸点组分在色谱柱中都有适宜的保留值、色谱峰分布均匀且峰形对称。程序升温具有分离适当、使色谱峰变窄、检测限下降及省时等优点。因此,对于沸点范围很宽的混合物,往往采用程序升温法进行分析。

　　(2)色谱柱:气相色谱仪中起分离作用的是色谱柱,因此有人将色谱柱称为色谱仪的"心脏"。根据色谱柱的内径和长度,可将色谱柱分为填充柱(图 4-12)和毛细管柱(图 4-13)两种。

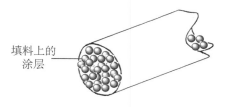

填料上的涂层

图 4-12　填充柱

内壁涂层

图 4-13　毛细管柱

填充柱内部均匀紧密地填装有固定相颗粒,内径一般为 2～4 mm,长度为 1～10 m,主要由不锈钢材料制成,也有用玻璃和聚四氟乙烯作为材料的,形状有"U"形、"W"形和螺旋形的。填充柱制备简单,柱容量较大,可选择的固定相多,但分离效率较毛细管低。毛细管柱是将固定相涂在管内壁的开口管,其中没有填充物,又称为空心柱。柱材质多数为熔融石英,即所谓弹性石英柱,内径一般在 0.1～0.5 mm,柱长一般在 25～100 m。与填充柱相比,毛细管柱的渗透性大,传质阻力小,分离效能高,分析速度快,样品用量少,但对检测器的要求较高。毛细管柱产生的谱峰非常窄,适用于分离非常复杂的混合物。

4. 温控系统　温度参数及温控精度,在气相色谱仪技术中占有十分重要的作用,温度参数的选择及温控精度,尤其是色谱柱(柱箱)温度的控制精度、柱温箱有效空间的温度场均匀性以及程序升温的重复性,都直接影响灵敏度、稳定性、色谱组分峰的分离及定性定量分析精度。气相色谱仪中需要进行温度控制的包括汽化室、色谱柱(柱箱)以及检测器。通常柱温等于或稍高于待测物平均沸点,组成复杂的样品应选用程序升温;汽化室的温度比柱温高 10～50℃,保证样品可以瞬间汽化;检测器的温度要略高于柱温,以防止汽化样品的冷凝。

5. 检测记录系统　检测记录系统的作用是将检测色谱柱分离后依次进入检测器的组分,然后按其浓度或质量随时间的变化,转化成电信号并进行放大,记录后显示出色谱图,最后对被分离组分的组成和含量进行鉴定和测量。检测记录系统主要由检测器、放大器和记录器等部件组成。

气相色谱常用的检测器多达数十种,根据检测原理可分为浓度型和质量型两类。浓度型检测器测量的是载气中组分浓度的瞬间变化,即检测器的响应值正比于组分的浓度,如热导检测器(TCD)、电子捕获检测器(ECD)。质量型检测器测量的是载气中所携带的样品进入检测器的速度变化,即检测器的响应信号正比于单位时间内组分进入检测器的质量,如氢焰离子化检测器(FID)和火焰光度检测器(FPD)。表 4-5 列出了目前最常用的四种气相色谱检测器的特点和应用范围。

表 4-5　常用检测器的性能特点

检测器	热导检测器(TCD)	火焰离子化检测器(FID)	电子捕获检测器(ECD)	火焰光度检测器(FPD)
类型	浓度型,通用型	质量型,通用型	浓度型,选择型	质量型,选择型
特点	通用性好,价格便宜,应用范围广,操作维护简单,但灵敏度低	结构简单,稳定性好,灵敏度高,响应迅速	灵敏度高,选择性好,但线性范围较窄	高灵敏度,高选择性,对 P 的响应为线性,对 S 的响应为非线性
载气	H_2(常用),He	Ar,N_2(常用)	N_2(常用),Ar,He,H_2	
灵敏度	$2\,500\,mV \cdot (ml^{-1} \cdot mg^{-1})$	$10^{-2}\,mV \cdot s \cdot g^{-1}$	$0.8\,mV \cdot ml \cdot mg^{-1}$	$0.4\,mV \cdot s \cdot g^{-1}$
检出限	$2 \times 10^{-9}\,g \cdot ml^{-1}$	$10^{-12}\,g \cdot g^{-1}$	$10^{-14}\,g \cdot ml^{-1}$	S:$10^{-11}\,g \cdot g^{-1}$ P:$10^{-12}\,g \cdot g^{-1}$
线性范围	$\geqslant 10^4$	$\geqslant 10^6$	$10^2 \sim 10^4$	S:10^2 P:$10^3 \sim 10^4$
主要用途	适用于各种无机气体和有机物的分析,多用于永久气体的分析	各种有机化合物的分析,对碳氢化合物的灵敏度高	分析电负性有机化合物,多用于含卤素化合物分析	含硫、磷、氮化合物的分析

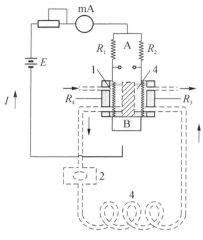

图 4-14 热导检测器

（1）热导检测器热（thermal conductivity cell detector，TCD）：是一种通用的非破坏性浓度型检测器，构造图如图 4-14 所示。理论上说可用于任何气体的分析。其工作原理是基于任何物质与载气的热导率都有差异，这种差异的大小可以通过惠斯通电桥来进行测量。参比池只有纯载气通过，而样品则由载气携带通过测量池。进样前，参比池和测量池中的热丝阻值是相等的，整个电路中没有电流通过。进样后，样品与载气组成混合气体而使通过测量池的气流热导率发生变化，这时，参比池与测量池带走的热量不同，热丝温度的变化也就不同，导致参比池和测量池的热丝阻值不再相同，电桥失去平衡而产生电流，记录器上就有信号产生，即色谱图。载气、桥电流（I）、热导池温度以及热丝阻值都会对 TCD 的检测灵敏度产生影响。

在使用 TCD 时，一定要先通载气，并确保载气已经通过检测器后，才能接通 TCD 的电源，否则，可能会烧断热丝而使检测器报废；在关机时，必须先关闭 TCD 电源，然后再关载气。此外，当载气中含有氧可使热丝寿命缩短，载气必须彻底除氧，且不要使用聚四氟乙烯作载气输送管。

（2）氢火焰离子化检测器（flame ionization detector，FID）：是利用有机物质在氢气燃烧的火焰作用下，发生化学电离产生离子流强度进行检测的破坏性质量型检测器（图 4-15）。具有灵敏度高、线性范围宽、死体积小、响应快等的特点，已经成为最广泛的气相色谱检测器。

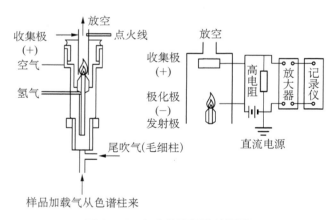

图 4-15 氢火焰离子化检测器

FID 是以氢气在空气中燃烧所生成的热量为能源，组分在氢氧焰的高温作用下生成自由基和激态分子，在电场作用下形成离子流，从而在外电路中输出离子电流信号。

FID 通常用 N_2 作载气，H_2 作燃气，空气则是助燃气，使用时需要调整三者的比例关系，使检测器灵敏度达到最佳。一般来说，进行痕量分析时，氮氢比为 1∶1 至 1∶1.5；测量常量组分时，则应加大 H_2 流速，氮氢比为 1∶1.3 至 1∶2.3。H_2 与空气的流量比一般为 1∶10。

当 H_2 比例过大时，FID 检测器的灵敏度急剧下降。因此在其他操作条件不变的情况下，灵敏度下降时要检查 H_2 和空气流速。此外，如果 H_2 和空气中有一种气体不足时，点火时会发出"砰"的一声，随后就灭火，再点还着随后又灭，这种情况一般是 H_2 量不足。

使用 FID 时，应待检测器温度大于 100℃ 后才能通入 H_2，且应及时点火，否则检测器积水而缩短其使用寿命，也得不到平稳的基线。可以通过观察基流值是否变化来判断火焰是否点着，有变化，说明已点着。

（3）电子捕获检测器（electron capture detector，ECD）：是一种选择性很强的检测器，只对电负性物质（如含卤素、硫、磷、氰等的物质）有响应，电负性愈强，灵敏度愈高（图 4-16）。ECD 是目前分析痕量电负性有机物最有效的检测器，广泛应用于农药残留量、大气及水质污染分析、医学、药物学等领域中。

ECD 的原理是：检测室内的放射源放出 β - 射线粒子（初级电子），与通过检测室的载气碰撞产生次级电子和正离子，在电场作用下，分别向与自己极性相反的电极运动，形成检测室本底电流，当具有负电性的组分（即能捕获电子的组分）

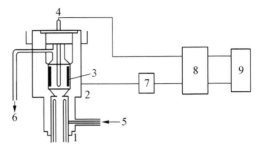

图 4-16　电子捕获检测器

1—色谱柱；2—阴极；3—放射源；4—阳极；
5—尾扫气；6—气体出口；7—直流或脉冲电源；
8—微电流放大器；9—记录器或数据处理系统

进入检测室后，捕获了检测室内的电子，变成带负电荷的离子，由于电子被组分捕获，使得检测室本底电流减少，产生倒的色谱峰信号。

操作条件对 ECD 的影响很大，载气的纯度和流速、检测器温度以及进样量都会影响其灵敏度。ECD 有放射源，使用时要严格遵循实验室有关放射性物质的管理规定，故检测器出口一定要接到室外，最好接到通风出口。

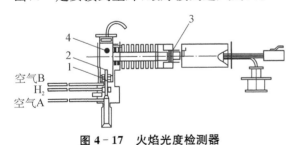

图 4-17　火焰光度检测器

1—第一火焰喷口；2—第二火焰喷口；3—滤光片；
4—点火极

（4）火焰光度检测器（flame photometric detector，FPD）：是一种高选择性的质量型检测器，对含硫、含磷化合物具有很高的灵敏度，其信号比碳氢化合物几乎高 1 万倍，又称为硫磷检测器，广泛应用于石油产品中微量硫化合物、大气中痕量硫化物及农副产品中痕量有机硫磷农药残留量的测定（图 4-17）。

FPD 由两部分组成：前部分为火焰燃烧室，与 FID 相似；后部分是由滤光片、光电倍增管等组成的光度计。硫和磷化合物在富氢火焰中燃烧时，生成化学发光物质，并能发射出特征波长的光，这些发射光经过滤光片后照射到光电倍增管上，将光转化为电信号，经放大后由记录仪记录即得到色谱图。

6. 数据记录处理系统　数据记录处理系统主要经过了记录仪、电子积分仪和色谱工作站三个阶段，其作用是将响应值随时间的变化曲线记录并输出到一定的设备上，并进行数据处理。目前大部分的气相色谱仪都配备了色谱工作站，用来对色谱仪器进行实时控制、自动采集和处理数据。色谱工作站包括硬件和软件两部分，硬件为微型计算机，软件部分则包括色谱仪实时控制程序、峰识别和峰面积积分程序、定量计算程序和报告打印程序。

想一想

1. 气相色谱分析的基本原理是什么？

2. 试述气相色谱仪的基本构成及各自的作用。

3. 毛细管柱气相色谱有什么特点？毛细管柱为什么比填充柱有更高的柱效？

四、气相色谱仪的基本操作

（一）开机

（1）打开氮气瓶总开关，调节输出气压为 0.4～0.6 MPa；打开空气发生器，氢气发生器。

（2）打开 7890A 色谱仪开关，待 GC 进入自检，自检完成后会提示"Power on Successful"。

（3）开启计算机，进入 Windows 系统后，双击电脑桌面的（Instrument Online）图标，进入 GC 化学工作站。

（二）采集数据方法编辑

1. 编辑新方法

（1）从"Method"菜单中选择"Edit Entire Method"，根据需要勾选项目，"Method Information"（方法信息），"Instrument/Acquisition"（仪器参数/数据采集条件），"Data Analysis"（数据分析条件），"Run Time Checklist"（运行时间顺序表），确定后单击"OK"。

（2）出现"Method Commons"窗口，如有需要输入方法信息（方法用途等），单击"OK"。

（3）进入"Select Injection Source/Location"（进样器设置），选择 ALS 自动进样，单击"OK"。

（4）进入"Agilent GC Method：Instrument 1"（方法参数设置）。

1）"Injector"参数设置。输入"Injection Volume"（进样体积），和"Wash and Pumps"（洗针程序），完成后单击"OK"。

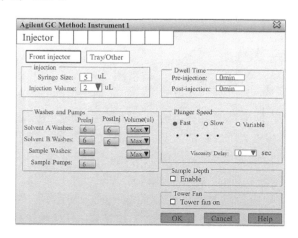

2）"Inlet"参数设置。输入"Heater"（进样口温度）；"Septum Purge Flow"（隔垫吹扫速度）；拉下"Mode"菜单，选择分流模式或不分流模式或脉冲分流模式或脉冲不分流模式；如果选择分流或脉冲分流模式，输入"Split Ratio"（分流比，根据进样量、样品浓度和响应设置）。完成后单击"OK"。

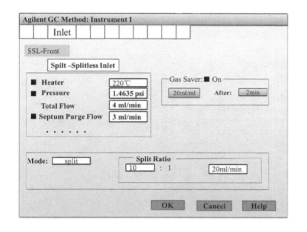
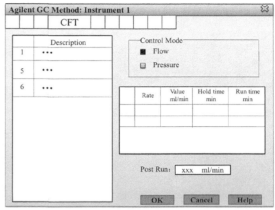

3）"CFT Setting"参数设置。选择"Control Mode"（恒流或恒压模式），如选择恒流模式，在"Value"输入柱流速，流速一般 1～3 ml/min。完成后单击"OK"。

4）"Oven"参数设置。选择"Oven Temp On"（使用柱温箱温度）；输入恒温分析或者程序升温设置参数；如有需要，输入"Equilibration Time"（平衡时间，一般 0.5 min），"Post Run Time"（后运行时间，一般 0.5 min）和"Post Run"（后运行温度，一般为梯度起始温度）。完成后单击"OK"。

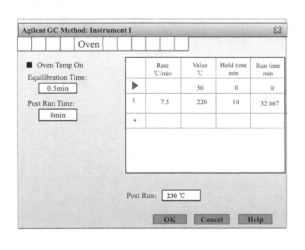
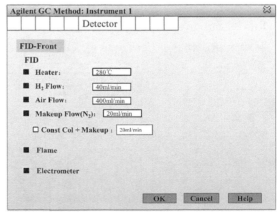

5）"Detector"参数设置。勾选"Heater"（检测器温度），"H_2 Flow"（氢气流速），"Air Flow"（空气流速），"Makeup Flow"（尾吹速度 N_2），"Flame"（点火）和"Electrometer"（静电计），并对前四个参数输入分析所要求的量值。完成后单击"OK"。

6）方法编辑完成。储存方法：单击"Method"菜单，选中"Save Method As"，输入新建方法名称,单击"OK"完成。

2. 单个样品的方法信息编辑及样品运行

(1)从"Run Control"菜单中选择"Sample Info"选项,输入操作者名称,在"Data File"-"Subdirectory"(子目录)输入保存文件夹名称,并选择"Manual"或者"Prefix/Counter",并输入相应信息;在"Sample Parameters"中输入样品瓶位置,样品名称等信息。完成后单击"OK"。

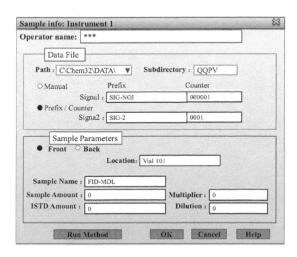

注:Manual——每次做样之前必须给出新名字,否则仪器会将上次的数据覆盖掉。Prefix—在 prefix 框中输入前缀,在 Counter 框中输入计数器的起始位(自动计数)。

(2)待工作站提示"Ready",且仪器基线平衡稳定后,从"Run Control"菜单中选择"Run Method"选项,开始做样采集数据。

3. 多样品的方法信息编辑及样品运行

(1)从"Sequence"菜单中选择"Sequence Parameters"选项,输入操作者名称,在"Data File"-"Subdirectory"(子目录)输入保存文件夹名称,并选择"Auto"或者"Prefix/Counter",并输入相应信息。完成后单击"OK"。

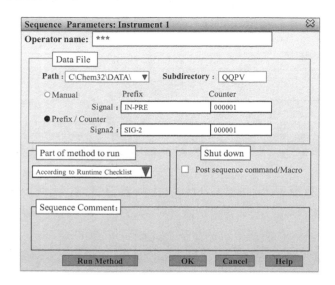

（2）从"Sequence"菜单中选择"Sequence Table"选项，编写序列表，包括"Location"（样品瓶位置），"Sample Name"（样品名称），"Method Name"（方法名称），"Inj/Location"（进样针数）。完成后单击"OK"。

（3）待工作站提示"Ready"，且仪器基线平衡稳定后，从"Run Control"菜单中选择"Run Sequence"选项，开始做样采集数据。

（三）数据处理

双击电脑桌面的(Instrument 1 Offline)图标，进入 GC 化学工作站。

1. 查看数据

（1）选择数据。单击"File"-"Load Signal"，选择要处理的数据的"File Name"，单击"OK"。

（2）选择方法。单击【方法文件夹】图标，选择需要的方法的"File Name"，单击"OK"。

2. 积分

（1）单击菜单"Integration"-"Auto Integrate"。积分结果不理想，再从菜单中选择"Integration"-"Integration events"选项，选择合适的"Slope sensitivity"，"Peak Width，Area Reject"，"Height Reject"。

（2）从"Integration"菜单中选择"Integrate"选项，则按照要求，数据被重新积分。

（3）如积分结果不理想，则重复 2.1 和 2.2，直到满意为止。

3. 建立新校正标准曲线

（1）调出第 1 个标样谱图。单击菜单"File"-"Load Signal"，选择标样的"File Name"，单击"OK"。

（2）单击菜单"Calibration"-"New Calibration Table"。

（3）弹出"Calibrate"窗口，根据需要输入"Level"（校正级），和"Amount"（含量），或者接受默认选项，单击"OK"。

（4）如果 1.3 中没有输入"Amount"（含量），则在此时（Amt）中输入，并输入"Compound"（化合物名称）。

（5）增加一级校正。单击菜单"File"-"Load Signal"，选择另一标样的"File Name"，单击"OK"。然后单击菜单"Calibration"-"Add Level"。并重复 3.4 步骤。

（6）若使用多级（点）校正表，重复 3.5 步骤。

（7）方法储存。单击"Method"菜单，选中"Save Method As"，输入新建方法名称，单击"OK"完成。

五、气相色谱仪的维护及保养

（1）仪器应该有良好的接地，使用稳压电源，避免外部电器的干扰。

（2）使用高纯载气，纯净的氢气和压缩空气，尽量不用氧气代替空气。

（3）确保载气、氢气、空气的流量和比例适当、匹配，一般指导流速为载气 30 ml · min^{-1}，氢气 30 ml · min^{-1}，空气 300 ml · min^{-1}，针对不同的仪器特点，可在此基础上，上下做适当调整。

（4）经常进行试漏检查（包括更换进样口隔垫），确保整个流路系统不漏气。

(5)气源压力过低(如不足 10～15 atm),气体流量不稳,应及时更换新钢瓶,保持气源压力充足、稳定。

(6)注射器要经常用溶剂(如丙酮)清洗。试验结束后,立即清洗干净,以免被样品中的高沸点物质污染。

(7)要尽量用磨口玻璃瓶作试剂容器。避免使用橡皮塞,因其可能造成样品污染。如果使用橡皮塞,要包一层聚乙烯膜,以保护橡皮塞不被溶剂溶解。

(8)避免超负荷进样(否则会造成多方面的不良后果)。对不经稀释直接进样的液态样品进样体积可先试 0.1 μl(约 100 μg),然后再做适当调整。

(9)对于不稳定的化合物,最好用溶剂稀释后再进行分析,这样可以减少样品的分解。

(10)密封垫分一般密封垫和耐高温密封垫,汽化室温度超过 300℃时用耐高温密封垫,耐高温密封垫的一面有一层膜,使用时带膜的面朝下。

(11)保持检测器的清洁、畅通。为此,检测器温度可设得高一些,并用乙醇、丙酮和专用金属丝经常清洗和疏通。

(12)保持汽化室的惰性和清洁,防止样品的吸附、分解。每周应检查一次玻璃衬管,如污染,清洗烘干后再使用。

(13)要定期更换空气泵,氢气发生器的硅胶和分子筛。

(14)操作过程中,一定要先通载气再加热,以防损坏检测器。

(15)进样口温度一般应高于柱温 30～50℃。检测器温度不能低于进样口温度,否则会污染检测器,进样口温度应高于柱温的最高值,同时化合物在此温度下不分解。

(16)尽量采用惰性好的玻璃柱(如硼硅玻璃、熔融石英玻璃柱),以减少或避免金属催化分解和吸附现象。仪器还要定期空走程序升温老化柱子,这样会提高柱子的使用寿命和降低仪器污染。

(17)要定期检查柱头和填塞的玻璃棉是否污染。至少应每月拆下柱子检查 1 次。如污染应擦洗柱内壁,更换 1～2 cm 填料,塞上新的经硅烷化处理的玻璃棉,老化 2 h,再投入使用。

(18)做完试验,用适量的溶剂(如丙酮等)冲一下柱子和检测器。

实训 4-2　维生素 E 的含量测定

一、工作目标

(1)学会内标法的实验过程及含量测定的计算。
(2)学会安捷伦 7890A 气相色谱仪的基本操作。

二、工作前准备

1. 工作环境准备
(1)天平室、气相分析室。
(2)温度:18～26℃。
(3)相对湿度:不大于 75%。

2. 试剂及规格　正三十二烷,正己烷,维生素 E 对照品、超纯水。

3. **仪器及规格**　安捷伦 7890A 气相色谱仪，HP-1(100％甲基聚硅酮氧烷)色谱柱、电子天平、移液管(10 ml)，容量瓶(100 ml)、棕色具塞瓶。

三、工作依据

气相色谱法是目前应用较多的药物检测技术，主要用于易挥发组分的测定。其基本方法是选择一定极性的固定相，选择合适的检测器，以合适的载气为流动相，载气带着在汽化室迅速汽化的待测样品进入色谱柱，在柱内分离后进入检测器，用数据处理装置记录并处理色谱图，处理数据，得到测定结果。

维生素 E 与杂质通过色谱柱中分离后，利用 FID 检测器，维生素 E 的色谱峰面积的大小与其含量有关，用正三十二烷做内标物质，消除进样等因素干扰，根据对照品及峰面积的大小，计算出维生素 E 的含量。《中国药典》2010 版规定，理论塔板数按维生素 E 峰计算不低于 500(填充柱)或 5 000(毛细管柱)，维生素 E 峰与内标物质峰的分离度应符合要求。本品含合成型或天然型维生素 $E(C_{31}H_{52}O_3)$ 应为标示量的 90.0％～110.0％。计算公式如下：

$$相对校正因子 = \frac{m_{对} \times A_{内标}}{A_{对} \times m_{内标}}$$

$$标示量\％ = 校正因子 \times \frac{m_{内} \times A_{样}}{A_{样内标} \times m_{样}} \times 100\％$$

式中：$A_{对}$ 为对照加内标溶液中维生素 E 色谱峰峰面积的平均值；$A_{内标}$ 加标准溶液中内标物色谱峰峰面积的平均值；$m_{对}$，$m_{内标}$ 分别对照品维生素 E 的量和内标的量；$A_{样}$ 为供试品溶液中维生素 E 峰峰面积的平均值；$A_{样内标}$ 为样品溶液中内标峰峰面积；$m_{内}$ 为供试品溶液中内标物质的质量；$m_{样}$ 为供试品称样量。

四、工作步骤

1. **溶液配制**

(1) 内标溶液的配制：取正三十二烷适量，加正己烷溶解并稀释成每毫升中含 1.0 mg 的溶液，作为内标液。

(2) 对照品溶液配制：取维生素 E 对照品约 20 mg，精密称定，置棕色具塞瓶中，精密加内标溶液 10 ml，密塞，振摇使溶解，得浓度为 2.0 mg·ml^{-1}。

(3) 供试品溶液配制：取本品约 20 mg，精密称定，置棕色具塞瓶中，精密加内标溶液 10 ml，密塞，振摇使溶解，待测。

2. **安捷伦 7890A 气相色谱仪开机**

(1) 打开载气阀，缓缓调节气压至 0.5～0.6 MPa。

(2) 接通电源，依次打开主机、计算机、氢气发生器等开关。

3. **设置仪器方法参数**

(1) 双击桌面【Instrument Online】图标，显示此操作平台。从【Method】菜单中选择【Edit Entire Method】。

(2) 进样口参数：进样口温度 270℃、恒压，分流比 20：1。

(3) 设置柱温箱的参数：柱温 265℃，维持 20 min，进样量：1 μl。

（4）设置检测器参数：温度 280℃、氢气 30 ml/min、空气 300 ml/min。

（5）通常尾吹流量 30 ml/min，氢气流量为 40 ml/min，空气流量为 400 ml/min。

4. 检测基线　仪器启动后至就绪状态，基线平稳时即可进样（如果基线不稳，应稳定后进样）。

5. 样品分析　点击【Sample Info】，输入相应参数、样品名称、样品编号。取 1 μl 对照品溶液注入气相色谱仪，连续进 6 针，计算相对校正因子。取 1 μl 供试品溶液注入气相色谱仪，进 2 针，根据校正因子，计算维生素 E 的含量。

6. 关机

（1）样品测定完毕后，关闭氢气发生器、空气压缩机电源开关。将柱温、进样器温度、检测器温度降到 60℃以下，关闭色谱系统。

（2）退出操作系统，关闭计算机、气相色谱仪、电源开关。

（3）放出空气压缩机剩余空气。关闭各项气源，关闭仪器总开关。

五、实验数据处理

1. 校正因子的计算　根据实验中 6 针对照品溶液的色谱图，将相关数据填入下表并计算出校正因子。

对照品溶液	1	2	3	4	5	6	平均值
待测物峰面积							
内标物峰面积							

2. 维生素 E 的含量

供试品溶液	1	2	平均值
称样量(m)			
维生素 E 峰面积（待测物）			
三十二烷峰面积（内标物）			
标示量%			

六、实验讨论

（1）如果采用标准曲线法测定维生素 E 的含量该如何进行？

（2）内标法与外标法相比，优点有哪些？

（3）用面积归一化法计算样品含量的前提是什么？

项目四 ▶ **高效液相色谱分析技术**

学习目标

1. 能说出高效液相色谱法分离分析的基本原理。
2. 能说出高效液相色谱常用的固定相及流动相。
3. 能描述高效液相色谱法的应用。

液相色谱技术是指流动相为液体的色谱技术。液相色谱技术开始阶段是用大直径的玻璃管柱在室温和常压下用液位差输送流动相，称为经典液相色谱。该技术柱效低，分离时间长（常需几个小时）。高效液相色谱技术（high performance liquid chromatography，HPLC）是在经典液相色谱法的基础上，于 20 世纪 60 年代后期引入了气相色谱理论而迅速发展起来的，克服了经典液相色谱技术柱效低、分离时间长的缺点，成为一种高效、快速的分离技术。它与经典色谱法的区别是将流动相改为高压输送（最高输送压力可达 4.9×10^7 Pa），色谱柱填料颗粒小而均匀，从而使柱效大大提高，同时柱后连有高灵敏度的检测器，可对流出物进行连续检测。

气相色谱法可以对较低沸点且加热不分解的样品进行分离检测，但是对沸点高、相对分子质量大、受热易分解的有机化合物，气相色谱法却无能为力，而用液相色谱法可达到分离分析的目的。

高效液相色谱技术有如下特点。

（1）高压。液相色谱以液体为流动相（称为载液），液体流经色谱柱，受到阻力较大，为快速通过色谱柱，必须对载液施加高压，一般可达 $150 \times 10^5 \sim 350 \times 10^5$ Pa。

（2）高速。流动相在柱内的流速较经典色谱快得多，一般可达 $1 \sim 10$ ml·min^{-1}。高效液相色谱法所需的分析时间较之经典液相色谱法少得多，一般少于 1 h。

（3）高效。由于高效微粒固定相的使用，使理论塔板数可达到几万，甚至几十万，而经典液相色谱柱色谱的理论塔板数仅有几十至 100。

（4）高灵敏度。高效液相色谱已广泛采用高灵敏度的检测器，进一步提高了分析的灵敏度。如紫外检测器最小检测量达 $10^{-12} \sim 10^{-7}$ g，荧光检测器最小检测量达 $10^{-13} \sim 10^{-12}$ g。

（5）适用范围广。可以分析低相对分子质量、低沸点样品；高沸点、中高相对分子质量样品；离子型无机化合物；对热不稳定，具有生物活性的生物分子。

一、高效液相色谱法中分配色谱法的分离原理

高效液相色谱按分离机制的不同分为液-固吸附色谱、液-液分配色谱（正相与反相）、体积排阻色谱（凝胶色谱）和离子交换色谱，在药物分析应用最多的是液-液分配色谱法（liquid-liquid partition chromatography，LLPC）。

（一）分配色谱法的分离原理

将固定液涂渍在载体上作为固定相的液相色谱称为液-液分配色谱。液-液分配色谱的流动相与固定相之间应互不相溶（极性不同，避免固定液流失），有一个明显的分界面。当试样溶于流动相后，在色谱柱内经过两相分界面进入固定液中。由于试样组分在固定相和流动相之间的相对溶解度存在差异，因而具有不同的分配系数 K 而实现分离。计算公式如下：

$$K = \frac{c_s}{c_m} = \kappa \cdot \frac{V_m}{V_s}$$

式中：c_s 为溶质在固定相中浓度；c_m 为溶质在流动相中的浓度；V_s 为固定相的体积；V_m 为流动相的体积。

（二）液-液分配色谱法的分类

液-液分配色谱按固定相和流动相的极性不同可分为正相色谱（NPC）和反相色谱（RPC）两种，两种色谱法的比较（表 4 - 6）。

表 4 - 6　正相色谱与反相色谱比较

分　类	固定相极性	流动相极性	组分洗脱次序
正相色谱	高至中	低至中	极性小先洗出
反相色谱	中至低	中至高	极性大先洗出

1. **正相色谱**　固定相的极性较流动相的极性强的液相色谱称为正相色谱。正相色谱常采用极性固定相（如聚乙二醇、氨基与腈基键合相），流动相为相对非极性的疏水性溶剂（烷烃类如正己烷、环己烷），常加入乙醇、异丙醇、四氢呋喃、三氯甲烷等以调节组分的保留时间。在正相色谱法中，极性小的组分由于 K 值较小，所以先流出，极性大的组分后流出。正相色谱常用于分离中等极性和极性较强的化合物（如酚类、胺类、羰基类及氨基酸类等）。

2. **反相色谱**　固定相的极性较流动相的极性弱的液相色谱称为反相色谱。反相色谱一般采用非极性固定相（如 C_{18}，C_8，C_4 等），流动相为水或缓冲液，常加入甲醇、乙腈、异丙醇、丙酮、四氢呋喃等与水互溶的有机溶剂以调节保留时间。在反相色谱法中，极性强的组分由于 K 值较小，所以先流出，极性弱的组分后流出。反相色谱适用于分离非极性和极性较弱的化合物，是应用最为广泛的高效液相色谱法。

二、固定相和流动相

（一）基质（载体）

液相色谱柱内的填充物称为固定相，它是在基质（载体）上涂布固定液（现已很少使用）和采用键合固定相。HPLC 填料可以是陶瓷性质的无机物基质，也可以是有机聚合物基质。无机物基质主要是硅胶和氧化铝。有机聚合物基质主要有交联苯乙烯-二乙烯苯、聚甲基丙烯酸酯等。

1. **硅胶**　硅胶是 HPLC 填料中最普遍的基质。除具有高强度外，还提供一个表面，可以通过成熟的硅烷化技术键合上各种配基，制成反相、离子交换、疏水作用、亲水作用或分子排阻色谱用填料。硅胶基质填料适用于广泛的极性和非极性溶剂,缺点是在碱性水溶性流动相中不稳定。通常硅胶基质的填料推荐的常规分析 pH 范围为 2~8。

2. 有机聚合物 以高交联度的苯乙烯-二乙烯苯或聚甲基丙烯酸酯为基质的填料是用于普通压力下的 HPLC,它们的压力上限比无机填料低。苯乙烯-二乙烯苯基质疏水性强,在整个 pH 范围内稳定,可以用强碱来清洗色谱柱。

硅胶基质的填料适用于大部分的 HPLC 分析,尤其是小分子物质;聚合物填料用于大分子物质,主要用来制成分子排阻和离子交换柱。

(二)固定相

液-液色谱的固定相,早期是将固定液涂渍在载体上,流动相与固定液互不相溶,两者之间有一个明显的界面。但由于高效液相色谱流动相的压力很高,流经固定液表面的流动相流速较高,流动相与固定液之间的作用力较大,涂渍固定液容易被流动相冲掉,现在已很少采用。采用化学键合固定相则可以避免上述缺点。

化学键合固定相是利用化学反应,使固定液与载体之间形成化学键将固定液的分子结合到载体表面。化学键合固定相具有如下一些特点。

(1)表面没有液坑,比一般液体固定相传质快得多。

(2)无固定液流失,增加了色谱柱的稳定性和寿命。

(3)可以键合不同官能团,能灵活地改变选择性,应用于多种色谱类型及样品的分析。

(4)固定液不会溶于流动相,有利于梯度洗脱。

目前,化学键合相广泛采用微粒多孔硅胶为基体,pH 对以硅胶为基质的键合相的稳定性有很大的影响,一般来说,硅胶键合相应在 pH2~8 的介质中使用。目前最常用的化学键合相按其极性可分为非极性键合相和极性键合相。

1)非极性键合相。非极性键合相主要有各种烷基(C_1~C_{18})和苯基、苯甲基等。常用的有十八烷基硅烷键合硅胶(ODS 或 C_{18})和辛烷基键合硅胶(C_8)等,适用于反相色谱法。其中 ODS 是反相色谱法最常用的固定相,承担药物分析的重要任务。

2)极性键合相。常用氰基(—CN)、氨基(—NH_2)硅烷键合相,既可用于正相色谱法,也可用于反相色谱法。HPLC 中常用的固定相的种类和特点如表 4-7 所示。

表 4-7 HPLC 中常用的固定相[①]

类 别	固定相	特 点
反相(与离子对)固定相	C_{18}(十八烷基或 ODS)	稳定性好,保留能力强,用途广
	C_8(辛基)	与 C_{18} 相似,但保留能力降低
	C_3,C_4	保留能力弱;多用于肽类与蛋白质分离
	C_1[三甲基硅烷(TMS)]	保留最弱,最不稳定
	苯基,苯乙基	保留适中,选择性有所不同
	CN(氰基)	保留值适中,正相与反相均可使用
	NH_2(氨基)	保留弱,用于烃类,稳定性不够理想
	聚苯乙烯基[②]	在 1<pH<13 流动相中稳定,某些分离峰形好,柱寿命长

续　表

类　别	固定相	特　点
正相色谱固定相	CN(氰基)	稳定性好,极性适中,用途广
	OH(二醇基)	极性大于 CN
	NH₂(氨基)	极性强,稳定性不够理想
	硅胶②	耐用性好,价廉,操作不够方便,用于制备色谱较多
分子排阻色谱固定相	硅胶②	耐用性好,作吸附剂用
	硅烷化硅胶	吸附性弱,溶剂兼容性好,适用于有机溶剂
	OH(二醇基)	不够稳定,在凝胶过滤色谱中应用较多
	聚苯乙烯基②	广泛用于凝胶渗透色谱,水和强极性有机溶剂不相溶
离子交换色谱固定相	键合相	稳定性与重现性均不理想
	聚苯乙烯基②	柱效不高,稳定,重现性好

注:①除另有说明,均为硅胶基质键合相。②填料为非键合相

　　分离中等极性和极性较强的化合物可选择正相色谱固定相:氰基键合相对双键异构体或含双键数不等的环状化合物的分离有较好的选择性。氨基键合相具有较强的氢键结合能力,对某些多官能团化合物如甾体、强心苷等有较好的分离能力;氨基键合相上的氨基能与糖类分子中的羟基产生选择性相互作用,故被广泛用于糖类的分析,但它不能用于分离羰基化合物,如甾酮、还原糖等,因为它们之间会发生反应生成 Schiff 碱。二醇基键合相适用于分离有机酸、甾体和蛋白质。分离非极性和极性较弱的化合物可选择反相固定相。C_{18}(ODS)是应用最为广泛的非极性键合相,它对各种类型的化合物都有很强的适应能力。目前利用特殊的反相色谱技术,例如反相离子抑制技术和反相离子对色谱等,非极性键合相也可用于分离离子型或可离子化的化合物。

　　(三)流动相

　　在气相色谱中,载气是惰性的(与组分分子之间的作用力可忽略不计),常用的只有三四种,它们的性质差异也不大,所以要提高柱子的选择性,只要选择合适的固定相即可。但在液相色谱中,当固定相选定后,流动相的种类与配比能显著影响分离效果,因此流动相的选择也非常重要。

　　1. 流动相的性质要求　一个理想的液相色谱流动相溶剂应具有低黏度、与检测器兼容性好、易于得到纯品和低毒性等特征。选择流动相时应考虑以下几个方面。

　　(1)流动相应与固定相及样品不起化学反应:采用化学键合固定相时,流动相的 pH 值一般要求在 2～8.5,防止硅胶溶解或键合相破坏;氨基柱不要使用丙酮等含羰基的流动相,以免发生反应。

　　(2)纯度高:选择的流动相应易于得到纯品,色谱柱的寿命与大量流动相通过有关,特别是当溶剂所含杂质在柱上积累时,会影响到色谱柱的寿命。

　　(3)必须与检测器匹配:使用 UV 检测器时,所用流动相在检测波长下应没有吸收,或吸收很小。当使用示差折光检测器时,应选择折光系数与样品差别较大的溶剂作流动相,以提高灵敏度,但不足之处是该检测器不能采用梯度洗脱。

　　(4)黏度要低(应<2 mPa·s):高黏度溶剂会影响溶质的扩散、传质,降低柱效,还会使柱压增加,使分离时间延长。黏度小的溶剂沸点一般较低,最好选择沸点在 100℃ 以下的

流动相。

（5）对样品的溶解度要适宜：如果溶解度欠佳，样品会在柱头沉淀，不但影响了纯化分离，且会使柱子恶化，同时还会使方法的灵敏度降低。

2. 流动相的选择　在化学键合相色谱中，溶剂的洗脱能力直接与它的极性相关。在正相色谱中，溶剂的强度随极性的增强而增加；在反相色谱中，溶剂的强度随极性的增强而减弱。正相色谱的流动相通常采用烷烃加适量极性调整剂。反相色谱的流动相通常以水作基础溶剂，再加入一定量的能与水互溶的极性调整剂，如甲醇、乙腈、四氢呋喃等。极性调整剂的性质及其所占比例对溶质的保留值和分离选择性有显著影响。一般情况下，甲醇-水系统已能满足多数样品的分离要求，但乙腈往往是反相色谱流动相中有机溶剂的首选。因为与甲醇相比，乙腈的黏度较小，能够获得更高的塔板数和更低的柱压，并可满足在紫外 185～210 nm 处检测的要求，唯其毒性较大。在分离含极性差别较大的多组分样品时，为了使各组分均有合适的 K 值并分离良好，也需采用梯度洗脱技术。

三、高效液相色谱法在药物质量监控中的应用

高效液相色谱法广泛应用于药品鉴别、检查和含量测定各个方面，是药物质量控制中最重要的技术。各国药典广泛采用高效液相色谱分析技术进行药物的含量测定。在中国药典中，HPLC 技术的使用频率及范围仅次于美国药典而领先于英国药典和日本药典。

（一）在鉴别中的应用

常常利用保留值进行鉴别，即在相同色谱条件下，分别取供试品溶液和对照品溶液进样，记录色谱图，供试品溶液主峰保留时间应与对照品溶液一致。

中国药典收载的头孢拉定、头孢羟氨苄、头孢噻吩钠等头孢类药物的鉴别项下规定：在含量测定项下记录的色谱图中，供试品主峰的保留时间应与对照品主峰的保留时间一致。

（二）在杂质检查中的应用

HPLC 分离效能高、灵敏度高，在药物杂质检查中应用广泛，主要用于药物中有关杂质的检查。"有关物质"是指药物中存在的合成原料、中间体、副产物、降解产物等物质，这些物质结构和性质与药物相似，含量很低，只有采用色谱分离技术才能将其分离并检测。如果杂质是已知的，又有杂质的对照品，可用杂质对照品作对照进行检查；若杂质是未知的化合物，可采用主成分自身对照法或峰面积归一化法进行检查。在《中国药典》中采用以下方法检查杂质。

1. 外标法测定供试品中某个杂质的含量　按各品种项下的规定，精密称量对照品和供试品，配成溶液，分别精密量取各溶液，取一定量注入仪器，记录色谱图。测量对照品和供试品的峰面积或峰高，按下式计算供试品浓度：

$$c_X = c_R \times \frac{A_X}{A_R}$$

式中：A_X 为供试品的峰面积；A_R 为对照品的峰面积；c_X 为供试品的浓度；c_R 为对照品的浓度。

2. 内标法加校正因子测定供试品中某个杂质的含量　按各品种项下的规定，精密称量

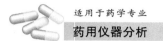

内标物质、对照品和供试品,分别配成溶液,精密量取各溶液,配成校正因子测定用的对照溶液和含有内标物质的供试品溶液。取一定量注入仪器,记录色谱图。根据内标物质、对照品和供试品的峰面积或峰高,计算校正因子和供试品的含量。计算公式如下:

$$f = \frac{A_\mathrm{s}/c_\mathrm{s}}{A_\mathrm{R}/c_\mathrm{R}}$$

$$c_X = f \times \frac{A_X}{A_\mathrm{s}/c_\mathrm{s}}$$

式中:A_s 为内标物质的峰面积;A_R 为对照品的峰面积;A_X 为供试品的峰面积;c_s 为内标物质的浓度;c_R 为对照品的浓度;c_X 为供试品中待测物的浓度。

3. 加校正因子的主成分自身对照法　用于杂质含量。在建立方法时,按各品种项下的规定,精密称量杂质对照品和待测组分对照品各适量,配制测定杂质校正因子的溶液,取一定量注入仪器,记录色谱图。根据杂质对照品和待测组分对照品的峰面积或峰高,计算校正因子。此校正因子可以直接载入各品种的正文中,用于校正杂质的实测峰面积。

测定杂质含量时,按各品种项下规定的杂质限度,将供试品溶液稀释成与杂质限度相当的溶液作为对照溶液,进样,调节仪器的灵敏度(以噪声水平可接受为限)或进样量(以色谱柱不过载为限),使对照品溶液的主成分峰高达满量程的 $10\%\sim25\%$ 或其他峰面积能准确积分[通常含量低于 0.5% 的杂质,峰面积的相对标准偏差(RSD)应小于 10%;含量在 $0.5\%\sim2\%$ 的杂质,峰面积的相对标准偏差(RSD)应小于 5%;含量大于 2% 的杂质,峰面积的相对标准偏差(RSD)应小于 2%];然后取供试品溶液和对照品溶液适量,分别进样,供试品溶液的记录时间除另外规定外,应为主色谱峰保留时间的 2 倍,测量供试品溶液色谱图上各杂质的峰面积,分别乘以相应的校正因子后与对照品溶液的主成分的峰面积比较,依法计算各杂质含量。

4. 不加校正因子的主成分自身对照法　当没有杂质对照品时,也可采用不加校正因子的主成分自身稀释对照法。同上述方法配制对照品溶液并调节仪器灵敏度后,取供试品溶液和对照品溶液适量,分别进样,前者的记录时间除另有规定外,应为主成分色谱峰保留时间的 2 倍,测量供试品溶液的色谱图上各杂质的峰面积,并与对照品的主成分峰面积比较,计算杂质含量。

若供试品所含的部分杂质未与溶剂峰完全分离,则按规定先记录供试品溶液的色谱图Ⅰ,再记录等体积纯溶剂的色谱图Ⅱ。色谱图Ⅰ上杂质峰的总面积(包括溶剂峰),减去色谱图Ⅱ上的溶剂峰面积,即为总杂质峰的校正面积,然后依法计算。(对照溶液为供试品溶液的稀释溶液,稀释程度应为:浓度与杂质限度相当。)

5. 面积归一化法　测量各杂质峰的面积和色谱图上除溶剂以外的总色谱峰的面积,计算各杂质峰面积及其之和占总峰面积的百分率。由于峰面积归一化法误差较大,因此,通常只能用于粗略考察供试品中的杂质含量。除另有规定外,一般不宜用于微量杂质的检查。

（三）在含量测定中的应用

药物的含量测定方法与"在杂质检查中的应用"项下的外标法和内标法相同。个别药物也有用归一化法测定其含量,但以外标法应用较多。

对乙酰氨基酚急性中毒的血药浓度检测分析:对乙酰氨基酚是临床上使用极其广泛的解热镇痛药。由于患者状态的多样性以及对乙酰氨基酚中毒的早期症状与胃溃疡症状极其相似且肝功能正常,故常常漏诊,等到发生肝损伤时已经错过了治疗最佳时机。因此,国外已将对乙酰氨基酚血浓度作为急诊中毒病人的常规检查。

色谱条件:采用 Nova-PalC18 柱(4 μm, 150 mm×3.9 mm),柱温 25℃;流动相为甲醇-水(30∶30);流速 0.8 ml/min;二极管阵列检测器(254 nm)。制备血浆样品及对乙酰氨基酚对照品溶液,分别进样测定,记录色谱图,按照外标法以峰面积计算。

四、高效液相色谱仪的基本结构

高效液相色谱仪一般由高压输液系统、进样系统、分离系统、检测系统、色谱数据处理系统五部分组成,其结构如图 4-18 所示。贮液瓶中的流动相被高压泵打入系统,样品溶液经进样器进入流动相,被流动相载入色谱柱(固定相)内。由于样品溶液中的各组分在两相中具有不同的分配系数,在两相中做相对运动时,经过反复多次的吸附-解吸的分配过程,各组分在移动速度上产生较大的差别,被分离成单个组分依次从柱内流出。通过检测器时,样品浓度被转换成电信号传送到记录仪,数据以图谱形式打印出来。

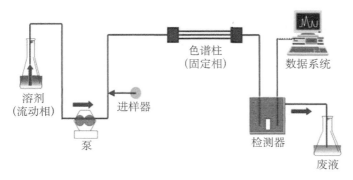

图 4-18 高效液相色谱仪的组成

(一)高压输液系统

高压输液系统提供流动相,主要包括贮液瓶、脱气装置、高压输液泵、梯度洗脱控制装置等。

1. 贮液瓶 贮液瓶主要用来贮存并供给足够数量的符合要求的流动相以完成分析工作。一般为玻璃、聚四氟乙烯或聚四氟乙烯喷涂的不锈钢等材料制成。一个贮液瓶可容纳 0.5~2 L 流动相。水溶液需要放在棕色的储液瓶内,通过屏蔽日光可以有效抑制细菌和藻类的生长。连接水溶液储液瓶的管路内壁易滋生菌或藻,需要定期清洗。

2. 脱气装置 HPLC 所用流动相必须预先脱气,否则容易在系统内逸出气泡,影响泵的工作。气泡还会影响柱的分离效率,影响检测器的灵敏度、基线稳定性,甚至使其无法检测(噪声增大,基线不稳,突然跳动)。此外,溶解在流动相中的氧还可能与样品、流动相甚至固定相(如烷基胺)反应。溶解气体还会引起溶剂 pH 值的变化,对分离或分析结果带来误差。

常用的脱气方法有离线和在线脱气两种。离线脱气法有抽真空脱气法、超声波脱气法、吹氮脱气法等。超声波脱气最常用,10~20 min 的超声处理时间足够对许多有机溶剂或有机溶剂/水混合液进行脱气,但长时间的超声会带来发热等问题。新型高效液相色谱仪多有专用的在线真空脱气技术,其原理如下:将流动相通过一段由多孔性合成树脂膜制造的输液管,该输液管外有真空容器,真空泵工作时,膜外侧被减压,相对分子质量小的氧气、氮气、二氧化碳就会从膜内进入膜外而被脱除。

3. 高压输液泵　高压输液泵是 HPLC 仪最重要的部件之一。它将贮液瓶中的流动相在高压下连续不断地输入液路系统,使样品组分在色谱柱中完成分离过程。泵的性能好坏直接影响整个系统的质量和分析结果的可靠性。高压输液泵要求流量稳定、输出流量范围宽(一般为 $0.1\sim10$ ml·min^{-1})、输出压力高、密封性能好、耐腐蚀、泵的死体积小、易于溶剂的更换和清洗等。高压输液泵按其工作原理分为恒流泵和恒压泵。

(1)恒流泵。恒流泵就是在一定的操作条件下,载液输出的流量保持恒定,与色谱柱等系统引起的阻力变化无关,如往复式柱塞泵(图 4-19)。其工作原理是:当柱塞推入缸体时,泵头出口(上部)的单向阀打开,同时,流动相进入的单向阀(下部)关闭,这时就输出少量的流体。反之,当柱塞向外拉时,流动相入口的单向阀打开,出口的单向阀同时关闭,一定量的流动相就由其储液器吸入缸体中。

(2)恒压泵。恒压泵可保持输出压力恒定,而载液的流量随色谱系统阻力的变化而变化,如气动放大泵(图 4-20)。其工作原理是:压力为 p_1 的低压气体推动大面积活塞 A,则在小面积活塞 B 输出压力增大至 p_2 的液体。压力增大的倍数取决于 A 和 B 两活塞的面积比,如果 A 与 B 的面积之比为 50:1,则压力为 5×10^5 Pa 的气体就可得到压力为 250×10^5 Pa 的输出液体。

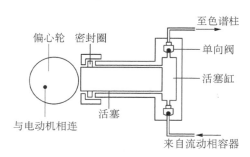

图 4-19　往复式柱塞泵

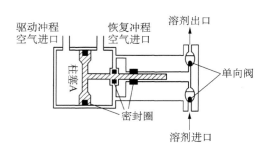

图 4-20　气动放大泵

往复式柱塞泵的优点是流量保持恒定,泵腔中死体积小,易于清洗和更换流动相,特别适合于梯度洗脱;主要缺点是输出的脉冲性较大,现多采用双泵系统来克服。气动放大泵的优点是输出无脉动的流动相,检测器噪声低;缺点是流动相的流速不恒定,并且液缸体积大,更改溶剂不容易,不利于梯度洗脱。对液相色谱分析来说,输液泵的流量稳定性更为重要,这是因为流速的变化会引起溶质的保留值的变化,而保留值是色谱定性的主要依据之一。因此,恒流泵的应用更广泛。

4. 梯度洗脱　HPLC 的流动相洗脱有等度洗脱和梯度洗脱两种方式。等度洗脱是在同一分析周期内流动相组成保持恒定,适合于组分数目较少、性质差别不大的样品。梯度洗脱是用两种(或多种)不同极性的溶剂,在分离过程中按一定程序连续地改变流动相的浓度配比和极性,通过流动相极性的变化来改变被分离组分的分离因素,以提高分离效果,缩短分析时间,提高检测灵敏度,梯度洗脱常用于分析组分数目多、性质差异较大的复杂样品,但是常常引起基线漂移和降低重现性。梯度洗脱有两种实现方式:高压梯度(内梯度)和低压梯度(外梯度)(图4-21)。

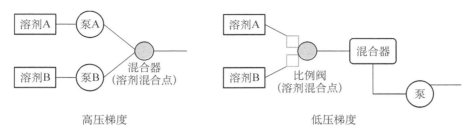

图4-21　梯度洗脱方式

（1）高压梯度（内梯度）。高庄梯度一般只用于二元梯度，即用两个高压泵分别按设定的比例输送A和B两种溶液至混合器，混合器是在泵之后，即两种溶液是在高压状态下进行混合的。高压梯度系统的主要优点是，只要通过梯度程序控制器控制每台泵的输出，就能获得任意形式的梯度曲线，而且精度很高，易于实现自动化控制。其主要缺点是使用了两台高压输液泵，成本较高。

（2）低压梯度（外梯度）。低压梯度的原理为通过电磁比例阀，使溶剂按不同的比例输送到混合室混合，然后用一台高压输液泵将混合溶剂输送到色谱柱。低压梯度的特点是采用一台高压输液泵结合电磁比例阀即可完成多元梯度操作，适用性强，成本较低，但流动相脱气要求高，需要配置在线脱气装置。

在进行梯度洗脱时，由于多种溶剂混合，而且组分不断变化，因此带来了一些特殊问题，必须引起重视：

1）要注意溶剂的互溶性，不相混溶的溶剂不能用作梯度洗脱的流动相。有些溶剂在一定比例内互溶，超出范围后就不互溶，使用时更要引起注意。当有机溶剂和缓冲溶液混合时，还有可能析出盐的晶体，尤其使用磷酸盐时要特别小心。

2）梯度洗脱所用的溶剂纯度要求更高，以保证良好的重现性。进行样品分析前必须进行空白梯度洗脱，以辨认溶剂杂质峰，因为弱溶剂中的杂质富集在色谱柱头后会被强溶剂洗脱下来。用于梯度洗脱的溶剂需彻底脱气，以防止混合时产生气泡。

3）混合溶剂的黏度常随组分而变化，因而在梯度洗脱时常出现压力的变化。例如，甲醇和水黏度都较小，当两者以相近的比例混合时黏度增大很多，此时的柱压大约是甲醇或水为流动相时的两倍。因此，要注意防止梯度洗脱过程中压力超过输液泵或色谱柱能承受的最大压力。

4）每次梯度洗脱之后必须对色谱柱进行再生处理，使其恢复到初始状态。需让10～30倍柱容积的初始流动相流经色谱柱，使固定相与初始流动相达到完全平衡。

（二）进样系统

进样系统是将待分析样品引入色谱柱的装置。进样系统要求密封性好，死体积小，重复性好，保证中心进样，进样时对色谱系统的压力、流量影响小。HPLC进样方式可分为直接进样、六通阀手动进样和自动进样。

1. **注射器直接进样**　用微量注射器将样品注入专门设计的与色谱柱相连的进样头内，可把样品直接送到柱头填充床的中心，死体积几乎等于零，可以获得最佳的柱效，且价格便宜、操作方便,但不能在高压下使用(如 10 MPa 以上);此外隔膜容易吸附样品产生记忆效应,使进样重复性只能达到 1%～2%。

2. 六通阀手动进样　一般 HPLC 分析常用六通进样阀(图 4 - 22)。其阀体用不锈钢材料,旋转密封部分由坚硬的合金陶瓷材料制成。进样操作:当进样手柄置于图 4 - 22a 所示的"取样"位置,用微量注射器吸取比定量管体积稍多的样品从位置"1"处注入定量管,多余的样品由位置"2"处排到废液瓶中。再将进样阀手柄置于图 4 - 22b 所示的"进样"位置,使定量管两端接入输液系统,样品由流经定量管的流动相带入色谱柱中。样品环的容积是固定的,因此进样准确、重复性好。

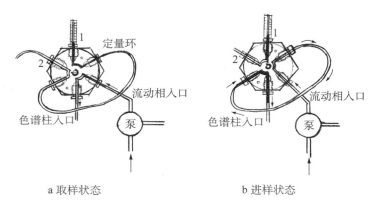

图 4 - 22　六通阀的工作原理图示

3. 自动进样　与手动进样一样,自动进样也是通过六通阀进行样品和流动相流路的切换。自动进样器通过软件和机械手臂自动控制进样针和定量阀的切换,按预先编制的样品操作程序工作。取样、吸样、进样、复位和管路清洗,全部按预定程序自动进行,一次可依次进行几十个或上百个样品的分析。自动进样的样品量可连续调节,进样重复性好,精密度高,适合做大量样品分析,节省人力,可实现自动化操作,但此装置昂贵。

(三) 分离系统

色谱是一种分离分析手段,分离是最核心的任务,因此担负分离作用的色谱柱是色谱系统的关键部件。对色谱柱的要求是柱效高、选择性好,分析速度快等。色谱柱是由内部抛光的不锈钢管制成,一般长 5～50 cm,内径 2～5 mm,柱子的形状一般采用直形柱,内装 2～10 μm 的全多孔型高效微粒固定相,具有较高的柱效。色谱柱的柱效受柱内外因素影响,为使色谱柱达到最佳效率,除柱外死体积要小外,还要有合理的柱结构(尽可能减少填充床以外的死体积)及装填技术(如高压匀浆装填技术)。

在实际分析中,有时在分析柱的入口端,装有与分析柱相同固定相的短柱(5～30 mm长),起到预先分离、保护进而延长分析柱寿命的作用,这个短柱称为保护柱,也称为预柱。高效液相色谱仪上可配置色谱柱的恒温装置,保持柱温稳定,也是保留值重复稳定的必要条件,特别是对需要高精密度测定保留体积的样品分析而言,保持柱温恒定尤其重要;提高柱温有利于降低流动相中溶剂的黏度并提高样品的溶解度。

(四) 检测系统

检测器的作用是把洗脱液中组分的量转变为电信号。HPLC 的检测器要求灵敏度高、噪声低(即对温度、流量等外界变化不敏感)、线性范围宽。常用的检测器有紫外检测器、示差折光检测器、荧光检测器、电化学检测器、蒸发光散射检测器等。

1. 紫外检测器(ultraviolet detector,UVD)　是液相色谱中应用最广泛的检测器,适用于有紫外吸收物质的检测。70%的化合物均可以使用紫外检测器进行检测。紫外检测器的工作原理如下:由光源产生波长连续可调的紫外光或可见光,经过透镜和遮光板变成两束平行光,无样品通过时,参比池和样品池通过的光强度相等,光电管输出相同,无信号产生;有样品通过时,由于样品对光的吸收,参比池和样品池通过的光强度不相等,有信号产生。根据朗伯-比尔定律,样品浓度越大,产生的信号越大。该检测器的特点是使用面广、灵敏度高,噪声低,线性范围宽。但要注意流动相中各种溶剂的紫外吸收截止波长。如果溶剂中含有吸光杂质,则会提高背景噪声,降低灵敏度(实际是提高检测限)。此外,梯度洗脱时,还会产生漂移。紫外检测器适用于具有共轭结构的化合物的检测,如芳香化合物、核酸和甾体激素等。

2. 二极管阵列检测器(diode-array detector,DAD)　是一种新型紫外检测器,它与普通紫外检测器的区别在于进入流通池的不再是单色光,获得的检测信号不是在单一波长上,而是在全部紫外光波上的色谱信号。不仅可以进行定量检测,还可以提供组分的光谱定性的信息及纯度测定,常用于复杂样品的定性定量分析。

3. 荧光检测器(fluorescent detector,FLD)　是最灵敏的高效液相色谱检测器。其原理为:物质的分子或原子经光照射后,有些电子被激发至较高的能级,这些电子从高能级跃至低能级时,物质会发出比入射光波长较长的光,这种光称为荧光。在其他条件一定的情况下,荧光强度与物质的浓度成正比。许多有机化合物具有天然荧光活性,另外,有些化合物可以利用柱后反应法或柱前反应法加入荧光化试剂,使其转化为具有荧光活性的衍生物,因此均可以进行检测。

荧光检测器的优点是有非常高的灵敏度和良好的选择性,灵敏度要比紫外检测法高2～3个数量级;所需样品量很小,最小检出量可达 10^{-13} g;具有良好的选择性,能够避免不发荧光的成分干扰,特别适合于药物和生物化学样品如维生素 B、黄曲霉毒素、卟啉类化合物、农药、氨基酸、甾类化合物等的分析。缺点是易受背景荧光、消光、温度、pH 和溶剂的影响,尽管可采用柱后衍生的方法测定那些具有潜在荧光的物质,但分析对象范围还是相对较窄。

4. 示差折光检测器(refractive index detector,RID)　也称光折射检测器,是一种通用型检测器。它是基于连续测定色谱柱流出物光折射率的变化而用于测定样品浓度。溶液的光折射率是溶剂(冲洗剂)和溶质(样品)各自的折射率乘以各自的物质的量浓度之和。溶有样品的流动相和流动相本身之间光折射率之差即表示样品在流动相中的浓度。原则上是与流动相折射指数有差别的样品都可用它来测定,其检测限可达 10^{-6}～10^{-7} g·ml^{-1}。示差折光检测器的优点是通用性强,操作简便;缺点是灵敏度低,最小检出限约为 10^{-7} g·ml^{-1},不能做痕量分析。此外,由于洗脱液组成的变化会使折射率变化很大,因此,这种检测器也不适用于梯度洗脱。

5. 蒸发光散射检测器(evaporative light scattering detector,ELSD)　是基于溶质的光散射性质的检测器,由雾化器、加热漂移管(溶剂蒸发室)、激光光源和光检测器(光电转换器)等部件构成。其基本原理是:经色谱柱分离的组分随流动相进入雾化器中,被载气(压缩空气或氮气)雾化成微细液滴,液滴通过加热漂移管时,流动相中的溶剂被蒸发掉,只留下溶质,激光束照在溶质颗粒上产生光散射,光收集器收集散射光并通过光电倍增管转变成电信号。因为散射光强只与溶质颗粒大小和数量有关,而与溶质本身的物理和化学性质无关,所以 EISD 属通用型和质量型检测器。EISD 适合于无紫外吸收、无电活性和不发荧光的样品的检测。与示差折光检测器相比,它的基线漂移不受温度影响,信噪比高,也可用于梯度洗脱。EISD 检测分为 3 个步骤:①用惰性气体雾化洗脱液;②流动相在加热管(漂移管)中蒸发;③样品颗粒散射光后得到检测。表 4 - 8 列出了常用检测器的性能指标。

表 4 - 8　常用检测器的性能指标

性能指标	检测器类型		
	紫外检测器	荧光检测器	示差检测器
测量参数	吸光度(A)	荧光强度(F)	折光指数
池体积(μl)	$1\sim10$	$3\sim20$	$3\sim10$
类型	选择型	选择型	通用型
线性范围	10^5	10^3	10^4
最小检出浓度($g \cdot ml^{-1}$)	10^{-10}	10^{-11}	10^{-7}
最小检出量	$\sim1ng$	$\sim1pg$	$\sim1\,\mu g$
噪声(对测量参数)	10^{-4}	10^{-3}	10^{-7}
梯度洗脱	可用	可用	不可用
对流量敏感性	不敏感	不敏感	敏感
对温度敏感性	低	低	要求控温

(五)色谱数据处理系统

色谱数据处理系统在数据采集时能对进样器、泵及阀进行实时控制,可实现自动进样、数据采集、泵及阀控制、数据处理、定性定量分析、数据存储、报告输出等分析过程的完全自动化,使样品的分离、制备或鉴定工作能正确开展。

(六)比较

高效液相色谱法与气相色谱法的比较列于表 4 - 9 中。

表 4 - 9　高效液相色谱法与气相色谱法的比较

项　目	高效液相色谱法	气相色谱法
进样方式	样品制成溶液	样品需要热汽化或裂解
流动相	①液体流动相可为离子型、极性、弱极性、非极性、溶液,可与被分析样品产生相互作用,并能改善分离的选择性;②液体流动相动力黏度为 10^{-3} Pa·s,输送流动相压力高达 2~20 MPa	①气体流动相为惰性气体,不与被分析的样品发生相互作用;②气体流动相动力黏度为 10^{-5} Pa·s,输送流动相压力仅为 0.1~0.5 MPa
固定相	①分离机制:可依据吸附、分配、筛析、离子交换、亲和等多种原理进行样品分离,可供选用的固定相种类繁多;②色谱柱:固定相粒度大小为 5~10 μm;填充柱内径为 3~6 mm,柱长 10~25 cm,柱效为 10^3~10^4;毛细管柱内径为 0.01~0.03 mm,柱长 5~10 m,柱效为 10^4~10^5 柱温为常温	①分离机制:可依据吸附、分配两种原理进行样品分离,可供选用的固定相种类繁多;②色谱柱:固定相粒度大小为 0.1~0.5 μm;填充柱内径为 1~4 mm,柱效 10^2~10^3;毛细管柱内径为 0.1~0.3 mm,柱长 10~100 m,柱效为 10^3~10^4 柱温为常温至 300℃

项　目	高效液相色谱法	气相色谱法
检测器	选择性检测器：UVD, DAD, FD, ECD[1] 通用性检测器：ELSD, RID	通用性检测器：TCD, MSD 选择性检测器：ECD[2], FID, NPD
应用范围	可分析低相对分子质量、低沸点样品；高沸点、中相对分子质量、高相对分子质量有机化合物（包括非极性、极性）；离子型无机化合物；热不稳定，具有生物活性的生物分子	可分析低相对分子质量、低沸点有机化合物；永久性气体；配合程序升温可分析高沸点有机化合物；配合裂解技术可分析高聚物
仪器组成	溶质在液相的扩散系数（10^{-5} cm^2·s^{-1}）很小，因此在色谱柱以外的司空间应尽量小，以减少柱外效应对分离效果的影响	溶质在气相的扩散系数（0.1 cm^2·s^{-1}）大，柱外效应的影响较小，对毛细管气相色谱应尽量减小柱外效应对分离效果的影响

注：UVD—紫外吸收检测器；DAD—光电二极管阵列检测器；FD—荧光检测器；ECD[1]—电化学检测器；RID—示差折光检测器；ELSD—蒸发光散射检测器；TCD—热导检测器；FID—氢火焰离子化检测器；ECD[2]—电子捕获检测器；MSD—质谱检测器；NPD—氮磷检测器

五、高效液相色谱仪的基本操作

　　HPLC 仪器的型号和种类繁多，但实际操作步骤基本相似，都包括开机前的准备、开机、分析方法编辑、进样分析、数据处理、关机等。高效液相色谱仪的一般操作步骤如下。

　　（一）开机前的准备

　　1. 选择色谱条件　根据分析样品的特点确定使用的色谱柱、检测器和流动相及其他分析条件。

　　2. 配制流动相　用高纯度的试剂配制流动相，水应为新鲜制备的高纯水。配好后用适宜的 0.45 μm 滤膜过滤，根据需要选择不同的滤膜，再对过滤后的流动相进行脱气。

　　3. 配制供试品溶液　按有关标准规定的方法配制。供试液注入色谱仪前，一般先用 0.45 μm 滤膜过滤，必要时样品需提取净化。

　　4. 安装　将选用的高效液相色谱柱安装在流路中，检查并连接好电路，将检测器输出信号线与数据处理系统连接好。

　　（二）开机

　　1. 启动计算机　打开计算机电源，显示 windows 操作系统界面。

　　2. 启动液相色谱仪　打开 Agilent 1 200 各模块电源。待 Agilent 1 200 各模块自检完成后，各模块右上角指示灯为黄色或者无色，双击"仪器 1 联机"图标，即启动液相色谱仪。

　　Agilent 1 200 各模块右上角状态灯颜色的意义：①无色——未开电源或者模块准备就绪；②黄色——模块未准备就绪；③绿色——正在进样分析；④红色——模块出错；⑤所有模块红色——仪器有漏液。

　　3. 开启化学工作站　工作站打开，点击"方法和运行控制"；或者在"视图"中选择"方法和运行控制"。打开仪器控制视图：选择"视图→系统视图"，即可显示仪器控制视图，选择"视图→样品视图"，即可显示样品信息视图。进入的工作站画面如图所示。

Agilent 化学工作站图形颜色的意义：①绿色——模块准备就绪；②黄色——模块未准备就绪；③蓝色——正在进样分析；④红色——出错或者不能联机；⑤灰色——此模块没启用。

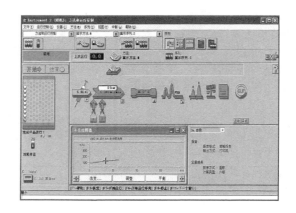

4. 配置流动相　将流动相装入溶剂瓶中。设置溶剂瓶参数，在溶剂瓶图形上，单击鼠标左键，点击"溶剂瓶填充量"设置溶剂瓶中流动相实际体积。

5. 冲洗流动相管路

逆时针打开冲洗阀 。左键单击泵图标 ，点击"设置泵"，以 1 ml·min^{-1} 的步长设置流速为从 1 ml·min^{-1} 逐步升至 5 ml·min^{-1}，分别将 A，B，C，D 四个通道设置"溶剂"为 100% （点击中灰色按钮 ，即可开启"％"设置框），进行冲洗 6～7 min。直到管线内（由溶剂瓶到泵入口）无气泡为止，再将流速从 5 ml·min^{-1} 逐步降至 1 ml·min^{-1}（步长 1 ml·min^{-1}），切换通道继续冲洗，直到所有要用通道无气泡为止。关闭冲洗阀，设流速为 1.0 ml·min^{-1}，比例为流动相正常组成比例。

冲洗管路（purge）的目的有两个：以溶剂的高速流动排除管路内部的气泡；使管路系统中迅速充满即将使用的溶剂，利于系统快速达到平衡。

6. 开启模块　单击进样器、泵、柱温箱、DAD 信号的各模块右下角的按钮，可以单独启动模块 、 或者 。单击检测器 按钮灯未点亮，检测器图形为黄色或者单击"启动"按钮，启动全部模块，检测器灯也将点亮。

7. 监视基线　点击按钮 ；或者"视图→在线信号"打开"在线图谱"。

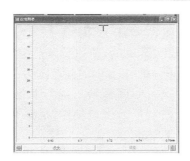

点击"改变"按钮，如下所示：

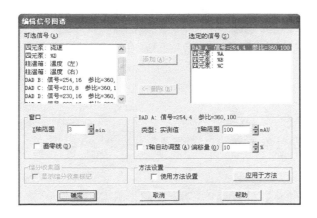

　　选择"可选信号"中需要监视的信号，"添加"到"选定信号中"。调整"窗口"中"X 轴范围"，如需要画"0"点基线，请选择"画零线"。调整 Y 轴"Y 轴范围"与"偏移量"或者选择"Y 轴自动调整"来选择合适的监视图形。

　　8. 平衡色谱柱、进样分析　监视压力基线等待平稳后，可以进样采集分析。

　　（三）仪器模块功能简介

　　1. 设置泵　左键单击泵图标 ，出现，点击"设置泵"，进入泵的参数设置

菜单。

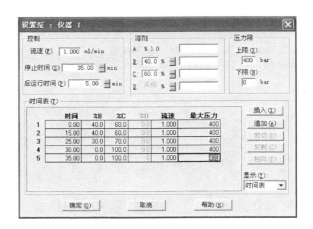

（1）流速——设置泵的流速，在"压力限-上限"＞400 时，流速设置范围为：0～5.00 ml·min^{-1}；在"压力限-上限"≤400 时，流速设置范围为：0～10.00 ml·min^{-1}。

（2）停止时间——设置泵停止分析的时间，时间范围为：0.0～99 999.00 min 或"无限制"。

（3）后运行时间——泵在后运行时间保持后运行状态，从而延迟下一个分析的开始。在溶剂成分改变后（例如，在梯度洗脱后），可以使用"后运行时间"是色谱柱达到平衡，时间范围为：0.0～99 999.00 min 或"无限制"。

（4）溶剂——溶剂 B，C 和 D 的百分比可以设置为 0 到 100％之间的任何值。"溶剂 A"通常输送剩余的量：100％－（％B＋％C＋％D）。

（5）压力限——"上/下限"是最大/小压力限制，达到"上限"或者"下限"值时，泵将自动关闭，从而防止分析系统压力超限。

（6）时间表——在"时间"字段中输入时间并在时间表的以下字段中输入适当的值，如为梯度洗脱，如图 3，"溶剂 B/C/D"为非"关闭"状态时，"时间表"的参数"％B"，"％C"，"％D"为黑色可以编辑，否则为灰色不可编辑状态。

2. 设置进样器 左键单击自动进样器图标 ，出现 ，点击"设置进样器"后进入进样器的参数设置菜单，如下所示。

标准进样——简单的进样，在"进样量"字段中制定进样量。

3. 设置柱温箱 左键单击柱温箱图标，出现，点击"设置柱温箱"后进入柱温箱的参数设置菜单，如图所示。

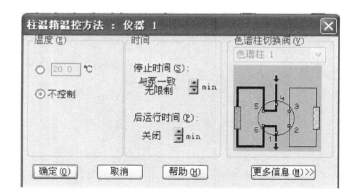

（1）温度——控制柱温箱温度。限值：－5.0 到 80.0℃。柱温箱只能冷却到比环境温度低 10℃的温度。

（2）停止时间——设置柱温箱停止分析的时间。一般设置为"与泵一致"即可。

4. 设置二极管阵列检测器　左键单击二极管阵列检测器图标，出现 ，

点击"设置 DAD 信号"后进入二极管阵列检测器的参数设置菜单，如下图所示。

信号——检测到的样品吸光度所对应的波长。参比波长对应的吸光度将从样品波长对应的吸光度中扣除；带宽：样品波长的带宽。

（四）数据采集方法编辑

1. 开始编辑完整方法　从"方法"菜单中选择"编辑完整方法"项，选中除"数据分析"外的三项，点击"确定"，进入下图。

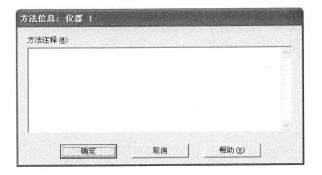

2. **方法信息**　在"方法注释"中加入方法的信息（如＊＊＊＊测试方法）。点击"确定"，进入设置泵界面。

3. **泵参数设定**　在"流速"处输入流量，如 1 ml·min^{-1}，在"溶剂 B"处输入 80.0，（A＝100－B－C－D），也可插入时间表，编辑梯度。在"压力限"处输入柱子的最大耐高压

400 bar，以保护柱子。点击"确定"，进入如下图所示界面。

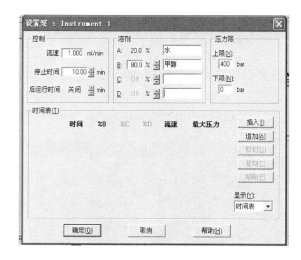

4. 自动进样器参数设定　在设置进样器的界面上，选择标准进样，设置进样体积 5.0 μl，如下图所示。

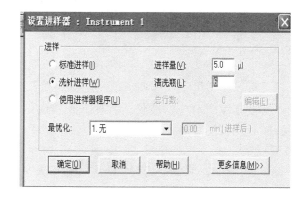

5. 柱温箱参数设定　在设置柱温箱温控方法的界面上，在"温度"下面的空白方框内输入所需温度 40℃。并选中它，点击"更多≫"键，如图所示，选中"与左侧相同"，使柱温箱的温度左右一致。点击"确定"，进入下一画面。

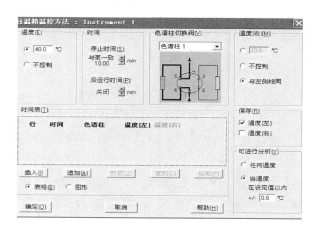

6. 设置 DAD 信号 在设置 DAD 信号的界面上,"样品"处输入样品吸光度所对应的波长 254 nm,如下图所示。

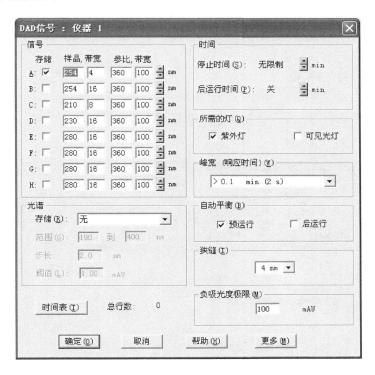

7. 设置方法 点击"方法"菜单,选中"方法另存为",输入一方法名,如"测试",点击"确定"。

8. 设置样品信息 从"运行控制"菜单中选择"样品信息"选项,如下图所示,输入操作者名称,如"安装工程师";在"数据文件"中选择"手动"或"前缀/计数器"。

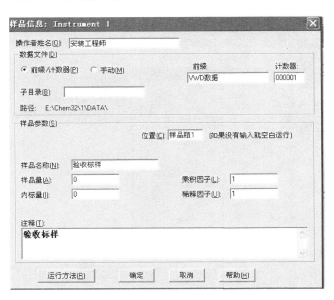

区别:手动——每次分析之前必须给出新名字,否则仪器会将上次的数据覆盖掉。

前缀/计数器——"前缀"框中输入前缀,在"计数器"框中输入计数器的起始位,仪器会自动命名,如 vwd 数据 0001,vwd 数据 0002……

9. 开启系统 从"仪器"菜单选择"系统开启"。等仪器准备好,基线平稳,从"运行控制"菜单中选择"运行方法",进样。

(五)数据分析方法编辑

1. 调出数据 从"视图"菜单中,点击"数据分析"进入数据分析画面。

从"文件"菜单选择"调用信号",选中您的数据文件名,如下图所示。点击"确定",则数据被调出。

2. 优化谱图 从"图形"菜单中选择"信号选项",如下图所示。从"范围"中选择"满量程"或"自动量程"及合适的时间范围或选择"自定义量程"调整。反复进行,直到图的比例合适为止。点击"确定"。

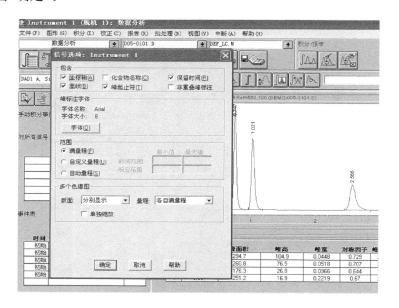

3. 积分

（1）从"积分"菜单中选择"积分事件"选项，如下图所示。选择合适的"斜率灵敏度"，"峰宽"，"最小峰面积"，"最小峰高"。

（2）从"积分"菜单中选择"积分"选项，则数据被积分。

（3）如积分结果不理想，则修改相应的积分参数，直到满意为止。

（4）点击左边"√"图标，将积分参数存入方法。

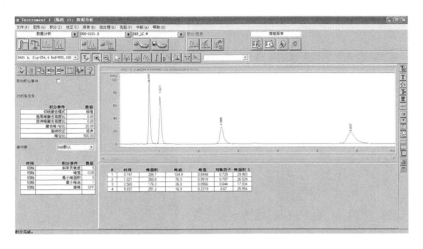

4. 打印报告

（1）从"报告"菜单中选择"设定报告"选项，进入如下图所示画面。

（2）选择报告格式，如简短报告。其他项，根据需要输入，点击"确定"。

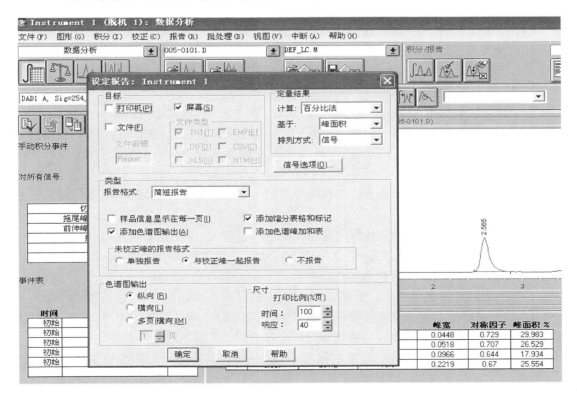

（3）从"报告"菜单中选择"打印报告"。

（六）关机

分析结束,先关闭检测器,再用适当溶剂清洗色谱系统,一般先用低浓度有机溶剂的溶液冲洗,再用比例逐渐升高的有机溶剂冲洗。冲洗结束,关泵,拆卸色谱柱,关闭工作站,关闭液相色谱仪器各模块电源和计算机电源。

注意:清洗色谱柱和系统的目的有 2 个,洗掉流动相中的酸、碱、盐和洗掉残留在柱子里面的低极性杂质。所以在清洗的时候用的是纯水和有机溶剂的梯度混合溶剂,有机溶剂的比例逐渐升高至 90%～100%。

填写使用记录本,内容包括任务名称、样品、色谱柱、流动相、柱压、使用日期时间、仪器完好状态等。

六、高效液相色谱仪的日常维护

1. 输液泵的维护

（1）流动相禁止使用氯仿、三氯（代）苯、亚甲基氯、四氢呋喃、甲苯等;慎重使用四氯化碳、乙醚、异丙醚、酮、甲基环己胺等,以免造成对柱塞密封圈的腐蚀。若需要使用正相系统分析样品,需要另行安装耐腐蚀的正相密封圈。

（2）防止任何固体微粒进入泵体,常用的方法就是将流动相滤过。可采用 0.45 μm 以下的滤膜过滤,同时输液泵的滤器应经常清洗或更换。放置了 1 天或以上时间的水相或含水相的流动相如需再用,需用微孔滤膜重新过滤。

（3）流动相使用前应该先脱气,以免在泵内产生气泡,影响流量的稳定性,如果有大量气泡,泵就无法正常工作。

（4）为了保证系统的安全运行,必须设定高、低压极限（一般安装已设置好）。输液泵的工作压力决不要超过规定的最高压力,否则会使高压密封环变形,产生漏液。

（5）泵工作时要留心防止溶剂瓶内的流动相被用完,否则空泵运转也会磨损柱塞、缸体或密封环,最终产生漏液。

（6）若实验中使用了缓冲盐或其他电解质,则缓冲溶液的浓度不能高于 0.5 mol·L^{-1},pH 范围 2～12,Cl^- 的浓度要小于 0.1 mol·L^{-1}（防止腐蚀流路）。在做完实验后,色谱柱一定要先用 95% 的纯化水清洗约 60 min,再用 50% 甲醇冲洗约 30 min,最后再用纯甲醇冲洗约 40 min。

（7）仪器长时间不用,每个泵通道和整个流路一定要用甲醇冲洗后保存,以免结晶或造成污染。

2. 进样器的维护　进样器的作用是将样品注入色谱仪,现在主要使用自动进样器。一般情况下自动进样器很少出问题,但是一旦出现问题就非常麻烦,很难解决,灰尘是自动进样器最大的威胁,常见的问题包括零件磨损和由灰尘引起的机械故障。

待测样品或标样在溶剂中一定要易溶,样品溶液要求不能存在微粒,且不能堵死针头及进样阀,否则进样后会造成定量不准确或堵塞色谱柱。所以,样品溶液均要用 0.45 μm 的滤膜过滤,以防止缓冲盐和其他残留物质等微粒阻塞进样阀和减少对进样阀的磨损。

3. 柱温箱的维护　柱温一旦发生报警,一定要及时找到原因。若实验室相对湿度太高,则需采取相应的除湿措施。若柱温箱中发生漏液现象,则需及时拧紧色谱柱并擦干漏液,长时间的漏液极易损坏柱温箱中的传感器。

4. **色谱柱的维护**

(1) 注意柱子的 pH 值使用范围。一般的 C_{18} 柱 pH 值范围都在 2~8,流动相的 pH 值小于 2 时,会导致键合相的水解;当 pH 值大于 7 时硅胶易溶解;经常使用缓冲液固定相要降解。一旦发生上述情况,色谱柱入口处会塌陷。根据情况选择合适 pH 范围的柱子。

(2) 色谱柱的平衡。新柱应先使用 10~20 倍柱体积的甲醇或乙腈冲洗色谱柱。平衡开始时将流速缓慢地提高,用流动相平衡色谱柱直到获得稳定的基线;如果使用的流动相中含有缓冲盐,应注意用纯水"过渡",即每天分析开始前必须先用纯水冲洗 30 min 以上再用缓冲盐流动相平衡;分析结束后必须先用纯水冲洗 30 min 以上,除去缓冲盐之后再用甲醇冲洗 30 min 保护柱子。

5. **检测器的维护**　检测器是 HPLC 仪的三大关键部件之一。其作用是把洗脱液中组分的量转变为电信号。

(1) 检测器的紫外或可见灯在长期打开的情况下,一定要保证有溶液流经检测池。若不需要做样,可设置一个较低的流速(0.05 ml·min^{-1})或关闭灯的电源。

(2) 检测器的灯一般是在流通池有溶液连续流动几分钟后才开的。如果流动池中有气泡,则会提示漂移过大无法通过自检和校正。

(3) 检测器的氘灯或钨灯不要经常开关,每开关 1 次灯的寿命约损失 30 h(氘灯使用时间最多 2 000 h)。若仪器经常使用,可几天开关灯 1 次。

6. **数据记录及处理装置的维护**　HPLC 仪器处理系统包括 3 个方面:数据采集、仪器控制、数据处理和分析。系统主要从以下几个方面加以维护。

(1) 使用仪器厂家的正版操作软件,加密设备勿损坏和丢失。

(2) 专机专用,使用专门的存储设施进行数据的拷贝,避免感染病毒。

(3) 按正常顺序开机和关机,联机正常后方可操作。

(4) 数据要有足够的存储空间,及时备份检测数据,以免丢失。

(5) 计算机注意防尘,及时清理,保持软件正常工作。

实训 4-3　复方磺胺甲噁唑片(SMZ)的含量测定

一、工作目标

(1) 学会外标法的实验过程及含量测定的计算方法。
(2) 学会安捷伦 1200 高效液相色谱仪的操作。

二、工作前准备

1. **工作环境准备**
(1) 天平室、高效液相色谱分析室。
(2) 温度:18~26℃。
(3) 相对湿度:不大于 75%。

2. **试剂及规格** 复方磺胺甲噁唑片（市售药品）、超纯水、盐酸、三乙胺、冰醋酸、乙腈（色谱纯）。

3. **仪器及规格** 安捷伦1200高效液相色谱仪、1/10万分析天平、1/万分析天平、超声波仪、十八烷基硅烷键合硅胶色谱柱、研钵、烧杯（25 ml）、胶头滴管、容量瓶（100 ml）、过滤器、注射器。

三、工作依据

高效液相色谱法是目前应用较广的药物检测技术，其基本方法是将具有一定极性的单一溶剂或不同比例的混合溶剂作为流动相，用泵将流动相注入装有填充剂的色谱柱中，注入带测定组分的溶液被流动相载带入柱内进行分离后进入检测器，用数据处理装置记录并处理色谱图，处理数据，得到测定结果。复方磺胺甲噁唑片中不溶性的辅料经过滤处理后，滤液中的磺胺甲噁唑、甲氧苄啶和可溶性杂质经 ODS 柱的分离，DAD 检测器采集到的检测信号强度（峰面积）与磺胺甲噁唑和甲氧苄啶的含量成正比，通过与对照品溶液进行比较并计算，可得出磺胺甲噁唑和甲氧苄啶的含量。

复方磺胺甲噁唑片的质量标准的依据是《中华人民共和国药典》（2010 年版），规定理论板数按甲氧苄啶峰计算不低于 4 000，磺胺甲噁唑峰与甲氧苄啶峰的分离度应符合要求。本品含磺胺甲噁唑片（$C_{10}H_{11}N_3O_3S$）和甲氧苄啶（$C_{14}H_{18}N_4O_3$）应为标示量的 90.0%～110.0%。

四、工作步骤

1. **溶液配制**

（1）对照品溶液的配制：取精密称定磺胺甲噁唑和甲氧苄啶（$C_{14}H_{18}N_4O_3$）对照品适量，置100 ml 容量瓶中，加0.1 mol·L^{-1}盐酸溶液溶解并稀释至刻度，制成每 1 ml 中含磺胺甲噁唑片 0.44 mg 与甲氧苄啶 89 μg 的溶液，摇匀，备用（配制好的对照品溶液标签上应该注明：品名、批号、浓度和配制日期）。

（2）供试品溶液的配制：取本品 10 片，精密称定，研细，精密称取细粉适量（约相当于磺胺甲噁唑 44 mg），置100 ml量瓶中，加 0.1 mol·L^{-1}盐酸溶液适量，超声处理使两主成分溶解，用 0.1 mol·L^{-1}盐酸溶液稀释至刻度，摇匀，滤过，装入样品瓶待测（精密称取两份，进行平行实验）。

2. **安捷伦 1200 高效液相色谱仪开机**

（1）将选用的高效液相色谱柱安装在流路中，打开仪器各模块的电源开关，仪器将进入自检状态。自检完成后仪器相应模块上会给出指示（通常以指示灯或灯颜色变化指示）。

（2）打开计算机主机及显示器电源开关。

3. **设置仪器方法参数**

（1）双击桌面【Instrument Online】图标，开启化学工作站。从【Method】菜单中选择【Edit Entire Method】，选择除"数据分析"外的三项，点击确定。

（2）色谱分离条件：

1）色谱柱：十八烷基硅烷键合硅胶为填充剂（4.6 mm×250 mm，5 μm）。

2）进样体积：10 μl。

3）流动相比例：乙腈∶水∶三乙胺＝200∶799∶1（用氢氧化钠溶液或冰醋酸调节 pH 值5.9）。

4）流速：1 ml·min⁻¹。

5）柱温：25℃。

6）检测波长：240 nm。

4. 检测基线　仪器启动后至就绪状态，基线平稳时即可进样（如果基线不稳，应稳定后进样）。

5. 色谱系统适应性试验　点击【Sample Info】，输入相应参数、样品名称、样品编号。取 10 μl 对照品溶液注入高效液相色谱仪，重复进 5 针，按外标法的色谱系统适应性试验方法检查各性能参数（理论塔板数、分离度），计算对照品的 5 针相对标准偏差，合格后进行样品分析，否则进行相关优化调试使其达到合格。

6. 样品分析　取 10 μl 供试品溶液注入高效液相色谱仪，每份样品进 2 针，根据外标法计算复方磺胺甲噁唑片中磺胺甲噁唑与甲氧苄啶的含量。

7. 关机

（1）分析结束，先用低浓度甲醇水溶液冲洗色谱柱 30 min，再用甲醇冲洗保存。

（2）冲洗结束，逐渐降低流速至零，关泵，关闭液相色谱仪器各电源。

（3）填写使用记录本，内容包括日期、样品、色谱柱、流动相、柱压、使用时间、仪器完好状态等。

五、实验数据处理

（1）计算相对标准偏差。计算对照品的分离度、理论塔板数、相对标准偏差。

	1	2	3	4	5	平均值	RSD/%
t_R							
A							
R							
N							

（2）按下列公式计算对照品与供试品的保留时间，所得结果在 ±5% 以内说明两者可能是同一种物质。计算公式如下：

$$\frac{t_{R供} - t_{R对}}{t_{R对}} \times 100\%$$

（3）按下式计算磺胺甲噁唑与甲氧苄啶的含量：

$$标示量\ \% = \frac{\dfrac{\dfrac{A_i}{A_s} \times C_s \times D}{W_s} \times W_平}{标示量} \times 100\%$$

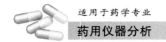
六、实验讨论

（1）如果采用标准曲线法测定磺胺甲噁唑与甲氧苄啶的含量该如何进行？

（2）如想改变组分的保留时间，可采取那些措施？

质 谱 技 术

药·用·仪·器·分·析

学习目标

1. 能说出质谱法的基本原理。
2. 能说出质谱仪的组成部分。
3. 能描述质谱法的应用。

　　质谱（mass spectrometry，MS）分析技术是通过测定样品离子的质荷比进行分析的一种分析技术。被分析的化合物分子电离成不同质量的离子，利用电磁学原理，按其质荷比（m/z）的大小依次排列成谱，收集和记录下来的质谱，通过质谱图和相关信息，可以得到样品的定性、定量结果。质谱是物质的固有特性之一，不同的物质除一些异构体外，均有不同的质谱，利用这一性质可进行定性分析；质谱谱峰的强度与其代表的物质的含量成正比，据此可进行定量分析。

　　自从 20 世纪 50 年代后期以来，质谱已成为鉴定有机结构的重要方法，随着气相色谱、高效液相色谱等仪器与质谱联机成功及计算机的飞速发展，使得质谱法成为分析、鉴定复杂混合物的最有效的工具。相比于核磁共振、红外光谱、紫外光谱，质谱具有其突出的优点。

　　（1）质谱法是唯一可以确定分子式的方法，而分子式对推测结构至关重要。为推测结构，若无分子式，一般至少也需要知道未知物的相对分子质量。

　　（2）灵敏度高。通常只需要微克级甚至更少质量的样品，便可得到质谱图，检出限最低可达到 10^{-14} g。

　　（3）根据各类有机化合物中化学键的断裂规律，质谱图中的碎片离子峰提供了有关有机化合物结构的丰富信息。

　　质谱法是目前应用最为广泛的分析方法，它可以为我们提供样品元素组成、物质的结构确证、复杂样品的定性及定量分析等，该分析技术与药物分析紧密相连。

一、质谱法原理

　　质谱法是将样品分子置于高真空中（小于 10^{-3} Pa），并受到高速电子流或强电场等作用，失去外层电子而生成分子离子，或化学键断裂生成各种碎片离子，然后将分子离子和碎片离子引入到一个强的电场中，使之加速。加速电位通常加到 6～8 kV，此时所有带单位正

电荷的离子获得的动能都一样,即:

$$zU = \frac{1}{2}mv^2$$

式中:z 为离子电荷数;U 为加速电压;m 为离子质量;v 为离子获得的速度。

由于动能达数千电子伏特(eV),可以认为此时各种带单位正电荷的离子都有近似相同的动能。但是,不同质荷比的离子具有不同的速度,利用离子不同质荷比及其速度差异,质量分析器可将其分离(图 5-1)。

从磁场中分离出来的离子由检测器测量其强度,记录后获得一张以质荷比(m/z)为横坐标,以相对强度为纵坐标的质谱图(图 5-2)。在该质谱图中,每一个线状图位置表示一种质荷比的离子,通常将最强峰定为 100%,此峰称为基峰,其他离子峰强度以其百分数表示,即为相对丰度。分子失去一个电子形成的离子称为分子离子(M^+)。分子离子峰一般为质谱图中质荷比(m/z)最大的峰。由于分子离子稳定性不同,质谱图中 m/z 最大的峰不一定是分子离子峰。

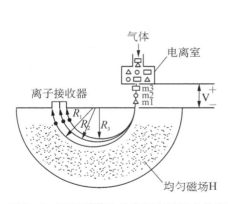

图 5-1　不同质荷比的离子在磁场中分离

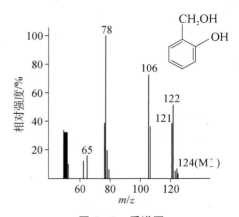

图 5-2　质谱图

质谱分析的基本过程可以分为 4 个环节:①通过合适的进样装置将样品引入并进行气化;②气化后的样品引入到离子源进行电离,即离子化过程;③电离后的离子经过适当的加速后进入质量分析器,按不同的质荷比(m/z)进行分离;④经检测、记录,获得一张谱图。根据质谱图提供的信息,可以进行无机物和有机物定性与定量分析、复杂化合物的结构分析、样品中同位素比的测定及固体表面的结构和组成的分析等。质谱分析的 4 个环节中核心是实现样品离子化。不同的离子化过程,降解反应的产物也不同,因而所获得的质谱图也随之不同,而质谱图是质谱分析的依据。

二、质谱仪

质谱仪一般由真空系统、进样系统、离子源、质量分析器和检测记录系统等部分组成。真空系统是用来控制质谱仪不同组件的真空状态;进样系统是根据电离方式的不同,将供试品送入离子源的适当部位;离子源使供试品分子电离,并使生成的离子汇聚成有一定能量和几何形状的离子束;质量分析器是利用电磁场的作用将来自离子源的离子束中不同质荷比的离子按空间位置、时间先后或运动轨道稳定与否等形式进行分离;检测器用于接收、检测和记录被分离后的离子信号;数据处理系统实现计算机系统对整个仪器的控制,并进行数据采集和处理。

1. **真空系统** 质谱仪的离子产生及经过系统必须处于高真空状态(离子源的真空度达 $1.3×10^{-4}～1.3×10^{-5}Pa$,质量分析器的真空度达 $1.3×10^{-6}Pa$),若真空度过低将造成:

(1) 系统中的氧气会使离子源的灯丝烧坏。

(2) 会使本底增高,干扰图谱。

(3) 会引起副反应,改变分子的裂解模型,使图谱复杂化。

(4) 会干扰离子源中电子束的调节。

(5) 会引起加有几千伏高压,用作加速离子的加速极放电。

质谱仪的高真空系统一般由机械泵和油扩散泵(或涡轮分子泵)组成。前级泵采用机械泵,一般抽至 $10^{-1}～10^{-2}Pa$,高真空要求达到 $10^{-4}～10^{-6}Pa$,需要用高真空泵抽,扩散泵价格便宜,但工作中如突然停电,可能造成返油现象;涡轮分子泵由于无油,所以无本底及污染,尽管价格较贵,但多数会选择配置涡轮分子泵。涡轮分子泵直接与离子源或分析器相连,抽出气体再由机械真空泵排出到体系之外。

2. **进样系统** 进样系统是将样品送入离子源。由于质谱需在高真空条件下工作,故进样系统需要适当的装置,使其在尽量减小真空损失的前提下将气态、液态或固态样品引入离子源。进样方法有以下几种。

(1) 直接探针进样:在室温和常压下,气态或液态供试品可通过一个可调喷口装置以中性流的形式导入离子源,吸附在固体上或溶解在液体中的挥发性物质可通过顶空分析器进行富集,利用吸附柱捕集,再采用程序升温的方式使之解吸,经毛细管导入质谱仪。对于固体供试品,常用进样杆直接导入。将供试品置于进样杆顶部的小坩埚中,通过离子源附近的真空环境中加热的方式导入供试品,或者通过在离子化室中将供试品从一可迅速加热的金属丝上解吸或者使用激光辅助解吸的方式进行。这种方法可与电子轰击电离、化学电离结合,适用于热稳定性差或者难挥发物的分析。

(2) 间歇式进样:将少量固体或液体样品导入样品贮存器,由于贮样室的压力比电离室压力高 1～2 个数量级,因此部分样品便从贮样室通过分子漏隙(通常是带有 1 个小针孔的玻璃或金属膜)以分子流的形式渗透进高真空的电离室(图 5-3)。

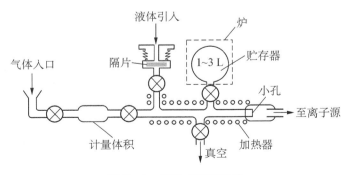

图 5-3 间歇式进样系统

（3）色谱和毛细管电泳进样：将质谱与气相色谱、高效液相色谱或毛细管电泳柱联用，使其兼有色谱法的优良分离功能和质谱法强有力鉴别能力，是目前分析复杂混合物的最有效的工具。

3. 离子源　离子源的作用是将被分析的样品分子电离成带电荷的离子，并使这些离子在离子光学系统的作用下，会聚成一定能量的离子束，然后进入质量分析器被分离。为了研究被测样品分子的组成和结构，就应使该样品的分子在被电离前不分解，这样电离时可以得到该样品的分子离子峰。如果被测样品分子在电离前就分解了，就不能得到该样品分子的分子离子峰，就无法得知该样品分子的相对分子质量，也就无法进一步研究该样品分子的组成和结构。为了使稳定性不同的样品分子在电离时都能得到分子离子的信息，就需采用不同的电离方法，质谱仪也就有了不同的电离源。所以，我们在使用质谱分析法时，应根据所分析样品分子的热稳定性和电离的难易程度来选择适宜的离子源，以期得到该样品分子的分子离子峰。目前的质谱仪中，有多种电离源可供选择，如电子轰击源、化学电离源、快原子轰击源、大气压化学电离源、电喷雾电离源及基体辅助激光解吸电离源等。下面介绍几种常用的电离源。

（1）电子轰击电离源（electron impact ionization source，EI）：是用高能电子流轰击样品分子，产生分子离子和碎片离子。首先，高能电子轰击样品分子 M，使之电离：

$$M + e^- \longrightarrow M^+ + 2e^-$$

M^+ 为分子离子或母体离子。若产生的分子离子带有较大的内能，则进一步发生裂解，产生质量较小的碎片离子和中性自由基：

$$M^+ \begin{cases} \nearrow M_1^+ + N_1 \cdot \\ \searrow M_2^+ + N_2 \cdot \end{cases}$$

式中：$N_1 \cdot$，$N_2 \cdot$ 为自由基；M_1^+，M_2^+ 为较低能量的离子。如果 M_1^+ 或 M_2^+ 仍然具有较高能量，它们将进一步裂解，直至离子的能量低于化学键的裂解能。

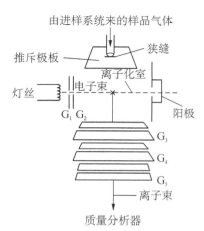

图 5-4　电子轰击离子源示意

电子轰击电离源的结构如图 5-4 所示。在灯丝和阳极之间加有 70 eV 电压，获得轰击能量为 70 eV 的电子束，它与进样系统中引入的样品分子发生碰撞而使样品分子发生裂解反应，生成分子离子和碎片离子，这些离子在电场的作用下被加速之后进入质量分析器，并按质荷比（m/z）大小进行分离记录其信息，这些信息可用于化合物的结构鉴定，因而 EI 被称为"硬电离"技术。

电子轰击离子化易于实现，图谱重现性好、便于计算机检索及相互对比，并含有较多的碎片离子信息，这对推测未知物结构非常有帮助。目前质谱图库就是以 EI 图谱建立的。因此 EI 是用得最多的电离源，且灵敏度高，所得的碎片离子多，提供非常丰富的结构信息，是化合物的"指纹图谱"。但对于有机化合物分子不稳定时，分子离子峰强度低,甚至没有分子离子峰。当样品分子不能气化或遇热分解时,则更没有分子离子峰,所以必须采用比较温和的电离方法,其中之一就是化学电离法。

(2)化学电离源:质谱分析的基本任务之一是获取样品的相对分子质量。电子轰击离子化过于激烈,使分子离子的谱峰很弱,不利于相对分子质量测定。化学电离源(chemical ionization source,CI)是比较温和的电离方法,它是通过离子—分子反应来进行。在离子盒中充满反应气(如甲烷),电子首先与反应气发生碰撞,使反应气发生电离:

$$CH_4 + e^- \rightarrow CH_4^+ \cdot + 2e^-$$
$$CH_4^+ \cdot \rightarrow CH_3^+ + H \cdot$$

$CH_4^+ \cdot$ 及 CH_3^+ 很快与大量存在的 CH_4 中性分子发生反应,而与进入电离室的样品分子再反应:

$$CH_4^+ \cdot + CH_4 \rightarrow CH_5^+ + CH_3 \cdot$$
$$CH_3^+ + CH_4 \rightarrow C_2H_5^+ + H_2$$

CH_5^+ 和 $C_2H_5^+$ 不与中性甲烷反应,而与进入电离室的样品分子($R—CH_3$)碰撞,产生$(M+1)^+$离子:

$$R—CH_3 + CH_5^+ \rightarrow R—CH_4^+ + CH_4$$
$$R—CH_3 + C_2H_5^+ \rightarrow R—CH_4^+ + C_2H_4$$

采用化学电离源,可大大简化质谱图,有强的准分子离子峰,便于推测相对分子质量;反映异构体的图谱比 EI 要好。但碎片离子峰少,强度低,分子结构信息少。

(3)快原子轰击源(Fast Atomic bombardment,FAB):是另一种常用的离子源,它主要用于极性强、分子质量大的样品分析。氩气在电离室依靠放电产生氩离子,高能氩离子经电荷交换得到高能氩原子流,氩原子打在样品上产生样品离子。样品置于涂有底物(如甘油)的靶上,电离过程中不必加热气化,因此适合于分析大分子质量、难气化、热稳定性差的样品,如肽类、低聚糖、天然抗生素等。FAB 源得到的质谱不仅有较强的准分子离子峰,而且有丰富的结构信息。与 EI 源得到的质谱图相比,FAB 源得到的分子质量信息不是分子离子峰 M,而往往是$(M+H)^+$或$(M+Na)^+$等准分子离子峰;其二是碎片峰比 EI 谱要少。

(4)大气压电离源(atmospheric pressure ionization,API):是在大气压下的质谱离子话技术的总称,主要包括电喷雾离子化(electrospray ionization,ESI)和大气压化学离子化(atmospheric pressure chemical ionization,APCI)。

ESI 是近年来出现的一种新的电离方式。它主要应用于液相色谱-质谱联用仪,既作为液相色谱和质谱仪之间的接口装置,又是电离装置。其主要部件是一个多层套管组成的电喷雾喷嘴。最内层是液相色谱流出物,外层是喷射气,喷射气常用大流量的氮气,其作用是使喷出的液体容易分散成微滴。另外,在喷嘴的斜前方还有一个补助气喷嘴,补助气的作用是使微滴的溶剂快速蒸发。在微滴蒸发过程中表面电荷密度逐渐增大,当增大到某个临界值时,离子就可以从表面蒸发出来。离子产生后,借助于喷嘴与锥孔之间的电压,穿过取样孔进入分析器。该电离方式是一种软电离方式,即便是分子质量大、稳定性差的化合物,也不会电离过程中发生分解,它适合于分析极性强的大分子有机化合物。

APCI 的结构与 ESI 大致相同,不同之处在于 APCI 喷嘴的下游放置一个针状放电电极,通过放电电极的高压放电,使空气中某些中性分子电离,产生 H_3O^+,N_2^+,O_2^+ 和 O^+ 等离子,溶剂分子也会被电离,这些离子与分析物分子进行离子-分子反应,使分析物分子离子化,这些反应过程包括由质子转移和电荷交换产生正离子,质子脱离和电子捕获产生负离子等。大气压化学电离源主要用来分析中等极性的化合物。

(5)基质辅助激光解吸电离源(matrix-assisted laser desorption ionization source,MALDI):利用对使用的激光波长范围具有吸收并能提供质子的基质(常用小分子的液体或结晶化合物),将样品与其混合物溶解并形成混合体,MALDI 在真空下用激光束轰击样品和基质的共结晶,基体吸收激光能量,并传递给样品,从而使样品解吸电离。MALDI 的突出优点是准分子离子峰强,对杂质的耐受量大,广泛应用于多肽、蛋白质、低聚核苷酸和低聚糖,可测相对分子质量达 40 万以上。MALDI 与飞行时间(TOF)联用已成为生命科学研究中非常重要的工具。

4. 质量分析器　质量分析器是质谱仪的重要组成部分,利用不同的方式将样品离子按质荷比 m/z 分开,得到按质荷比大小顺序排列的质谱图。质量分析器的主要类型有扇形磁场分析器、双聚焦质量分析器、四极杆分析器、离子阱质量分析器、飞行时间质量分析器等。

(1)扇形磁场分析器。离子源中生成的离子通过扇形磁场和狭缝聚焦形成离子束。离子离开离子源后,进入垂直于前进方向的磁场。不同质荷比的离子在磁场的作用下,前进方向产生不同的偏转,从而使离子束发散。由于不同质荷比的离子在扇形磁场中有其特有的运动曲率半径,通过改变磁场强度,检测依次通过狭缝出口的离子,从而实现离子的空间分离形成质谱。但是,在质谱仪中出射狭缝的位置是固定不变的,故一般采用固定加速电压而连续改变磁场强度的方法,使不同 m/z 离子发生分离并依次通过狭缝,到达收集极。这种质量分析器的缺点是:分辨率低,只适用于离子能量分散小的离子源如 EI,CI 组合使用。

(2)双聚焦质量分析器。在扇形磁场分析器中,离子源产生的离子在进入加速电场之前,其初始能量并不为零,且各不相同。具有相同的质荷比的离子,其初始能量存在差异,因此,通过分析器之后,也不能完全聚焦在一起。为了解决离子能量分散的问题,提高分辨率,可采用双聚焦分析器。所谓双聚焦,是指同时实现方向聚焦和能量聚焦。在磁场前面加一个静电分析器。静电分析器由两个扇形圆筒组成,在外电极上加正电压,内电极上加负电压。

在某一恒定的电压条件下,加速的离子束进入静电场,不同动能的离子具有的运动曲率半径不同,只有运动曲率半径适合的离子才能通过狭缝,进入磁分析器。更准确地说,静电分析器将具有相同速度(或能量)的离子分成一类。进入磁分析器之后,再将具有相同的质荷比而能量不同的离子束进行再一次分离。双聚焦质量分析器的分辨率可达 150 000,相对灵敏度可达 10^{-10}。能准确地测量原子的质量,广泛应用于有机质谱仪中。双聚焦质量分析器最大优点是分辨率高,缺点是价格太高,维护困难。

(3)四极杆分析器。四极杆分析器又称四极滤质器,由四根平行的棒状电极组成。电极的截面近似为双曲面,两对电极之间的电位是相反的,电极上加直流电压 U 和射频(RF)交变电压。当离子束进入筒形电极所包围的空间后,离子做横向摆动,在一定的直流电压、交流电压和频率,以及一定的尺寸等条件下,只有某一种(或一定范围)质荷比的离子能够到达收集器并发出信号(这些离子称共振离子),其他离子在运动过程中撞击柱形电极而被"过滤"掉最后被真空泵抽走。

四极滤质器的优点是:利用四极杆代替了笨重的电磁铁,故具有体积小、质量轻等优点;仅用电场不用磁场,无磁滞现象,扫描速度快,适合于色谱联机;操作时真空度低,特别适合于液相色谱联机。

(4) 离子阱质量分析器。由两个端盖电极和位于它们之间的类似四极杆的环电极构成。端盖电极施加直流电压或接地,环电极施加射频电压,通过施加适当电压就可以形成一个势能阱。根据射频电压的大小,离子阱就可捕获某一质量范围的离子。离子阱可以储存离子,待离子累积到一定数量后,升高环电极上的射频电压,离子按质量从高到低的次序依次离开离子阱,被电子倍增器检测。这种离子阱结构简单、成本低且易于操作,已用于气相色谱-质谱(GC-MS)联用装置用于 m/z 为 200～2 000 的分子分析,近年来 GC-MS 越来越多地使用离子阱作质量分析器。

(5) 飞行时间质量分析器

飞行时间质量分析器(time of flight analyzer)的主要部分是一个离子漂移管。离子在漂移管中飞行的时间与离子质量的平方根成正比。对于能量相同的离子,质量越大,达到接收器所用的时间越长,质量越小,所用时间越短。根据这一原理,可以把不同质量的离子分开。飞行时间质量分析器的特点是质量范围宽、扫描速度快,既不需电场也不需磁场,但是存在分辨率低的缺点。造成分辨率低的主要原因是在于离子进入漂移管前的时间分散、空间分散和能量分散。目前,通过采取激光脉冲电离方式,离子延迟引出技术和离子反射技术,可以在很大程度克服上述 3 个原因造成的分辨率降低,而且适当增加漂移管的长度可以增加分辨率。现在这种分析器已经广泛应用于气相色谱-质谱联用仪、液相色谱-质谱联用仪和基质辅助激光解吸飞行时间质谱仪中。

5. 检测记录系统　质谱仪常用的检测器有电子倍增器、闪烁检测器、法拉第杯和照相底板等。

目前普遍使用电子倍增器进行离子检测(图 5-5)。电子倍增器由 1 个转换极、1 个倍增极和 1 个收集极组成。

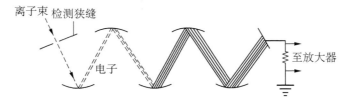

图 5-5　电子倍增器工作原理

转换极是一个与离子束成适当角度放置的金属凹面,做负离子检测时加上＋10 kV 电压,做正离子检测时加上－10 kV 电压。转换极增强信号并减少噪声,在转换极上加上高压可得到高转化效率,增强信号。因为每个离子打击转换极都产生许多二次粒子。倍增极是从涂覆氧化物的电极表面产生一个电子瀑布以达到放大电流的器件。从转换打拿极产生的二次粒子以足够的能量打击电子倍增器阴极最近的内壁,溅射出电子,这些电子被逐步增加的正电位梯度牵引,向前加速进入阴极。由于阴极的漏斗形结构,溅射电子不能迁移很远便再次碰到阴极表面,导致更多的电子发射。于是形成一个电子瀑布,最终在阴极的末端,电子被阳极收集,得到一个可测量的电流,阳极收集的电流正比于打击阴极的二次粒子的数

量。通常电子倍增器的增益为 $10^5 \sim 10^8$。

三、质谱分析的应用

质谱是纯物质的鉴定的最有力的工具,在药学领域主要应用为药物的定性鉴别、定量分析和结构解析。

纯物质的结构解析是质谱最成功的应用领域,通过对图谱中各碎片离子、亚稳离子、分子离子的化学式、相对峰高、质荷比等信息,根据各类化合物的裂解规律,找出各碎片离子产生的途径,从而确定整个分子结构。许多现代质谱仪都配有计算机质谱图库,如 NEST 谱库,计算机安装了 NEST 谱库,利用工作站软件的谱库检索功能,大大方便了对有机分子结构的确定。

质谱定量分析可采用外标法或内标法,后者精度高于前者。定量分析中的内标法可选用类似结构物质或同位素物质。前者成本低,但精度和准确度以使用同位素物质为高。使用同位素物质为内标时,要求在进样、分离和离子化过程中不会丢失同位素物质,如采用快原子轰击质谱进行定量分析时,一般都需要采用稳定同位素内标。利用分析物和内标的色谱峰面积比或峰高比得出校正曲线,然后计算供试品中分析物的色谱法面积或其含量。

四、色谱-质谱联用技术

质谱仪只能对单一组分提供高灵敏度和特征的质谱图,但对复杂化合物的分析无能为力。色谱技术广泛应用于多组分混合物的分离和分析,特别适合有机化合物的定量分析,但定性较困难。将色谱和质谱技术进行联用,对混合物中微量或痕量组分的定性和定量分析具有重要意义。这种将两种或多种方法结合起来的技术称为联用技术,它吸收了各种技术的特长,弥补了彼此间的不足,并及时利用各有关学科及技术的最新成就,是极富生命力的一个分析领域。色谱仪与质谱仪的联用技术,发挥了色谱仪的高分离能力和质谱的准确测定相对分子质量和结构解析的能力,可以说是目前将两种分析仪器联用中组合效果最好的仪器,其技术不断进步,在各种行业得到了广泛的应用。

质谱联用技术主要有串联质谱(MS-MS)、气相色谱-质谱(GC-MS)及液相色谱-质谱(LC-MS)等。联用的关键是解决与质谱的接口及相关信息的高速获取与储存问题。就色谱仪和质谱仪而言,两者除工作气压以外,其他性能十分匹配,可以将色谱仪作为质谱仪的前分离装置,质谱仪作为色谱仪的检测器而实现联用。

1. 串联质谱 两个或更多的质谱连在仪器,称为串联质谱。最简单的串联质谱由两个质谱串联而成,其中第 1 个质量分析器(MS₁)将离子预分离或加能量修饰,由第 2 级质量分析器(MS₂)分析结果。最常见的串联质谱为三级四极杆串联质谱。第 1 级和第 3 级四极杆分析器分别为 MS₁ 和 MS₂,第 2 级四极杆分析器所起的作用是将从 MS₁ 得到的各个峰进行轰击,实现母离子碎裂后进入 MS₂ 再分析,如常见的四极杆-飞行时间串联质谱(Q-TOF)和飞行时间-飞行时间(TOF-TOF)串联质谱等。串联质谱在药学领域有很多应用,子离子扫描可获得药物主要成分、杂质和其他物质的母离子的定性信息,有助于未知物的鉴别,也可以用于肽和蛋白质氨基酸序列的鉴别。

2. 气相色谱-质谱联用 GC－MS是两种分析方法的结合，对MS而言，GC是它的进样系统；对GC而言，MS是它的检测器。由于质谱是对气相中的离子进行分析，因此GC与MS的联机困难较小，主要是解决压力上的差异。色谱是常压操作，而质谱是高真空操作，焦点在色谱出口与质谱离子源的连接。由于毛细管柱载气流量小，采用高速抽气泵时，两者就可直接连接。组分被分离后依次进入离子源并电离，载气（氦）被抽走。质谱仪的采样速度应比毛细管柱出色谱峰的速度要快。质谱作为气相色谱的检测器，可同时得到质谱图和总离子流图（色谱图），因此既可进行定性又可进行定量分析。

GC－MS可直接用于混合物的分析，可承担如致癌物的分析、食品分析、工业污水分析、农药残留量的分析、中草药成分的分析、塑料中多溴联苯和多溴联苯醚的分析、橡胶中多环芳烃的分析等许多色谱法难以进行的分析课题。但GC－MS只适用于分析易气化的样品。

3. 液相色谱-质谱的联用 液相色谱的应用不受沸点的限制，能对热稳定性差的样品进行分离和定量分析，但定性能力较弱。为此，发展了LC－MS联用仪，用于对高极性、热不稳定、难挥发的大分子（如蛋白质、核酸、聚糖、金属有机物等）分析。由于LC分离要使用大量的流动相，有效地除去流动相中大量的溶剂而不损失样品，同时使LC分离出来的物质电离，这是LC－MS联用的技术难题。LC流动相组成复杂且极性较强，因此，液相色谱与质谱的联机较GC－MS困难大。液相流动相的流量按分子数目计要比气相色谱的载气高了几个数量级，因而液相色谱与质谱的联机必须通过"接口"完成。"接口"的作用为将溶剂及样品气化；分离掉大量的溶剂分子；完成对样品分子的电离；在样品分子已电离的情况下最好能进行碰撞诱导断裂。LC－MS中的"接口"（同时具有电离功能）方式主要有电喷雾电离及大气压化学电离。

LC－MS联用技术是最近几十年分析化学领域最有效率和主流的工具。为分析化学尤其是微量分析的发展起到极大的推动作用。LC－MS联用仪是分析相对分子质量大、极性强的生物样品不可缺少的分析仪器，如肽和蛋白质的相对分子质量的测定，并在临床医学、环保、化工、中草药研究等领域得到了广泛的应用。

想一想

1. 质谱仪由哪几部分构成？各有什么作用？

2. 离子源的作用是什么？EI和CI源的原理是什么？

3. 色谱联用技术有哪些？分别用于哪些物质的检测？

主要参考文献

药·用·仪·器·分·析

［1］中国药典委员会.中国药典(2005).北京:化学工业出版社,2005
［2］中国药典委员会.中国药典(2010).北京:化学工业出版社,2010
［3］中国药典委员会.中国药典(2005).北京:化学工业出版社,2005
［4］李发美.分析化学.7版.北京:人民卫生出版社,2011
［5］孙毓庆.分析化学.2版.北京:科学出版社,2006
［6］黄一石.仪器分析.北京:化学工业出版社,2008
［7］张晓敏.仪器分析.浙江:浙江大学出版社,2012
［8］李学吉.仪器分析.北京:化学工业出版社,2008
［9］谷雪贤.仪器分析实用技术.北京:化学工业出版社,2011
［10］李自刚.现代仪器分析技术.北京:中国轻工业出版社,2013
［11］姚新生.有机化合物波谱解析.北京:中国医药科技出版社,2004